通 信 概 论

主　编　孙鹏娇　黄　博　罗丛波
副主编　赵秀艳　张　伟　时野坪

北京理工大学出版社
BEIJING INSTITUTE OF TECHNOLOGY PRESS

内 容 简 介

"通信概论"是面向通信类专业的基础课程，主要介绍移动通信技术从 1G 到 5G 的发展过程。全书共分为五个典型教学项目，从情景引入到关键技术再到设备仿真开通操作，深入浅出地讲述了每一代移动通信技术。本书从工程应用角度出发，以技术发展演进为主线，结合企业岗位需求变化，将理论内容与实物仿真操作相结合，多角度阐述，方便读者理解。

本书适合作为高职高专院校的教材使用，也可作为通信爱好者的入门教材或参考工具书。

图书在版编目（CIP）数据

通信概论／孙鹏娇，黄博，罗丛波主编. —— 北京：
北京理工大学出版社，2021.8
ISBN 978 - 7 - 5763 - 0272 - 1

Ⅰ. ①通… Ⅱ. ①孙… ②黄… ③罗… Ⅲ. ①通信理
论 - 高等职业教育 - 教材 Ⅳ. ①TN911

中国版本图书馆 CIP 数据核字（2021）第 179467 号

出版发行／北京理工大学出版社有限责任公司
社　　址／北京市海淀区中关村南大街 5 号
邮　　编／100081
电　　话／（010）68914775（总编室）
　　　　　（010）82562903（教材售后服务热线）
　　　　　（010）68944723（其他图书服务热线）
网　　址／http：//www.bitpress.com.cn
经　　销／全国各地新华书店
印　　刷／涿州市新华印刷有限公司
开　　本／787 毫米 × 1092 毫米　1/16
印　　张／16.75　　　　　　　　　　　　　　　　责任编辑／江　立
字　　数／385 千字　　　　　　　　　　　　　　　文案编辑／江　立
版　　次／2021 年 8 月第 1 版　2021 年 8 月第 1 次印刷　　责任校对／周瑞红
定　　价／68.00 元　　　　　　　　　　　　　　　责任印制／施胜娟

图书出现印装质量问题，请拨打售后服务热线，本社负责调换

前　言

随着通信网络的不断升级，通信技术日新月异，从模拟时代到数字时代再到如今的全IP时代，每一代通信技术的出现，都在不同的时代背景下，满足了人们日益多样化的需求。本书从模拟通信时代开启，历经2G、3G、4G直到5G通信时代，为同学们展现波澜壮阔的通信技术发展史。

本书共分为五个典型教学项目，从情景引入到关键技术再到设备访真开通操作，深入浅出地讲述了每一代移动通信技术。

项目1，从远古时代回顾移动通信系统的发展历程，讲解了每一代移动通信系统的特点，以及它们逐渐走向没落的原因，见证新一代移动通信系统较比上一代的移动通信的优点，厘清技术发展的规律，并介绍了信号的基本理论和多址技术、调制解调、编码的原理。

项目2，以2G移动通信系统的网络架构以及接口协议作为重点进行介绍，针对设备的开局配置进行了详细的讲解。为学生提供了用软件模拟真实设备进行数据配置、基站开通及业务测试的机会，使理论知识的呈现更加形象直观，让学生的学习更加轻松、更加有趣。本章内容适合高职以及本科院校学生学习，同时也适合职场入门人员作为自学的参考资料。

项目3，简要介绍3G网络架构以及关键技术，通过仿真软件了解网络特点及配置方式，对现网当中网络运行与维护有清晰的认知。

项目4，介绍4G – LTE网络架构和设备功能，并对关键技术OFDMA和MIMO进行了深入解析，通过软件开局仿真介绍相应设备配置过程。

项目5，5G是现今通信行业的主导技术，是物联网时代的基础。通过智慧城市、VR和自动驾驶、智慧农业和室内覆盖等场景介绍5G的关键技术，对5G的发展趋势进行分析。

本书涉及通信的诸多内容。为了便于学生理解及查阅，书中使用了大量图表对内容进行表述和归纳，同时提供了大量的实操案例。每章结尾均设有思考题以便于学生进一步学习。

本书适合作为高职高专院校的教材使用，也可作为通信爱好者的入门教材或参考工具书。

使用本书作为通信类相关专业的课程教材，建议授课学时为64学时（每周4学时）。本书由吉林电子信息职业技术学院孙鹏娇、黄博、罗丛波、赵秀艳、张伟、时野坪编写。

由于笔者水平有限，书中难免有疏漏之处，希望广大学生、移动通信爱好者和业界资深人士给予批评指正。

笔者诚挚期望使用本书的教师提出意见及建议，让我们共同研究移动通信技术，为促进移动通信技术在我国的发展贡献力量。

编 者

目　　录

项目 1　移动通信认知

随着社会经济的快速发展，移动通信技术水平也得到了大幅度的提升，近年来，人们见证了移动通信技术由 1G 发展到 5G 的飞快变化，移动通信技术为各行各业经济活动和发展带来了诸多的便捷，同时也为人们的工作和学习带来了诸多便利，移动通信技术已经成为各行各业发展中不可缺少的一部分。

移动通信延续着每十年一代技术的发展规律，已历经 1G、2G、3G、4G 的发展，现阶段 5G 技术正在商用推广阶段，6G 技术已经开始研发。每一次代际跃迁，每一次技术进步，都极大地促进了产业升级和经济社会发展。从 1G 到 2G，实现了模拟通信到数字通信的过渡，移动通信走进了千家万户；从 2G 到 3G、4G，实现了语音业务到数据业务的转变，传输速率成百倍提升，促进了移动互联网应用的普及和繁荣。当前，移动网络已融入社会生活的方方面面，深刻改变了人们的沟通、交流乃至整个生活方式。4G 网络造就了非常辉煌的互联网经济，解决了人与人随时随地通信的问题，随着移动互联网快速发展，新服务、新业务不断涌现，移动数据业务流量爆炸式增长，4G 移动通信系统难以满足未来移动数据流量暴涨的需求，5G 移动通信系统应运而生。5G 作为一种新型移动通信网络，不仅要解决人与人之间的通信问题，为用户提供增强现实、虚拟现实、超高清（3D）视频等更加身临其境的极致业务体验，更要解决人与物、物与物之间的通信问题，满足移动医疗、车联网、智能家居、工业控制、环境监测等物联网应用需求。最终，5G 将渗透到经济社会的各行业各领域，成为支撑经济社会数字化、网络化、智能化转型的关键新型基础设施。

伴随着行业之间竞争趋势的不断加大，人们已经开始认识到了通信技术对于自身经济利益提高的重要性，如今是信息技术飞速发展的时代，移动通信技术已成为人们生活的重要组成部分，要想提高自身市场竞争力，必须要借助先进的技术手段来提高工作质量和水平，进而更好地服务社会，且促进各行业在可持续发展道路上走得更远更好。

任务 1　移动通信技术演进

情　景

1973 年 4 月的一天，马丁·库泊在纽约街头捧着一个约两块砖头大的东西——世界上第一部移动电话。1982 年，摩托罗拉公司在芝加哥进行了世界上第一套蜂窝移动通信系统的商用实验。……今年，刚从学校毕业的小李，为了体验更快的通信速度，新买了一部5G手机，据不完全统计，截至2021年4月末，我国5G手机终端连接数达3.1亿用户，比2020年年末净增1.11亿户。未来，所有东西都可能接入网络，实现万物互联，如此一来，手机很有可能成为这些连网设备的中心控制端。

古时第一代移动
通信技术

知识目标

掌握移动通信的五个发展阶段。

掌握移动通信的五个发展阶段的特点。

能力目标

能深入理解移动通信技术的发展过程。

能深入理解第五代移动通信技术的特点和应用。

人类从刀耕火种，到农业社会，再到工业革命，再到如今的信息社会，每一步发展都会出现相应的关键技术进行驱动，而移动通信技术无疑为信息社会的发展做出了突出的贡献。近年来，移动通信的迅速发展，改变了人们的生活方式。从1G开始发展，到如今已迎来了5G大规模商用，未来将实现万物互联互通，满足用户日益丰富的通信需求，助力各行各业加速数字化，如图1-1-1所示。

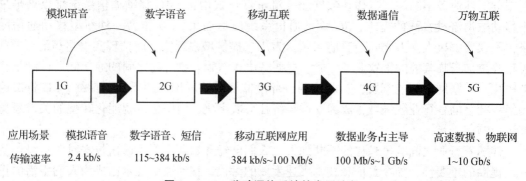

图1-1-1　移动通信系统的发展阶段

1.1.1　萌芽——古时的移动通信技术

1. 简介

通信就是由一个地方向另一个地方传递信息。人类最早的信息交换的时间很难回答，但有了人类就有了信息交换是可以肯定的，在我们的祖先还没有发明文字和使用交通工具的时候，就已经能够互相交换信息了，因此古今中外产生了很多与通信有关的趣闻。

2. 发展历程

"烽火戏诸侯"是很多中国人耳熟能详的故事，它是真实版的"狼来了"。西周末年，周幽王为博其爱妃褒姒一笑，点燃了烽火台，戏弄了诸侯，褒姒看了果然哈哈大笑。幽王很高兴，因而又多次点燃烽火，导致诸侯们都不相信烽火，也就渐渐不来了。后来西夷犬戎攻破都城镐京，杀死周幽王，导致了西周的灭亡，如图1-1-2所示。

图1-1-2　烽火戏诸侯

　　"烽火"是古代边防军事通讯的重要手段之一，烽火的燃起是表示国家战事的出现。古代在边境建造的烽火台上通常放置有干柴，遇有敌情时则燃火以报警，通过山峰之间的烽火迅速传达信息。我国在古代频繁地遭受外族入侵，为使军队有效通信进行抵抗，古人在边境建造了很多"烽火台"，如图1-1-3所示。

图1-1-3　八达岭长城的烽火台

　　击鼓和鸣金是古代战场上的另一种重要的通信手段，古时两军作战时用击鼓和鸣金发号施令，击鼓则进攻，鸣金则退兵，如图1-1-4和图1-1-5所示。

　　这些历史故事表明，通信很早就成为社会生活里重要的组成部分。然而，这些通信方式却存在很大的隐患，以"烽火狼烟"为例，天气对信息传递的限制是巨大的，一般只能在晴朗无风的日子使用，大雨天气会影响干柴的燃烧，大雾天气更是导致信息完全无法传递，试想敌人如果利用这些弱点在特定的天气发起突袭，后果将会多么严重。再以"击鼓鸣金"为例，声音的传播距离极其有限，对于大规模的军团作战，作用极其有限。同时，不论是"烽火狼烟"还是"击鼓鸣金"，能够传递的信息都是非常有限的，除了传递敌情、发起进攻、号令收兵，少有它用。种种限制导致这些通信手段的使用范围并不广泛。

图1-1-4 古代战鼓 　　　　　　　图1-1-5 博物馆收藏的金锣

　　中国是世界上最早建立有组织的传递信息系统的国家之一，驿站（如图1-1-6所示）在古代运用得最为广泛，开始它只是传递消息时马休息所用的场所，所谓八百里加急，换马不换人就是这个道理，后来发展到提供官员、旅客住宿，是古代朝廷控制地方的一种重要手段。但是它的局限性是成本投入巨大，没有办法回收成本，一遇上国家财政困难，就无法维持，明末崇祯削减驿丁，导致农民大起义就是明证，而"闯王"李自成就是驿丁。

　　"飞鸽传书"是古人之间联系的一种重要方法，将信件系在鸽子的脚上然后传递给接收消息的人。古代通信不方便，所以聪明的人利用鸽子会飞且飞得比较快、会辨认方向等多方面优点，驯化鸽子，用以提高送信的速度。通常来讲，鸟类本身会认识回家的路，就像倦鸟归巢一样，例如，我跟友人是同一个地方的人，后来我要去别的地方了，我就带着家乡的鸽子离乡背井，有天我有事情要联络友人，我就把字条放在鸽子脚上一种专门放信的东西里面，再把鸽子放出去，鸽子就会飞到家乡去，友人就会发现那只鸽子和信。公元前3000年左右，古埃及人就开始用鸽子传递书信了。我国也是养鸽古国，有着悠久的历史，隋唐时期，在我国南方广州等地，已开始用鸽子传递书信了，如图1-1-7所示。

图1-1-6 古代驿站的模型 　　　　　　图1-1-7 携带信息的信鸽

　　信鸽虽然广泛地出现在很多影视作品里，但是在明清以前，古代是基本上很少采用信鸽通信的，首先是信鸽天敌太多，数量少不能保证信息一定能传出去，其次训练信鸽费时费力，投入成本也很大，不可能应用于大量通信。然而，"飞鸽传书"的思想已经初步孕育了移动通信的梦想，古人已经能够运用自己的智慧利用触手可及的通信工具实现"随时随地"的交流通信了。

1.1.2 曙光——第一代移动通信技术

1. 简介

在20世纪70年代，第一代模拟移动通信系统的出现，首次将人们带入了个人移动通信时代，1981年诞生了第一代蜂窝移动通信系统，采用模拟调频技术实现，也就是1G（First Generation）。民用移动通信的出现当然是革命性的，但1G移动通信的缺陷也非常明显：一是系统容量太小，模拟技术对频谱的利用率偏低，当时的交换技术发展也相对落后，无法使系统接入大量的用户，1G只是成为少数人的奢侈品；二是保密性差，非常容易被截取；三是各自都有相对独立的网络标准，不能实现漫游，如北欧部署的NMT、德国部署的C-Netz、英国部署的TACS系统、北美部署的AMPS系统，相互之间都不能实现漫游，网络成本建设相对增加。

2. 发展历程

1986年，第一套移动通信系统在美国芝加哥诞生，采用模拟信号传输，将电磁波进行频率调制，将介于300 Hz到3 400 Hz的语音转换到高频的载波频率兆赫兹上。此外，1G只能应用在一般语音传输上，且语音品质低、讯号不稳定、涵盖范围也不够全面。

1G主要系统为高级电话系统（Advanced Mobile Phone System，AMPS），另外还有北欧移动电话（Nordic Mobile Telephony，NMT）及TACS，该制式在加拿大、南美、澳洲以及亚太地区广泛采用，而国内在20世纪80年代初期移动通信产业还属于一片空白，直到1987年的广东第六届全运会上蜂窝移动通信系统正式启动。

1G系统在国内刚刚建立的时候，很多人手中拿的还是大块头的摩托罗拉8 000×，俗称大哥大（一般人可用不起哟！），如图1-1-8所示。那个年代虽然没有现在的移动、联通和电信，却有着A网和B网之分（注1），而在这两个网背后就是主宰模拟时代的爱立信和摩托罗拉。

图1-1-8 摩托罗拉8000×

注1：1G时期，我国的移动电话公众网由美国摩托罗拉移动通信系统和瑞典爱立信移动通信系统构成。经过划分，摩托罗拉设备使用A频段，称之为A系统；爱立信设备使用B频段，称之为B系统。移动通信的A、B两个系统即人们常说的A网和B网。

如果说AT&T（注2）是有线通信之王，那么摩托罗拉就是当之无愧的移动通信开创者，然而移动通信技术的发展和市场趋势的转型导致该领域的一代巨头最终倒下，如图1-1-9所示。

图 1 - 1 - 9　摩托罗拉公司 logo

注 2：原为 American Telephone & Telegraph 的缩写，也是中文译名美国电话电报公司的由来，是一家美国电信公司，美国第二大移动运营商，创建于 1877 年，曾长期垄断美国长途和本地电话市场。在近 120 年中，公司曾经过多次分拆和重组，目前，AT&T 是美国最大的本地和长途电话公司，总部曾经位于德克萨斯州圣安东尼奥，2008 年搬到了德克萨斯州北部大城市达拉斯。

由于各国采用不同的制式、不同的频带和信道带宽，用户的漫游很不方便，使得第一代移动通信系统只是一个区域性的移动通信系统，此外，在使用过程中，模拟蜂窝移动通信系统暴露出很多问题，诸如频谱效率低、业务种类单一和呼叫中断率高、通信设备笨重等，但其中最主要的问题是其频带资源和通信容量与日益增长的移动通信用户对大容量、多业务和高服务质量移动通信的需求的矛盾日益突出。

1.1.3　发展——第二代移动通信技术

1. 简介

发展第二代移动
通信技术

欧洲邮电管理大会（CEPT）在 1982 年决定开发第二代移动通信系统，也就是延续至今还在商用的 GSM（Global System for Mobile Communications）系统。GSM 系统从 1991 年开始大规模部署，实现了全球漫游（少数国家除外），并使用了混合的多址方式，即时分多址（TDMA）和频分多址（FDMA）技术。第二代移动通信（2G）标志着从模拟技术迈向了数字技术，使系统的用户容量得到了大幅提升。GSM 系统是迄今为止覆盖面积最广、时间最长、最稳定的网络，巅峰时在世界范围内拥有近 45 亿的用户，至今仍然还在大规模使用，时间跨度将近 40 年。2G 为普及移动通信做出了突出的贡献。与 1G 相比，2G 提供了更高的网络容量，改善了话音质量和保密性，并为用户提供无缝的国际漫游，具有保密性强、频谱利用率高、能提供丰富的业务、标准化程度高等特点。

同时，2G 的局限性也非常多，其中最大的问题就是不能满足人们对移动宽带流量的需求。在 2G 数字语音时代，为数据业务提供支持的是在 GSM 系统基础上进行演进的 GPRS（分组数据业务）和 EDGE，以及美国的 CDMA 技术，这些技术被称为 2.5G 技术，至今在一些告警、监控等领域仍在使用，但它们的传输速率远远无法满足人们的使用需求，特别是随着智能手机的兴起，对流量的需求已成为人们非常迫切的需要。

2. 发展情况

GSM 是 2G 时代最为广泛采用的移动通信系统。最早于 1982 年，GSM 小组（"Groupe Spécial Mobile"（法语））就已经成立，而 GSM 的名字也是源于这个小组的名字，尽管后来缩写的含义已经完全改变。最开始这个小组由 CEPT 负责管理。GSM 系统的原始技术在

1987 定义。1989 年，ETSI 从 CEPT 接手。1990 年第一个 GSM 规范说明完成，这个规范的文本长度超过 6 000 页。其商业运营开始于 1991，地点是芬兰的 Radiolinja。

1991 年欧洲开通了第一个 GSM 系统，移动运营者为该系统设计和注册了满足市场要求的商标，将 GSM 更名为"全球移动通信系统"（GSM）。虽然 GSM 作为一种起源于欧洲的第二代移动通信技术标准，但它的研发初衷就是让全球共同使用一个移动电话网络标准，让用户拥有一部手机就能走遍天下。GSM 也是国内著名移动业务品牌——"全球通"这一名称的本源，如图 1 – 1 – 10 所示。

1992 年，欧洲标准化委员会推出统一的标准，它是采用数字通信技术、统一的网络标准，使通信质量得以保证，并可以开发出更多的新业务供用户使用。GSM 移动通信网的传输速度为 9.6 kb/s。全球的 GSM 移动用户已经超过 10 亿，覆盖了 1/7 的人口，GSM 技术在世界数字移动电话领域所占的比例已经超过 70%。由于 GSM 相

图 1 – 1 – 10　"全球通"业务品牌 logo

对模拟移动通信技术是第二代移动通信技术，所以简称 2G。

GSM 标准由于开放性，频率利用率比模拟的高（为模拟网的 1.8～2 倍），很快在世界获得了普及，并成为数字制式移动通信（也称第二代）网络的主导技术。GSM 的手机与"大砖头"模拟手机的区别是多了用户识别卡（SIM 卡）——没有插入 SIM 卡的移动台（手机）是不能接入网络的。GSM 网络一旦识别了用户的身份，即可提供各种服务。[1]

1998 年，3G 合作项目（3GPP）启动。最初，这个项目的目标是制定详细的下一代移动通信网（3G）规范。然而，3GPP 也接受了维护和开发 GSM 规范的工作。ETSI 是 3GPP 的一个成员。

2015 年，全球诸多 GSM 网络运营商，已经将 2017 年确定为关闭 GSM 网络的年份。之所以关闭 GSM 等 2G 网络，是将无线电频率资源腾出，用于建设 4G 以及未来的 5G 网络。

GSM 系统主要由移动台（MS）、移动网子系统（NSS）、基站子系统（BSS）和操作支持子系统（OSS）四部分组成，如图 1 – 1 – 11 所示。

移动台（MS）是公用 GSM 移动通信网中用户使用的设备，也是用户能够直接接触的整个 GSM 系统中的唯一设备。移动台的类型不仅包括手持台，还包括车载台和便携式台。随着 GSM 标准的数字式手持台进一步小型化、轻巧化和功能的增加，手持台的用户将占整个用户的极大部分。

基站子系统（BSS）是 GSM 系统中与无线蜂窝方面关系最直接的基本组成部分。它通过无线接口直接与移动台相接，负责无线发送接收和无线资源管理。另一方面，基站子系统与网络子系统（NSS）中的移动业务交换中心（MSC）相连，实现移动用户之间或移动用户与固定网络用户之间的通信连接，传送系统信号和用户信息等。当然，要对 BSS 部分进行操作维护管理，还要建立 BSS 与操作支持子系统（OSS）之间的通信连接。

移动网子系统（NSS）主要包含有 GSM 系统的交换功能和用于用户数据与移动性管理、安全性管理所需的数据库功能，它对 GSM 移动用户之间通信和 GSM 移动用户与其他通信网用户之间通信起着管理作用。NSS 由一系列功能实体构成，整个 GSM 系统内部，

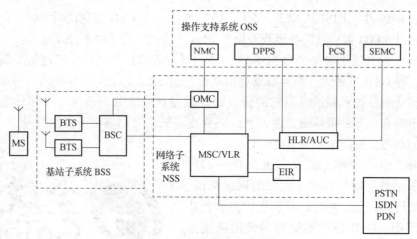

图 1 – 1 – 11　GSM 系统架构

即 NSS 的各功能实体之间和 NSS 与 BSS 之间都通过符合 CCITT 信令系统 No. 7 协议和 GSM 规范的 7 号信令网络互相通信。

操作支持子系统（OSS）需完成许多任务，包括移动用户管理、移动设备管理以及网络操作和维护。

GSM 系统有几项重要特点：防盗拷能力佳、网络容量大、手机号码资源丰富、通话清晰、稳定性强不易受干扰、信息灵敏、通话死角少、手机耗电量低、机卡分离。其主要技术特点如下：

（1）频谱效率。由于采用了高效调制器、信道编码、交织、均衡和语音编码技术，系统具有高频谱效率。

（2）容量。由于每个信道传输带宽增加，使同频复用载干比要求降低至 9 dB，故 GSM 系统的同频复用模式可以缩小到 4/12 或 3/9 甚至更小（模拟系统为 7/21）；加上半速率话音编码的引入和自动话务分配以减少越区切换的次数，使 GSM 系统的容量效率（每兆赫每小区的信道数）比 TACS 系统高 3 ~ 5 倍。

（3）话音质量。鉴于数字传输技术的特点以及 GSM 规范中有关空中接口和话音编码的定义，在门限值以上时，话音质量总是达到相同的水平而与无线传输质量无关。

（4）开放的接口。GSM 标准所提供的开放性接口，不仅限于空中接口，还包括网络之间以及网络中各设备实体之间的接口，如 A 接口和 Abis 接口。

（5）安全性。通过鉴权、加密和 TMSI 号码的使用，达到安全的目的。鉴权用来验证用户的入网权利。加密用于空中接口，由 SIM 卡和网络 AUC 的密钥决定。TMSI 是一个由业务网络给用户指定的临时识别号，以防止有人跟踪而泄漏其地理位置。

（6）与 ISDN、PSTN 等的互连。与其他网络的互连通常利用现有的接口，如 ISUP 或 TUP 等。

（7）在 SIM 卡基础上实现漫游。漫游是移动通信的重要特征，它标志着用户可以从一个网络自动进入另一个网络。GSM 系统可以提供全球漫游，当然也需要网络运营者之间的某些协议，例如计费。

尽管 2G 技术在发展中不断得到完善，但随着用户规模和网络规模的不断扩大，频率资源已接近枯竭，语音质量不能达到用户满意的标准，数据通信速率太低，无法在真正意义上满足移动多媒体业务的需求，陪伴一代通信人的 GSM，已经开始逐渐进入历史的陈列馆，2016 年 12 月 1 日，澳大利亚最大的运营商 Telstra 关闭了运行 23 年 6 个月零 7 天的 GSM 网络；2017 年 1 月 1 日，美国运营商 AT&T 宣布关闭 GSM 网络；新加坡三大运营商 Singel、StarHub 和 M1 联合宣布于 2017 年 4 月关闭 GSM 网络。

1.1.4 过渡——第三代移动通信技术

过渡第三代
移动通信技术

1. 简介

第三代移动通信系统（3G）的概念最早于 1985 年由国际电信联盟（International Telecommunication Union，ITU）提出，是首个以"全球标准"为目标的移动通信系统。随着科技的不断发展，人们不断意识到 3G 的发展必将在全球范围内快速普及，由此形成了第三代合作伙伴计划，也就是 3GPP，最后由 ITU 国际电信联盟颁布了 TD – SCDMA、WCDMA 和 CDMA2000 三大技术标准，供全球运营商部署 3G 移动通信网络。WCDMA 的第一个标准版本（R99）在 1999 年就已出现，之后又经过不断演进，但在初期部署 3G 网络的国家并不多，原因是还有很多发展中国家没有普及手机，这些国家的 2G 建设才是主流，而智能手机虽然出现了塞班系统，但应用的还很少，直到乔布斯 2007 年发布 iPhone 手机，谷歌推出安卓系统，智能手机迎来了快速发展，各大运营商才开始大量部署 3G 网络，我国也在这个时期发放了 3G 牌照，正式步入 3G 时代。

3G 系统最初的目标是在静止环境、中低速移动环境、高速移动环境下分别支持 2 Mb/s、384 kb/s、144 kb/s 的数据传输。其设计目标是旨在提供比 2G 更大的系统容量、更优良的通信质量，并使系统能提供更丰富多彩的业务。

2. 发展情况

3G 系统是从 2G 系统演进的以宽带 CDMA 技术为主的，并能同时提供话音和数据业务的移动通信系统，是旨在彻底解决 1G 和 2G 系统主要弊端的先进移动通信系统。1985 年，在美国城市圣地亚哥成立了一个名叫"高通"的公司（现成为世界五百强之一），这个公司利用美国军方解禁的"展布频谱技术"开发出一个名为"CDMA"的新通信技术，进而直接导致了 3G 的诞生。1985 年，ITU 就提出了 3G 的概念，同时建立了专门的组织机构进行研究。然而，在此后的十年，研究进展一直比较缓慢。

1996 年后，研究工作取得了长足的进步，ITU 于 1996 年为未来陆地移动通信系统确定了正式名称：IMT – 2000，其含义为该系统预期在 2000 年以后投入使用，工作于 2 000 MHz 频带，最高传输数据速率为 2 Mb/s。

随着 3G 技术的日渐成熟，在世界范围内逐渐形成了三个主要的技术标准，分别为 WCDMA、CDMA2000、TD – SCDMA。如表 1 – 1 – 1 所示。

表 1 – 1 – 1　3G 的三种技术指标

制式	WCDMA	CDMA2000	TD – SCDMA
采用国家和地区	欧洲、美国、中国、日本、韩国等	美国、韩国、中国等	中国

续表

制式	WCDMA	CDMA2000	TD – SCDMA
继承基础	GSM	窄带 CDMA（IS – 95）	GSM
双工方式	FDD	FDD	TDD
同步方式	异步/同步	同步	同步
码片速率	3.84 Mchip/s	1.228 8 Mchip/s	1.28 Mchip/s
信号带宽	2 × 5 MHz	2 × 1.25 MHz	1.6 MHz
峰值速率	384 kb/s	153 kb/s	384 kb/s
核心网	GSM MAP	ANSI – 41	GSM MAP
标准化组织	3GPP	3GPP2[1]	3GPP

宽带码分多址（Wideband Code Division Multiple Access，WCDMA）是一种 3G 蜂窝网络，使用的部分协议与 2G GSM 标准一致。具体一点来说，WCDMA 是一种利用码分多址复用（或者 CDMA 通用复用技术，不是指 CDMA 标准）方法的宽带扩频 3G 移动通信空中接口。WCDMA 主要起源于欧洲和日本的早期第三代无线研究活动，GSM 的巨大成功对第三代系统在欧洲的标准化产生重大影响。欧洲于 1988 年开展 RACE Ⅰ（欧洲先进通信技术的研究）程序，并一直延续到 1992 年 6 月，它代表了第三代无线研究活动的开始。1992 年至 1995 年之间欧洲开始了 RACE Ⅱ 程序。ACTS（先进通信技术和业务）建立于 1995 年年底，为 UMTS（通用移动通信系统）建议了 FRAMES（未来无线宽带多址接入系统）方案。在这些早期研究中，对各种不同的接入技术包括 TDMA、CDMA、OFDM 等进行了实验和评估，为 WCDMA 奠定了技术基础，中国联通采用 WCDMA 标准，如图 1 – 1 – 12 所示。

CDMA2000（Code Division Multiple Access 2000）是一个 3G 移动通信标准，是国际电信联盟 ITU 的 IMT – 2000 标准认可的无线电接口，也是 2G CDMA One 标准的延伸。根本的信令标准是 IS – 2000。CDMA2000 与另一个 3G 标准 WCDMA 不兼容。CDMA2000 也称为 CDMA Multi – Carrier，由美国高通北美公司为主导提出，摩托罗拉、朗讯（Lucent）和后来加入的韩国三星都有参与，韩国现在成为该标准的主导者。这套系统是从窄带 CDMA One 数字标准衍生出来的，可以从原有的 CDMA One 结构直接升级到 3G，建设成本低廉。但目前使用 CDMA2000 的地区只有日、韩、北美和中国，所以相对于 WCDMA 来说，CDMA2000 的适用范围要小些，使用者和支持者也要少些。中国电信采用 CDMA2000 标准，如图 1 – 1 – 13 所示。

图 1 – 1 – 12　中国联通采用 WCDMA 标准

图 1 – 1 – 13　中国电信采用 CDMA2000 标准

TD – SCDMA 是英文 Time Division – Synchronous Code Division Multiple Access（时分同步码分多址）的简称，是中国提出的第三代移动通信标准（简称 3G），也是 ITU 批准的三个 3G 标准中的一个，是以我国知识产权为主的、被国际上广泛接受和认可的无线通信国际标准，是我国电信史上重要的里程碑。相对于另两个主要 3G 标准 CDMA2000 和 WCDMA，它的起步较晚，技术不够成熟。根据野村证券的统计，截至 2014 年年底，TD – SCDMA 网络建设累计投资超过 1880 亿元，加上中国移动投入的终端补贴、营销资源，保守估计投入远远超过 2000 亿元。TD – SCDMA 标准是我国提出的第三代移动通信系统标准，于 1998 年 6 月提交给 ITU，成为 3G 技术标准候选方案。1999 年 11 月，TD – SCDMA 被 ITU 确定为第三代移动通信系统的 5 种标准之一。TD – SCDMA 提交给 ITU 之后，CWTS 对 TD – SCDMA 进行了更具体的标准化工作，同时开展了与 3GPP 的 UTRATDD 进行融合的工作。经过一年的研究讨论，1999 年 10 月，TD – SCDMA 被 3GPP 所采纳，并作为 UTRATDD 的低码片速率选项。此后，TD – SCDMA 标准的融合和完善是在 3GPP 中进行的。在 2001 年 3 月，3GPP 正式将 TD – SCDMA 包含在 Release4 版本中。这对于 TD – SCDMA 来讲，是一个重要的里程碑，标志着该标准正式被众多的移动运营商和设备制造商所接受。这也是 TD – SCDMA 完全可商用的标准版本。此后，TD – SCDMA 进入了比较稳定、并进行相应修改和发展的阶段，中国移动采用 TD – SCDMA 标准，如图 1 – 1 – 14 所示。

图 1 – 1 – 14　中国移动采用 TD – SCDMA 标准

3G 时代经历了三足鼎立的纷争，至今也没有定论谁是最好的 3G 标准，但是这些都已经不重要了，在日常的使用过程中逐渐暴露了 3G 自身的一些不足，如高额的资费、缺少杀手级的应用等，而后续的第四代移动通信技术已经箭在弦上，因此 3G 注定只能成为一个从语音文本时代到移动互联网时代的过渡产品。

1.1.5　现在——第四代移动通信技术

1. 简介

现在第四代
移动通信技术

随着拥有智能手机的人数越来越多，人们迫切需要更快的移动通信网络、更低的流量资费标准，因此在 3G 刚刚部署完成，4G 就到来了。2008 年，3GPP 提出了长期演进技术（Long Term Evolution，LTE）作为 3.9G 的技术标准，实际上准 4G 技术的 LTE 第一个版本标准是从 R8 版本开始的，紧接着 2009 年年底全球第一个 LTE 商用网络就开始部署。4G LTE 系统一开始就是为分组数据业务而产生的，并且 4G 系统早期并不支持语音，后期发展了 VoLTE，才解决 4G 语音通信问题。移动宽带是 4G 发展的焦点，其对高速率、低延迟和大容量有严格的要求。而且，在 LTE 上不再产生多种制式，只有 FDD – LTE 和 TD – LTE 两种制式标准，在统一标准化方面也优于 3G 网络。LTE 还支持大规模机器类通信和引入机器对机器的通信，拓展了移动宽带的使用范围。LTE－Advanced 是 LTE 系统的增强版本，完全向后兼容 LTE，通常在 LTE 系统上进行软件升级即可，其峰值速率：下行 1 Gb/s，上行 500 Mb/s。4G 集 3G 与 WLAN 于一体，并能够快速和高质量的传输数据、音频、视频和图像等信息。与 3G 相比，4G 有着不可比拟的优越性。

2. 发展情况

1）研发阶段

2001 年 12 月—2003 年 12 月，开展 Beyond 3G/4G 蜂窝通信空中接口技术研究，完成 Beyond 3G/4G 系统无线传输系统的核心硬、软件研制工作，开展相关传输实验，向 ITU 提交有关建议。

2004 年 1 月—2005 年 12 月，使 Beyond 3G/4G 空中接口技术研究达到相对成熟的水平，进行与之相关的系统总体技术研究（包括与无线自组织网络、游牧无线接入网络的互联互通技术研究等），完成联网试验和演示业务的开发，建成具有 Beyond 3G/4G 技术特征的演示系统，向 ITU 提交初步的新一代无线通信体制标准。

2006 年 1 月—2010 年 12 月，设立有关重大专项，完成通用无线环境的体制标准研究及其系统实用化研究，开展较大规模的现场试验。

2）运行阶段

2010 年是海外主流运营商规模建设 4G 的元年，多数机构预计海外 4G 投资时间还将持续 3 年左右。

2012 年，国家工业和信息化部部长苗圩表示，4G 的脚步越来越近，4G 牌照在一年左右时间中就会下发。

2013 年，"谷歌光纤概念"开始在全球发酵，在美国国内成功推行的同时，谷歌光纤开始向非洲、东南亚等地推广，给全球 4G 网络建设再次添柴加火。同年 8 月，国务院总理李克强主持召开国务院常务会议，要求提升 3G 网络覆盖和服务质量，推动年内发放 4G 牌照。12 月 4 日正式向三大运营商发布 4G 牌照，中国移动、中国电信和中国联通均获得 TD－LTE 牌照，不过中国联通和中国电信热切期待的 FDD－LTE 牌照，暂未发放。

2013 年 12 月 18 日，中国移动在广州宣布，将建成全球最大的 4G 网络。2013 年年底前，北京、上海、广州、深圳等 16 个城市可享受 4G 服务；预计到 2014 年年底，4G 网络将覆盖超过 340 个城市。

2014 年 1 月，京津城际高铁作为全国首条实现移动 4G 网络全覆盖的铁路，实现了 300 公里时速高铁场景下的数据业务高速下载，下载一部 2G 大小的电影只需要几分钟。原有的 3G 信号也得到增强。

2014 年 1 月 20 日，中国联通已在珠江三角洲及深圳等十余个城市和地区开通了 42M，实现全网升级，升级后的 3G 网络均可以达到 42M 标准，同时将在年内完成全国 360 多个城市和大部分地区 3G 网络的 42M 升级。

2014 年 7 月 21 日，中国移动在召开的新闻发布会上又提出包括持续加强 4G 网络建设、实施清晰透明的订购收费、大力治理垃圾信息等六项服务承诺。中国移动表示，将继续降低 4G 资费门槛。

截至 2015 年 12 月底，全国电话用户总数达到 15.37 亿户，其中移动电话用户总数 13.06 亿户，4G 用户总数达 3.862 25 亿户，4G 用户在移动电话用户中的渗透率为 29.6%。

2018 年 7 月,工信部公布的《2018 年上半年通信业经济运行情况》报告显示,4G 用户总数达到 11.1 亿户,占移动电话用户的 73.5%。

第四代移动通信系统可称为广带(Broadband)接入和分布网络,具有非对称的超过 2 Mb/s 的数据传输能力,数据率超过 UMTS,是支持高速数据率(2～20 Mb/s)连接的理想模式,上网速度从 2 Mb/s 提高到 100 Mb/s,具有不同速率间的自动切换能力。3G 与 4G 网速对比如图 1－1－15 所示。

图 1－1－15　3G 与 4G 网速对比

第四代移动通信系统是多功能集成的宽带移动通信系统,在业务上、功能上、频带上都与第三代系统不同,会在不同的固定和无线平台及跨越不同频带的网络运行中提供无线服务,比第三代移动通信更接近于个人通信。第四代移动通信技术可把上网速度提高到超过第三代移动技术 50 倍,可实现三维图像高质量传输。

4G 移动通信技术的信息传输级数要比 3G 移动通信技术的信息传输级数高一个等级。对无线频率的使用效率比第二代和第三代系统都高得多,且抗信号衰落性能更好,其最大的传输速度会是"i－mode"服务的 10 000 倍。除了高速信息传输技术外,它还包括高速移动无线信息存取系统、移动平台技术、安全密码技术以及终端间通信技术等,具有极高的安全性,4G 终端还可用于定位、告警等。

4G 手机系统下行链路速度为 100 Mb/s,上行链路速度为 30 Mb/s。其基站天线可以发送更窄的无线电波波束,在用户行动时也可进行跟踪,可处理数量更多的通话。

第四代移动电话不仅音质清晰,而且能进行高清晰度的图像传输,用途十分广泛。在容量方面,可在 FDMA、TDMA、CDMA 的基础上引入空分多址(SDMA),容量达到 3G 的 5～10 倍。另外,可以在任何地址宽带接入互联网,包含卫星通信,能提供信息通信之外的定位定时、数据采集、远程控制等综合功能。它包括广带无线固定接入、广带无线局域网、移动广带系统和互操作的广播网络(基于地面和卫星系统)。

其广带无线局域网(WLAN)能与 B－ISDN 和 ATM 兼容,实现广带多媒体通信,形成综合广带通信网(IBCN),通过 IP 进行通话;对全速移动用户能提供 150 Mb/s 的高质量的影像服务,实现三维图像的高质量传输,无线用户之间可以进行三维虚拟现实通信。

第四代移动通信技术能自适应资源分配，处理变化的业务流、信道条件不同的环境，有很强的自组织性和灵活性；能根据网络的动态和自动变化的信道条件，使低码率与高码率的用户共存，综合固定移动广播网络或其他的一些规则，实现对这些功能体积分布的控制。

第四代移动通信技术支持交互式多媒体业务，如视频会议、无线因特网等，提供更广泛的服务和应用。4G 系统可以自动管理、动态改变自己的结构以满足系统变化和发展的要求。用户可能使用各种各样的移动设备接入到 4G 系统中，各种不同的接入系统结合成一个公共的平台，它们互相补充、互相协作以满足不同的业务要求，移动网络服务趋于多样化，最终会演变为社会上多行业、多部门、多系统与人们沟通的桥梁。

3GPP 组织

1.1.6 未来——第五代移动通信技术

1. 简介

**未来第五代
移动通信技术**

第五代移动通信技术（5th Generation Mobile Communication Technology，简称 5G）是具有高速率、低时延和大连接特点的新一代宽带移动通信技术，是实现人机物互联的网络基础设施。

5G 是移动通信系统的稳定、高速、可靠的演进，是 4G 的延续和增强。虽然互联网的快速增长对传统的通信方式产生了强烈的冲击，特别是一些交流应用软件 APP 的应用，对基础电信业务造成了重大影响，移动运营商的语音、短信都受到很大的冲击。5G 从标准制定上，就充分考虑继续发挥这种优势，无论是提升速率还是网络切片，还是开放性支持虚拟化部署，都考虑到稳定、可靠、安全等因素，因此，5G 将这种优势进行延续。5G 在移动通信领域绝对是革命性的，如果说以前的移动通信只是改变了人们的通信方式、社交方式，那么 5G 则改变了整个社会。

2019 年 6 月 6 日，中国移动、中国联通、中国电信、中国广电获得了 5G 商用牌照，标志着我国进入 5G 商用部署阶段，5G 组网主要采用 NSA 和 SA 两种组网方式。同时，5G 提供了两个关键的技术：网络切片和网络虚拟化。运营商可以很好地利用这两项技术进行开源节流。网络切片可以为用户提供个性化的服务，来达到用户价值增值的目的；而网络虚拟化，则能为运营商节省成本和快速升级部署提供保障。

随着每个人平均拥有的移动设备不断增多，越来越多的设备接入云端，5G 通过加大传输带宽、利用毫米波、大规模多输入多输出 MIMO、3D 波束成形、小基站等技术，能够实现比 4G 更快的用户体验速度。5G 是一个应用平台，将推动物联网的发展，实现万物连接。5G 的 3 大应用场景如图 1 – 1 – 16 所示。

2. 发展情况

2013 年 2 月，欧盟宣布将拨款 5 000 万欧元，加快 5G 移动技术的发展，计划到 2020 年推出成熟的标准。

2013 年 4 月，工信部、发展改革委、科技部共同支持成立 IMT – 2020（5G）推进组，作为 5G 推进工作的平台，推进组旨在组织国内各方力量、积极开展国际合作，共同推动 5G 国际标准发展。2013 年 4 月 19 日，IMT – 2020（5G）推进组第一次会议在北京召开。

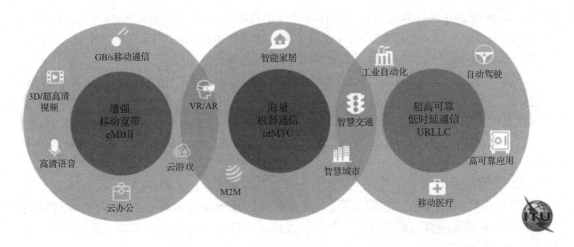

图 1 - 1 - 16　5G 移动通信系统的 3 大应用

2014 年 5 月 8 日，日本电信运营商 NTT DoCoMo 正式宣布将与 Ericsson、Nokia、Samsung 等六家厂商共同合作，开始测试超越现有 4G 网络 1 000 倍网络承载能力的高速 5G 网络，传输速度可望提升至 10 Gb/s，预计在 2015 年展开户外测试，并期望于 2020 年开始运作。

2016 年 1 月，中国 5G 技术研发试验正式启动，于 2016—2018 年实施，分为 5G 关键技术试验、5G 技术方案验证和 5G 系统验证三个阶段。

2016 年 5 月 31 日，第一届全球 5G 大会在北京举行。本次会议由中国、欧盟、美国、日本和韩国的 5 个 5G 推进组织联合主办。工业和信息化部部长苗圩出席会议并致开幕词。苗圩指出，发展 5G 已成为国际社会的战略共识。5G 将大幅提升移动互联网用户业务体验，满足物联网应用的海量需求，推动移动通信技术产业的重大飞跃，带动芯片、软件等快速发展，并将与工业、交通、医疗等行业深度融合，催生工业互联网、车联网等新业态。

2017 年 11 月 15 日，工信部发布《关于第五代移动通信系统使用 3 300 ~ 3 600 MHz 和 4 800 ~ 5 000 MHz 频段相关事宜的通知》，确定 5G 中频频谱，能够兼顾系统覆盖和大容量的基本需求。

2017 年 11 月下旬，中国工业和信息化部发布通知，正式启动 5G 技术研发试验第三阶段工作，并力争于 2018 年年底前实现第三阶段试验基本目标。

2017 年 12 月 21 日，在国际电信标准组织 3GPP RAN 第 78 次全体会议上，5G NR 首发版本正式冻结并发布。

2017 年 12 月，发改委发布《关于组织实施 2018 年新一代信息基础设施建设工程的通知》，要求 2018 年将在不少于 5 个城市开展 5G 规模组网试点，每个城市 5G 基站数量不少于 50 个、全网 5G 终端不少于 500 个。

2018 年 2 月 27 日，华为在 MWC2018 大展上发布了首款 3GPP 标准 5G 商用芯片巴龙 5G01 和 5G 商用终端，支持全球主流 5G 频段，包括 Sub6 GHz（低频）、mmWave（高频），理论上可实现最高 2.3 Gb/s 的数据下载速率。

2018 年 6 月 13 日，3GPP 5G NR 标准 SA（Standalone，独立组网）方案在 3GPP 第 80

次 TSG RAN 全会正式完成并发布，这标志着首个真正完整意义的国际 5G 标准正式出炉。

2018 年 2 月 1 日，"绽放杯" 5G 应用征集大赛项目申报正式开始。大赛由工业和信息化部指导，中国信息通信研究院和 IMT - 2020（5G）推进组主办。

2018 年 12 月 1 日，韩国三大运营商 SK、KT 与 LG U + 同步在韩国部分地区推出 5G 服务，这也是新一代移动通信服务在全球首次实现商用。第一批应用 5G 服务的地区为首尔、首都圈和韩国六大广域市的市中心，以后将陆续扩大范围。按照计划，韩国智能手机用户 2019 年 3 月份左右可以使用 5G 服务，预计 2020 年下半年可以实现 5G 全覆盖。

2018 年 12 月 10 日，工信部正式对外公布，已向中国电信、中国移动、中国联通发放了 5G 系统中低频段试验频率使用许可。这意味着各基础电信运营企业开展 5G 系统试验所必须使用的频率资源得到保障，向产业界发出了明确信号，进一步推动了我国 5G 产业链的成熟与发展。

2019 年 1 月 25 日，工业和信息化部副部长陈肇雄在第十七届中国企业发展高层论坛上表示，在各方共同努力下，我国 5G 发展取得明显成效，已具备商用的产业基础。

2019 年 4 月 3 日，韩国电信公司（KT）、SK 电讯株式会社和 LG U + 三大韩国电信运营商正式向普通民众开启第五代移动通信（5G）入网服务。

2019 年 4 月 3 日，美国最大电信运营商 Verizon 宣布，即日起在芝加哥和明尼阿波利斯的城市核心地区部署 "5G 超宽带网络"。

2019 年 6 月 6 日，工信部正式向中国电信、中国移动、中国联通、中国广电发放 5G 商用牌照，中国正式进入 5G 商用元年。

2019 年 10 月，5G 基站正式获得了工信部入网批准。工信部颁发了国内首个 5G 无线电通信设备进网许可证，标志着 5G 基站设备将正式接入公用电信商用网络。

2019 年 10 月 31 日，三大运营商公布 5G 商用套餐，并于 11 月 1 日正式上线 5G 商用套餐。

2020 年 3 月 24 日，工信部发布关于推动 5G 加快发展的通知，全力推进 5G 网络建设、应用推广、技术发展和安全保障，特别提出支持基础电信企业以 5G 独立组网为目标加快推进主要城市的网络建设，并向有条件的重点县镇逐步延伸覆盖。

2020 年 6 月 1 日，工信部部长苗圩在两会 "部长通道" 接受媒体采访时说，2020 年以来 5G 建设加快了速度，虽然新冠疫情发生后，1 至 3 月份发展受到影响，但各企业正在加大力度，争取把时间赶回来。目前，中国每周增加 1 万多个 5G 基站。4 月份，5G 客户增加了 700 多万户，累计超过 3 600 万户。

2020 年 9 月 5 日，工业和信息化部部长肖亚庆在中国国际服务贸易交易会举行的数字贸易发展趋势和前沿高峰论坛上表示，当前中国 5G 用户已超过 6000 万，并将推动 5G 大规模商用。

2020 年 12 月 22 日，在此前试验频率基础上，工信部向中国电信、中国移动、中国联通三家基础电信运营企业颁发 5G 中低频段频率使用许可证。同时许可部分现有 4G 频率资源重耕后用于 5G，加快推动 5G 网络规模部署。

2021 年 2 月 23 日，工业和信息化部副部长刘烈宏出席 2021 年世界移动通信大会（上海），在大会数字领导者闭门会议上，刘烈宏表示，5G 赋能产业数字化发展是 5G 成功商用的关键。

2021 年 3 月 8 日，在十三届全国人大四次会议第二场"部长通道"，工业和信息化部部长肖亚庆表示，我国数字经济发展正大步向前，截至 2020 年年底，我国已累计建成 5G基站 71.8 万个，"十四五"期间，我国将建成系统完备的 5G 网络，5G 垂直应用的场景将进一步拓展。

2021 年 4 月 19 日，在国务院新闻办公室举行的政策例行吹风会上，工业和信息化部副部长刘烈宏表示，我国已初步建成了全球最大规模的 5G 移动网络。

小　结

4G 技术又称为 LTE 技术，通信行业一度认为这就是无线通信发展的终点，其后只存在渐进的演变，但是随着大数据、物联网等技术的飞速发展，对无线通信的需求更加多样化，所以推动了 5G 技术的横空出世。显然，5G 技术也不会是无线通信发展的终点，随着其他新兴技术的不断涌现，对新一代信息技术的需求也会发生变化，但是技术的发展遵循渐进演变的规律，未来的 6G 技术肯定也是在现有的 4G 和 5G 的基础上进行升级的，所以了解一些无线通信发展的历史还是很有必要的。

习　题

1. 3G 为什么被称为无线通信发展过程中的过渡技术？
2. 试论述 5G 技术相比于 4G 技术的优点以及发展 5G 技术的必要性。

任务 2　信号的基础知识

情　景

请问："我就站在你面前，给你打电话或者发短信，是从我的手机直接将呼叫信号或者短信传送到达你的手机吗？""手机信号是从哪里来的？""手机信号是怎么产生的？""为什么有的地下室、电梯等建筑有时候有信号，有时候没有信号？""为什么人多的地方信号不好？"……。本节就来学习信号的基础知识，来解释这些日常生活中与移动通信有关的现象。

知识目标

掌握信号和系统的概念，了解常见信号。
了解模拟信号和数字信号的区别。
了解时域信号和频域信号的区别。
掌握模拟信号是如何变成数字信号的。
了解奈奎斯特采样定理

信号的基础知识

能力目标

了解常见的信号和系统，能成对的辨析信号的特点。

通过对手机信号的了解，掌握无线信号的相关特性。

深入理解模拟信号变成数字信号的步骤。

1.2.1 信号的概念

1. 信号的概念

信号是运载消息的工具，是消息的载体。

从广义上讲，信号包含光信号、声信号和电信号等。例如，古代人利用点燃烽火台而产生的滚滚狼烟，向远方军队传递敌人入侵的消息，这属于光信号；当我们说话时，声波传递到他人的耳朵，使他人了解我们的意图，这属于声信号；遨游太空的各种无线电波、四通八达的电话网中的电流等，都可以用来向远方传达各种消息，这属于电信号。人们通过对光、声、电信号进行接收，才知道对方要表达的消息。信号与消息的对应关系如图1－2－1和图1－2－2所示。

图 1－2－1　交通灯信号

信号	消息
红	停
黄	警示
绿	行

图 1－2－2　信息与消息

2. 系统的概念

人们把能加工、变换信号的实体称作系统。系统指不同学科所研究的对象，不管是汽车发动机，还是电路，都可以抽象成一个系统。一个系统，有输入信号，也有输出信号，输入和输出之间满足一定的对应关系。

系统的输入和输出，如果可以用数量来表达，就称为信号。这里的输入和输出，可以为任何的物理量，比如电压，电流，压力，温度，能量，位移，速度等。关键的是，这些物理量能够表示为随时间变化的数量，这样的话，一个具体的设备或者装置，就可以抽象成一个数学模型即系统，进而研究其输入和输出之间的数学上的变化规律。

3. 手机信号

手机信号是指移动通信中常用的无线信号，移动通信中传输的是电信号，而通话双方发出和接收到的是声音信号，那么声音信号与电信号如何相互转换呢？声电信号转换设备如图1－2－3所示，需要借助话筒和听筒设备进行转换。

图 1-2-3　声电信号转换设备

话筒的工作原理是：当人对着话筒讲话时，声波使膜片振动，膜片忽松忽紧地挤压碳粒，电阻随之发生变化，在电路中产生随声音振动而变化的电流，即话筒相当于可变电阻。

听筒的工作原理是：当从话筒中传来随说话声音的振动而产生强弱变化的电流时，电磁铁对铁片的吸引力大小也发生变化，使铁片振动起来，产生和对方说话声音相同的声音，即听筒相当于一个电磁铁。

（1）手机信号是从哪里来的呢？

图 1-2-4　无线 Wi-Fi

大多数同学都应该听说过基站或者信号站（塔）这两个名词，其实它们是一种东西。而手机信号就是经由这个我们称之为基站的东西发射出来的，具体示例如图 1-2-4、图 1-2-5、图 1-2-6 所示。

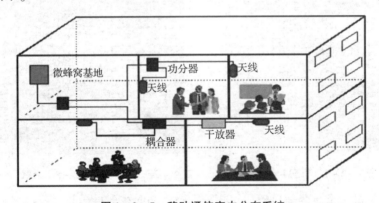

图 1-2-5　移动通信室内分布系统

（2）手机信号是怎么产生的呢？

基站是一个总称，它包括机房（如图 1-2-7）和天线（如图 1-2-8 所示）两部分。信号的产生是在一系列工作流程后，经由主设备通过天线发射出去的。

机房部分：主设备（2G、3G、4G、WLAN）、传输柜、电源柜、监控设备、避雷设备、烟感灭火器、温感灭火器、蓄电池组、空调……

天线部分：馈线和天线。

（3）手机信号是什么？

手机信号是电磁波，在基站与手机之间传输。专业上叫载波，将语音信号，转变成有利于在空气中传播的电磁波信号，达到通信传输的目的。那电磁波又是什么呢？

辐射

图 1 - 2 - 6　基站室外天线

网络如何发现手机位置

图 1 - 2 - 7　机房

图 1 - 2 - 8　天线

电磁波最大的用途是能通过幅值、相位、频率的变化携带信息。电磁波在空中可以叫无线电波，具有远距离传输能力的高频电磁波习惯上被称为射频。

电磁波是由同相且互相垂直的电场与磁场在空间中衍生发射的振荡粒子波，是以波动的形式传播的电磁场，具有波粒二象性，传播速度是光速级别，无须传播介质，电磁波遇金属被吸收和反射，遇建筑物等被阻挡减弱，刮风下雨打雷也被减弱。电磁波的波长越短、频率越高，单位时间内传输的数据就越多。

网络指标

（4）为什么从 2G 到 4G 在上网中速度越来越快，但信号稳定性却越来越差？

从 2G 到 4G 信号的频率是递增的，所以他们的波长是递减的。如果没有遮挡物（如金属、墙壁等），那么毫无疑问单位时间内的数据吞吐也就是网速呈递增状态，如表 1 - 2 - 1 所示。

表1-2-1　现网无线频段

运营商	上行频率（UL）	下行频率（DL）	频宽	合计频宽	制式	
中国移动	885～909 MHz	930～954 MHz	24 MHz	184 MHz	GSM800	2G
	1 710～1 725 MHz	1 805～1 820 MHz	15 MHz		GSM1800	2G
	2 010～2 025 MHz	2 010～2 025 MHz	15 MHz		TD-SCDMA	3G
	1 880～1 890 MHz 2 320～2 370 MHz 2 575～2 635 MHz	1 880～1 890 MHz 2 320～2 370 MHz 2 575～2 635 MHz	130 MHz		TD-LTE	4G
中国联通	909～915 MHz	954～960 MHz	6 MHz	81 MHz	GSM800	2G
	1 745～1 755 MHz	1 840～1 850 MHz	10 MHz		GSM1800	2G
	1 940～1 955 MHz	2 130～2 145 MHz	15 MHz		WCDMA	3G
	2 300～2 320 MHz 2 555～2 575 MHz	2 300～2 320 MHz 2 555～2 575 MHz	40 MHz		TD-LTE	4G
	1 755～1 765 MHz	1 850～1 860 MHz	10 MHz		FDD-LTE	4G
中国电信	825～840 MHz	870～885 MHz	15 MHz	85 MHz	CDMA	2G
	1 920～1 935 MHz	2 110～2 125 MHz	15 MHz		CDMA2000	3G
	2 370～2 390 MHz 2 635～2 655 MHz	2 370～2 390 MHz 2 635～2 655 MHz	40 MHz		TD-LTE	4G
	1 765～1 780 MHz	1 860～1 875 MHz	15 MHz		FDD-LTE	4G

下面我们再说一下信号的稳定性问题。电磁波具有波粒二象性，即具有波特性的绕射力和具有粒子特性的穿透力。理论情况下电磁波的穿透力是根据频率呈递增的，但是考虑到钢筋混凝土结构的墙壁，从远处基站发出的高频电磁波会受到很大程度上的衰减，所以当我们处于建筑物遮挡时主要考虑的是电磁波的波特性即绕射力，波长越长它的衍射能力就越强也就是绕过阻挡物的能力就越强。从2G到4G频率呈递增，所以波长呈递减状态，因此在面对一个建筑物时2G信号比3G和4G的绕射能力都要强。这也就是我们在一些建筑物内没有4G或4G很差，但是2G通话质量却不受影响的原因。

常见的网络问题

（5）综上所述，是不是越高越空旷的地方信号越好呢？

通常情况下的确空旷的地方因为没有遮挡物信号会较好，但也有一些特殊情况，回答这个问题之前，我们先说一下基站与手机之间的通信关系，简单理解，我们的手机会向周围所有工作范围内的基站发送请求指令，而只有信号最强的那个基站会与手机建立连接，其他基站接收请求指令却不予理睬。如图1-2-9所示。

图 1 - 2 - 9　终端与基站的无线接入

根据这个理论，当我们处于高层建筑时，由于缺少其他建筑物的阻挡，那么周围所有的基站的信号强度都是近乎一致的，都有可能参与建立连接，那么我们手机在通信过程中就会由于来回切换基站导致出现不稳定的情况。同理空旷的地区也是如此，但不一样的是空旷地区人口稀疏考虑到资源浪费，运营商会在该地区做必要覆盖而非过量覆盖，基站数量较建筑群会减少很多。

（6）为什么有的地下室、电梯等建筑内有时候有信号，有时候没有信号呢？

其实这是一个最根本的覆盖问题，而不同的是我们平时看到的基站我们称之为宏蜂窝基站，地下室、电梯等建筑属于特殊建筑，信号无法有效的绕射，所以需要做一项室内覆盖的工程，我们称之为微蜂窝基站。当你所处的该类地方有信号时就说明这个区域已经做了室内覆盖了，一般会在房顶看到白色的"蘑菇头"，如图 1 - 2 - 10 所示。

全向吸顶天线　　　　定向壁挂天线　　　　对数周期天线

图 1 - 2 - 10　实际天线设备

（7）为什么人多的地方信号不好呢？

其实人多人少并不会影响信号的好坏，只是通话会不易接通，通话质量变得不好，这是因为使用手机的人多，占用的信道也就相对较多，甚至造成信道拥塞最终导致感知不好。

（8）我们可以通过什么方式来优化我们的信号呢？

目前只有一种方法那就是告知你的运营商，当地信号不好，网络优化部门会前往测试信号强度，如果信号强度的确不符合要求，那么运营商将会在此地修建基站，从而提高您的使用体验，如图 1 - 2 - 11 所示。

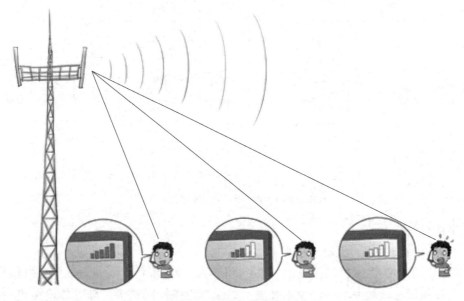

图 1 – 2 – 11　信号强度图例

1.2.2　信号的时域概念

时域是描述数学函数或物理信号对时间的关系的。例如，一个信号的时域波形可以表达信号随着时间的变化情况，如图 1 – 2 – 12 所示。

信号的
时域与频域

1. 模拟信号

模拟信号是指信息参数在给定范围内表现为连续的信号，是用连续变化的物理量所表达的信息，如温度、湿度、压力、长度、电流、电压等，我们通常又把模拟信号称为连续信号，它在一定的时间范围内可以有无限多个不同的取值。如图 1 – 2 – 13 所示。

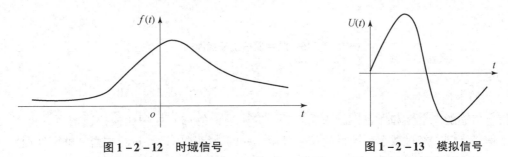

图 1 – 2 – 12　时域信号　　　　　　　　图 1 – 2 – 13　模拟信号

2. 数字信号

数字信号指自变量是离散的、因变量也是离散的信号，这种信号的自变量用整数表示，因变量用有限数字中的一个数字来表示。如图 1 – 2 – 14 所示。

由于数字信号是用两种物理状态来表示 0 和 1 的，故其抵抗材料本身干扰和环境干扰的能力都比模拟信号强很多；在现代技术的信号处理中，数字信号发挥的作用越来越大，几乎复杂的信号处理都离不开数字信号。

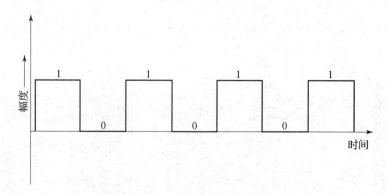

图 1 - 2 - 14　数字信号

数字信号的特点：

（1）抗干扰能力强、无噪声积累。

在模拟通信中，为了提高信噪比，需要在信号传输过程中及时对衰减的传输信号进行放大，信号在传输过程中不可避免地叠加上的噪声也被同时放大。随着传输距离的增加，噪声累积越来越多，以致使传输质量严重恶化，如图 1 - 2 - 15（a）所示。

对于数字通信，由于数字信号的幅值为有限个离散值（通常取两个幅值），在传输过程中虽然也受到噪声的干扰，但当信噪比恶化到一定程度时，可在适当的距离采用判决再生的方法，再生成没有噪声干扰的和原发送端一样的数字信号，所以可实现长距离高质量的传输，如图 1 - 2 - 15（b）所示。

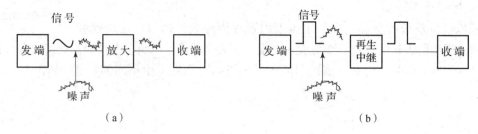

图 1 - 2 - 15　数字通信抗干扰能力
（a）模拟通信；（b）数字通信

（2）便于加密处理

信息传输的安全性和保密性越来越重要，数字通信的加密处理比模拟通信容易得多，以话音信号为例，经过数字变换后的信号可用简单的数字逻辑运算进行加密、解密处理。

（3）便于存储、处理和交换

数字通信的信号形式和计算机所用信号一致，都是二进制代码，因此便于与计算机联网，也便于用计算机对数字信号进行存储、处理和交换，可使通信网的管理、维护实现自动化、智能化。

（4）设备便于集成化、微型化

数字通信采用时分多路复用，不需要体积较大的滤波器。设备中大部分电路是数字电路，可用大规模和超大规模集成电路实现，因此体积小、功耗低。

（5）便于构成综合数字网和综合业务数字网

采用数字传输方式，可以通过程控数字交换设备进行数字交换，以实现传输和交换的综合。另外，电话业务和各种非话业务都可以实现数字化，构成综合业务数字网。

3. 周期信号

周期信号是每隔一定时间 T（称为周期）重复变化，周而复始且无始无终的信号。周期信号示意如图 1 - 2 - 16 所示。函数表达式见下式：

$$f(t) = f(t + nT)$$

式中，n 为整数；满足此关系式的最小 T 值称为信号的周期。

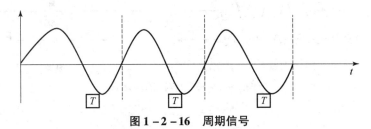

图 1 - 2 - 16　周期信号

4. 非周期信号

非周期信号在时间上不具有周而复始的特性，即无周期性，如图 1 - 2 - 17 所示。表达式见下式：

$$f(t + nT) \neq f(t)$$

非周期信号也可看作一个周期 T 趋于无穷大时的周期信号。

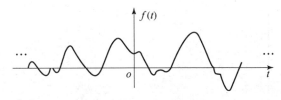

图 1 - 2 - 17　非周期信号

1.2.3　信号的频域概念

频域是描述信号在频率方面特性时用到的一种坐标系。

自变量是频率，即横轴是频率，纵轴是该频率信号的幅度，也就是通常说的频谱图。频谱图描述了信号的频率结构及频率与该频率信号幅度的关系。

信号频域分析是以输入信号的频率为变量，在频率域，研究系统的结构参数与性能的关系，揭示了信号内在的频率特性以及信号时间特性与其频率特性之间的密切关系，从而导出了信号的频谱、带宽以及滤波、调制和频分复用等重要概念。

1. 周期函数的频谱

周期函数的频谱，例：$f(t) = a_1\sin(ft) + a_3\sin(3ft) + a_5\sin(5ft) + a_7\sin(7ft)$，其频谱图如图 1 - 2 - 18 所示。

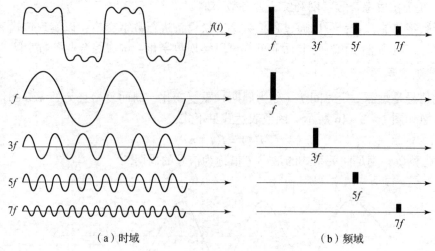

（a）时域 （b）频域

图 1 – 2 – 18 $f(t)$ 的频谱

思考：

（1）这么下去，正弦曲线波能不能叠加出一个带 90 度角的矩形波呢？

（2）如果正弦曲线波能叠加出一个标准 90 度角的矩形波，要多少个正弦波叠加起来才能形成呢？

（3）能不能推论出矩形波的频谱呢？

因此，我们不难发现，矩形波在频域里是另一个模样，如图 1 – 2 – 19 所示。

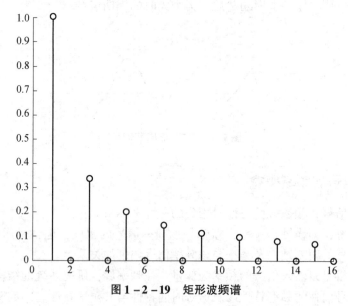

图 1 – 2 – 19 矩形波频谱

这就是矩形波在频域的样子，是不是完全认不出来了呢？

傅里叶认为，任何周期函数，都可以看作是不同振幅、不同相位正弦波的叠加。因此，频域图可以定义为，把 $f(t)$ 各次谐波的振幅 A_n 按照频率高低依次排列起来所形成的频谱图形，这称为信号 $f(t)$ 的频域图。

2. 信号分类的辨析

a. 时域信号与频域信号；

b. 连续信号与离散信号；

c. 模拟信号与数字信号；

d. 周期信号与非周期信号；

e. 基带信号与频带信号；

f. 确定信号与随机信号；

1）时域信号与频域信号

用来分析信号的不同角度称为域。

时域是真实世界，是唯一实际存在的域，而频域是一个遵循特定规则的数学范畴。

正弦波是频域中唯一存在的波形，这是频域中最重要的规则，即正弦波是对频域的描述，因为时域中的任何波形都可用正弦波合成。如图1-2-20所示。

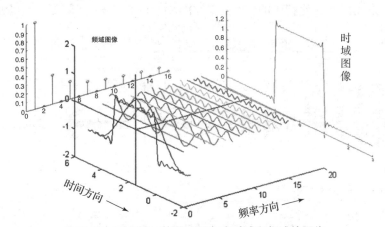

图1-2-20 同一信号不同角度时域和频域的图像

时域分析与频域分析是对模拟信号的两个观察面。时域分析是以时间轴为坐标表示动态信号的关系；频域分析是把信号以频率轴为坐标表示出来。一般来说，时域的表示较为形象与直观，频域分析则更为简练，剖析问题更为深刻和方便。目前，信号分析的趋势是从时域向频域发展。然而，它们是互相联系、缺一不可、相辅相成的。

2）连续信号与离散信号，模拟信号与数字信号

连续和离散，是从自变量的角度去区别的。

模拟和数字，是从因变量的取值上去区别的。

连续信号经过采样成为离散信号，这时候还是模拟的，在经过 A/D 转换器后用有限位的位数表达从而成为数字信号。

基本上所有的离散信号都会进行数字化处理，所以连续和模拟、离散和数字经常被混为一谈，一般不会造成理解上的困难。

3）周期信号与非周期信号

周期性信号是一种经过一定时间重复本身的信号，而非周期性信号则是不重复信号。

4）基带信号与频带信号

基带信号是指信源（信息源，也称发送端）发出的是没有经过调制（进行频谱搬移

和变换）的原始电信号，其特点是频率较低，信号频谱从零频附近开始。

频带信号（带通信号）是指在通信中，由于基带信号具有频率很低的频谱分量，出于抗干扰和提高传输率考虑一般不宜直接传输，需要把基带信号变换成其频带适合在信道中传输的信号，变换后的信号就是频带信号。

5）确定信号与随机信号

若信号被表示为一确定的时间函数，对于指定的某一时刻，可以确定一个相应的函数值，这种信号被称为确定性信号。

一般通信系统中传输的信号都具有一定的不确定性，因此都属于随机信号，否则就不可能传递任何新的信息，也就失去了通信的意义。

1.2.4 模拟信号如何转变为数字信号

模拟信号如何转变为数字信号

声音信号是如何变成比特流的？如图 1-2-21 所示。

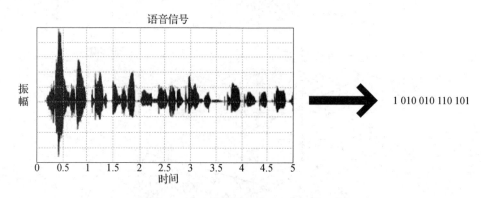

图 1-2-21 声音信号变成比特流示意图

模拟信号转变为数字信号需要通过三个步骤：采样、量化和编码，如图 1-2-22 所示。

1. 采样

模拟信号数字化的第一步是在时间上对信号进行离散化处理，即将时间上连续的信号处理成时间上离散的信号，这一过程称之为采样。

从时间轴上等间隔取 N 个时间点，然后取 N 个值，使连续信号 $f(t)$ 变成了离散的 $f(t_0)$、$f(t_1)$、$f(t_2)$、$f(t_3)$ …。如图 1-2-23 所示。

通过采样得到一系列在时间上离散的幅值序列称为样值序列。这些样值序列的包络线仍与原模拟信号波形相似，我们把它称之为脉冲幅度调制（Pulse Amplitude Modulation，PAM）信号。

（1）采样后的信号时间上变成离散的，但仍然是模拟信号。

究竟要取多少个点，原有的连续信号所含的信息才不会丢失，才能完整地保留下来，然后被还原？

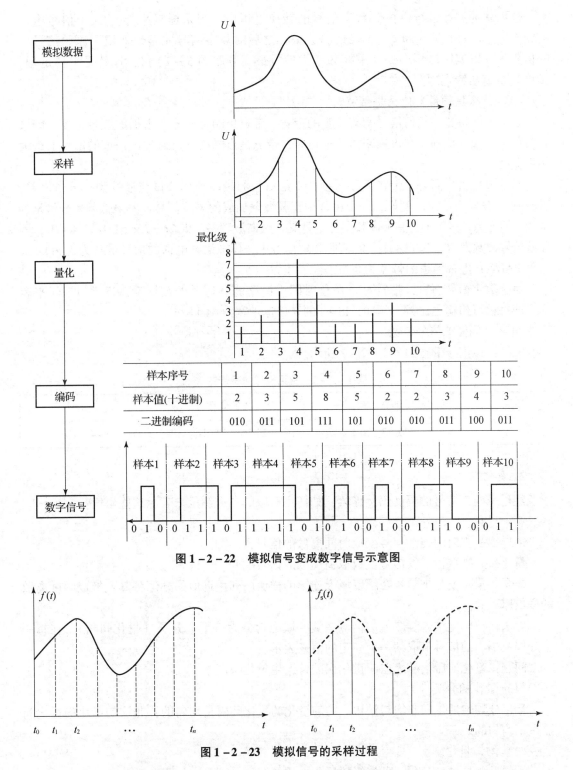

图 1-2-22 模拟信号变成数字信号示意图

图 1-2-23 模拟信号的采样过程

（2）奈奎斯特定理。

如果一个信号是带限的（它的傅里叶变换在某一有限频带范围以外均为零），采样的样本足够密的话（采样频率大于信号带宽的两倍），那么就可以无失真地还原信号。

也可认为，在进行模拟到数字信号的转换过程中，当采样频率 $f_{s.max}$ 大于信号中最高频率 f_{max} 的 2 倍时（即 $f_{s.max} > 2f_{max}$），采样之后的数字信号完整地保留了原始信号中的信息，一般实际应用中保证采样频率为信号最高频率的 5 ~ 10 倍，这就是采样定理，又称为奈奎斯特定理。

（3）什么是频带？什么是带宽？

频带，即带宽，任何信号都有一定的带宽。带宽指的是信号所占据的频带宽度，频域图所覆盖的频率范围。在被用来描述信道时，带宽是指能够有效通过该信道的信号的最大频带宽度。

对于模拟信号而言，带宽又称为频宽，是信号的最高频率分量与最低频率分量之差，以赫兹（Hz）为单位。例如，一个由数个正弦波叠加成的方波信号，其最低频率分量是其基频，假定为 $f = 2$ kHz，其最高频率分量是其 7 次谐波频率，即 $7f = 7 \times 2$ kHz $= 14$ kHz，因此该信号带宽为 $7f - f = 12$ kHz。在实际物理信号中，模拟语音电话的信号带宽为 3 400 Hz，一个 PAL – D 电视频道的带宽为 8 MHz。

对于数字信号而言，带宽是指单位时间内链路能够通过的数据量，通常以 b/s 来表示，即每秒可传输之位数。例如，ISDN 的 8 信道带宽为 64 kb/s。

（4）常见模拟信号带宽。

常见模拟信号带宽如表 1 – 2 – 2 所示。

表 1 – 2 – 2　常见模拟信号带宽

信号	话音信号	音乐信号	电视信号
带宽	300 ~ 3 400 Hz	20 Hz ~ 20 kHz	0 ~ 4 MHz

2. 量化

经过采样，信号的幅度仍然连续，如何用有限的二进制位来表示这些幅值？

答：量化。

采样——把时间连续信号变成时间离散的信号；

量化——把取值连续信号变成取值离散的信号。

概念：量化就是把信号在幅度域上连续的样值序列用近似的办法将其变换成幅度离散的样值序列。

方法：将幅度域连续取值的信号在幅度域上划分为若干个分层（量化间隔），在每一个分层范围内的信号值取某一个固定的值来表示。

问题：量化前后信号之差叫量化误差，产生量化噪声。

（1）量化的分类。

量化分均匀量化和非均匀量化。均匀量化的量化间隔是均匀的；非均匀量化的量化间隔是不均匀的。

（2）均匀量化。

均匀量化是指各量化间隔相等的量化方式。

对于均匀量化是将 $-U$ ~ $+U$ 范围内均匀等分为 N 个量化间隔，则 N 称为量化级数。设量化间隔为 Δ，则 $\Delta = 2U/N$。量化值取每一量化间隔的中间值，则最大量化误差为

$\Delta/2$。

优点：方便进行数字化处理；

缺点：产生了失真（量化噪声），尤其对小信号而言误差较大，信噪比低。

（3）非均匀量化。

用一种合理的方法，即在小信号范围内提供较多的量化级，而在大信号范围内提供少数的量化级，这种技术叫作非均匀量化，即按线性关系进行量化，而这个线性是有规律的。

通信两端数据处理过程示意图如图 1 - 2 - 24 所示。

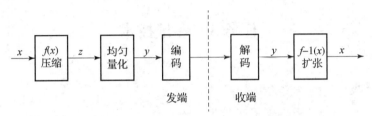

图 1 - 2 - 24　通信两端数据处理过程示意图

3. 编码

编码分为信源编码和信道编码，编码是模拟信号转变为数字信号的最后一步。具体内容将在本章任务 5 中详细介绍。

小　结

1. 信号的定义

在物理上，信号可以描述范围极广的一类物理现象。

在数学上，信号可以表示为一个或多个变量的函数。

2. 系统的定义

人们把能加工、变换信号的实体称作系统。

3. 时域信号

时域信号：一个信号的时域波形可以表达信号随着时间的变化。

模拟信号：模拟信号是指信息参数在给定范围内表现为连续的信号。

数字信号：数字信号指自变量是离散的、因变量也是离散的信号。

4. 频域信号

频域信号：信号在频域下的图形（一般称为频谱）可以显示信号分布在哪些频率及其比例。

连续信号：自变量的在整个连续时间范围内都有定义的信号是时间连续信号。

离散信号：是在连续信号上采样得到的信号。

5. 模拟信号如何转变为数字信号

采样、量化、编码。

采样原则：奈奎斯特采样定理。

量化：把信号在幅度域上连续的样值序列用近似的办法将其变换成幅度离散的样值序列。

编码：编码分信源编码与信道编码。

习　题

1. 举例说明，影响手机信号的因素有哪些？
2. 离散信号和数字信号有什么区别？
3. 如何对连续信号采样才能保证还原的时候不失真？

任务3　多址技术

情　景

通信的基础是通过信道传输符号。大量的手机要通过信道传输符号，就好比大量的车辆跑一条道路一样。如何避免拥塞、碰撞的技术就是多址技术。

知识目标

了解采用多址技术和复用技术的原因。
了解采用蜂窝技术的原因。

能力目标

通过对多址和复用技术的了解，能辨析多址技术与复用技术。
能够清楚了解蜂窝移动通信技术的好处和特点。

信道复用与多址技术

广播

1.3.1　多址与复用的纠结

1. 多址技术

多址技术是指把处于不同地点的多个用户接入一个公共传输媒质，实现各用户之间通信的技术。

（1）目的是用来区分不同用户。

（2）为了让用户的地址互不干扰，地址之间必须满足相互正交。

（3）多址技术分类：频分多址（FDMA，示意图如图1-3-1（a）所示）、时分多址（TDMA，示意如图1-3-1（b）所示）、码分多址（CDMA）、空分多址（SDMA）、正交频分多址（OFDMA）等。

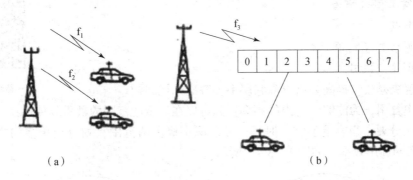

图1-3-1

（a）频分多址；（b）时分多址

2. 复用技术

复用技术是指一种在传输路径上综合多路信道，然后恢复原机制或解除终端各信道复用技术的过程。

寻呼

（1）复用技术目的是让多个信息源共同使用同一个物理资源（比如一条物理通道），并且互不干扰。

（2）这里的复用是指"多个共同使用"的意思。

（3）复用技术分类：频分复用（FDM）、时分复用（TDM）、码分复用（CDM）、空分复用（SDM，如图1-3-2所示）。

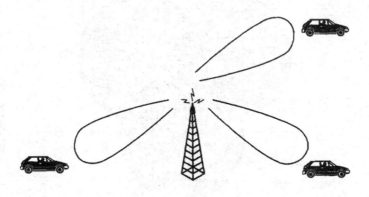

图1-3-2 空分复用

3. 多址与复用的关系

（1）复用要做的工作也很容易理解，就是让多个信息源发出的信号在同一物理或者逻辑信道上不要发生冲突，和平共处，共同分享信道资源，并安全到达目的地。

（2）多址的"址"在移动通信中是指用户临时占用的信道，多址就是要给用户动态分配一种地址资源——信道,当然这种分配只是临时的。

(3) 多址和复用的区别还在于,多址技术是要根据不同的"址"来区分用户;复用是要给用户一个很好的利用资源的方式,一句话"复用针对资源,多址针对用户"。

(4) 另外,多址需要用复用来实现。

4. 空分复用与蜂窝

基站的覆盖

(1) 难点:

a. 资源珍贵(同频干扰);

b. 保证用户数量。

(2) 解决办法:提高频谱资源利用率,解决干扰问题。

a. 频率复用,为能够使有限的频率资源可以在一定的范围内被重复使用;

b. 小区分裂。当容量不够的时候,可以减小蜂窝的范围,划分出更多的蜂窝,进一步提高频率的利用效率。如图 1-3-3 所示。

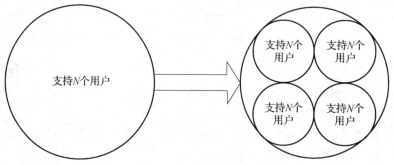

图 1-3-3　小区分裂

(3) 蜂窝的好处:增加用户、降低发射机功率、避免同频干扰。如图 1-3-4 所示。

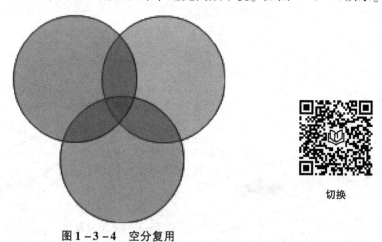

切换

图 1-3-4　空分复用

但是,还是存在小区之间存在大部分面积重复覆盖这一问题,不可避免地造成资源浪费。

图 1-3-5 中,谁的重复面积最小?

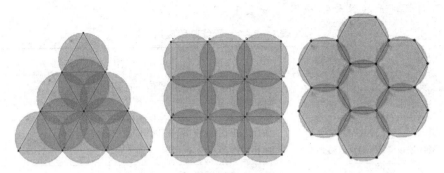

图 1 – 3 – 5   蜂窝式基站的数学基础

图 1 – 3 – 6 所示就是我们身边演化出的移动通信网络，它具备以下特征：

a. 蜂窝式网络布局；

b. 频率复用等各种复用技术。

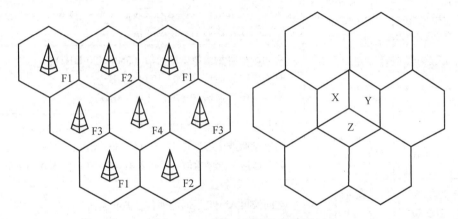

图 1 – 3 – 6   移动网络结构模型

1.3.2   珍贵的频率

1. 空中接口

对于无线通信而言什么最珍贵？答案是空中接口的频率。

空中接口（Air Interface）是指用户终端（如手机）和无线接入网络（如基站）之间的接口，它是任何一种移动通信系统的关键模块之一，也是其"移动性"的集中体现。

珍贵的频率

频谱资源

2. 不同频段无线信号的应用（如表1-3-1所示）

表1-3-1　无线频段应用

频率范围	波长范围	应用
甚低频 VLF 3～30 kHz	超长波 10～100 km	空间波为主海岸潜艇通信；远距离通信； 超远距离导航
低频 LF 30～300 kHz	长波 1～10 km	地波为主越洋通信；中距离通信； 地下岩层通信；远距离导航
中频 MF 0.3～3 MHz	中波 100 m～1 km	地波与天波船用通信；业余无线电通信； 移动通信；中距离导航
高频 HF 3～30 MHz	短波 10～100 m	天波与地波远距离短波通信；国际定点通信
甚高频 VHF 30～300 MHz	米波 1～10 m	空间波电离层散射（30～60 MHz）； 流星余迹通信；人造电离层通信（30～144 MHz）； 对空间飞行体通信；移动通信
超高频 UHF 0.3～3 GHz	分米波 0.1～1 m	空间波小容量微波中继通信（352～420 MHz）； 对流层散射通信（700～10 000 MHz）； 中容量微波通信（1 700～2 400 MHz）
特高频 SHF 3～30 GHz	厘米波 1～10 cm	空间波大容量微波中继通信（3 600～4 200 MHz）； 大容量微波中继通信（5 850～8 500 MHz）； 数字通信；卫星通信；国际海事卫星通信（1 500～1 600 MHz）
极高频 EHF 30～300 GHz	毫米波 1～10 mm	空间波再入大气层时的通信；波导通信

3. 波长与频率关系

由于电磁波传播速度 c、波长 λ 和频率 f 的关系为 $c = \lambda f$，而其中传播速度 $c = 3 \times 10^8$ m/s，因此，在无线通信系统中，波长与频率之间是成反比的。

频率越低，波长越长，绕射能力越强，穿透能力越差，信号损失衰减越小，传输距离越远。如广播电视，短波电台。

大尺度衰落和
小尺度衰落

频率越高，波长越短，绕射能力越弱，穿透能力越强，信号损失衰减越大，传输距离越近。

现在以通用的 1.2 GHz 或者 2.4 GHz 的微波为例，它的波长很短，所以绕射性能很差，不容易绕过障碍物，一般要求视距传输。800 M 频段和 900 M 频段是公认的"黄金频段"。

一直以来，800 M 频段和 900 M 频段是公认的通信行业的"黄金频段"，优点是信号覆盖广，穿透力强，组网成本低。频段越低意味着传输距离越远，信号覆盖面积越大。举个例子，全信号同样覆盖一片区域，800 M 频段需要的基站数是 100 个，那么对比

1.8 GHz组网需要基站数是450个，采用2.1 GHz组网需要的基站数是600个，而2.6 GHz频段组网需要900个基站。

4. 无线电应用举例

日常生活中无线电应用非常多，详见图1-3-7。

图1-3-7　无线电应用场景

当信号在有线信道（见图1-3-8）中传输时，不同线路之间没有干扰。而当信号在无线信道（见图1-3-9）传输信号时，同频率信号之间的干扰不可避免。

图1-3-8　有线信道

图1-3-9　无线信道

因此，可以看出空中接口的频率都有各自的使用方式，而且不能随意使用。正是空口频率的稀缺性决定了其价值，为了有效利用空中接口频率，设计了多址、复用等复杂技术。

1.3.3　FDMA——频分多址

频分多址（FDMA）是让不同的终端占用不同频率的信道进行通信。因为各个用户使用着不同频率的信道，所以相互没有干扰。如图1-3-10所示。

1.3.4　TDMA——时分多址

时分多址技术（TDMA）是让若干个终端共同使用一个信道，但是占用的时间不同，所以相互之间不会干扰。如图1-3-11所示。

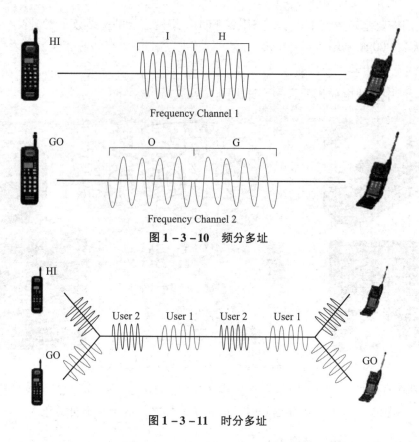

图 1 - 3 - 10 频分多址

图 1 - 3 - 11 时分多址

1.3.5 CDMA——码分多址

码分多址技术（CDMA）也是多个终端共同使用一个信道。但是每个终端都被分配有一个独特的"码序列"，所有"码序列"都不相同，所以各个用户相互之间也没有干扰。因为是靠不同的"码序列"来区分不同的终端的，所以叫作码分多址。如图 1 - 3 - 12 所示。

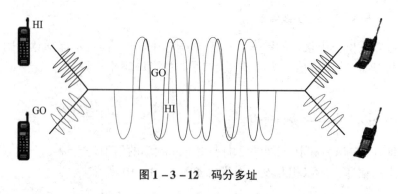

图 1 - 3 - 12 码分多址

1.3.6 SDMA——空分多址

空分多址（SDMA）是利用空间分割来构成不同信道的技术。举例来说，在一个基站上使用多个天线，各个天线的波束分别射向天线覆盖的不同区域，这样，不同区域的终端即使在同一时间使用相同的频率进行通信，也不会彼此形成干扰。

空分多址是一种信道增容的方式，可以实现频率的重复使用，有利于充分利用频率资源。空分多址还可以与其他多址方式相互兼容，从而实现组合的多址技术，如"空分 – 码分多址（SD – CDMA）"。

1.3.7　OFDMA——正交频分多址

正交频分多址（OFDMA）将传输带宽划分成正交的互不重叠的一系列子载波集，将不同的子载波集分配给不同的用户实现多址。因为子载波相互正交，所以小区内用户之间没有干扰。

小　　结

多址与复用技术的根本原因：空口接口频率的稀缺。

多址方式：频分多址、时分多址、码分多址、空分多址、正交频分多址。

多址与复用的区别：复用针对资源，多址针对用户。

无线基站的最佳覆盖方式：蜂窝。

习　　题

1. 多址和复用有何异同？
2. 多址技术有哪些？
3. 蜂窝移动通信技术的好处有哪些？

任务 4　调制与解调

情　　景

从早期的收音机、电视、有线电话到现在的移动电话、数字电视、4G 移动网络、5G 移动网络，现代社会的种种通信与传媒方式都离不开信号的传输，而信号的传输过程就如同现实生活中的交通运输一样需要传输的通道。调制与解调则是信号传输原理中最基本的原理。本节任务是学习调制与解调的基础知识。

知识目标

掌握基带信号和频带信号的区别。

掌握调制与解调的意义，了解信号的三种调制方式。

了解载波的含义。

能力目标

深入理解调制与解调的目的。

深入理解调制与解调，能辨析不同的调制方式。

1.4.1 调制

在通信中，基带信号是指信源发出的没有经过调制的原始电信号。频带信号也称带通信号，是指将基带信号变换成其频带适合在信道中传输的信号，变换后的信号就是频带信号。通信系统中发送端的基带信号通常具有频率很低的频谱分量，一般不适宜直接在信道中进行传输。因此，需要调制。

1. 调制

调制是指将各种数字基带信号转换成适于信道传输的数字调制信号（已调信号或频带信号），简而言之，将基带信号转变为频带信号，实现频谱的搬移。在发射端将调制信号从低频端搬移到高频端，便于天线发送或实现不同信号源、不同系统的频分复用。

2. 为何进行调制？

（1）和信道匹配：由于无线信道（如图 1 - 4 - 1 所示）为大气层，致使音频信号传输急剧衰减。

（2）与天线尺寸匹配：电磁信号的 1/4 波长。

（3）频分复用：一路语音 64 kHz。

3. 调什么？

幅度、频率、相位，如图 1 - 4 - 2 所示。

图 1 - 4 - 1　手机与基站的无线通信

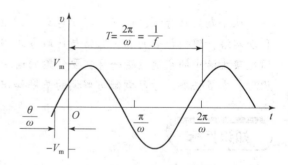

图 1 - 4 - 2　表征信号三元素

1.4.2 载波

载波是用来"携带"消息的信号，载波和载频（载波频率）是同一个物理概念，它其实就是一个特定频率的无线电波，单位为赫兹（Hz），一般为正弦波。在无线通信技术上我们使用载波传递信息，将数字信号调制到一个高频载波上然后再在空中发射和接收。使用载波是为了便于通信。如图 1 – 4 – 3 所示。

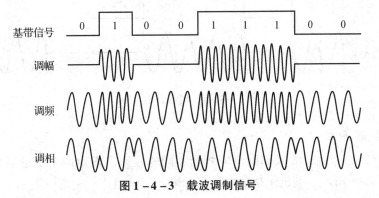

图 1 – 4 – 3　载波调制信号

我们一般需要发送的数据的频率是低频的，如果按照本身的数据的频率来传输，不利于接收和同步。使用载波传输，我们可以将要发送的数据信号加载到载波的信号上，接收方按照载波的频率来接收数据信号，将这些信号提取出来就是我们需要的数据信号。

1.4.3　数字调制方式

通信的最终目的是在一定的距离内传递信息。虽然基带数字信号可以在传输距离相对较近的情况下直接传送，但如果要远距离传输时，特别是在无线或光纤信道上传输时，则必须经过调制将信号频谱搬移到高频处才能在信道中传输。为了使数字信号在有限带宽的高频信道中传输，必须对数字信号进行载波调制。数字信号传输时有三种基本的调制方式：幅度幅移键控（ASK）、频率频移键控（FSK）和相位相移键控（PSK）。如图 1 – 4 – 4 所示。

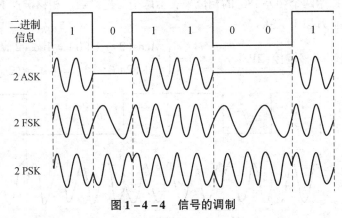

图 1 – 4 – 4　信号的调制

1. 幅移键控 ASK

振幅值为 0 的载波来表示比特 "0"，振幅值恒定的载波来表示比特 "1"。

$$二进制幅移键控（2ASK）\quad s(t) = \begin{cases} A\cos(2\pi f_c t) & 二进制1 \\ 0 & 二进制0 \end{cases}$$

缺点是容易受到突发脉冲的影响。幅移键控 ASK 如图 1 – 4 – 5 所示。

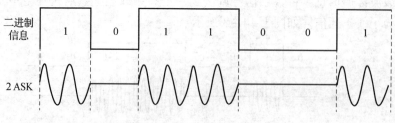

图 1 – 4 – 5　幅移键控 ASK

2. 频移键控 FSK

频移键控 FSK 指用载波频率附近的两个不同的频率来表示两个二进制值。频移键控 FSK 如图 1 – 4 – 6 所示，其抗干扰能力强于 ASK。

$$二进制频移键控(2FSK) \quad s(t) = \begin{cases} A\cos(2\pi f_1 t) & 二进制 1 \\ A\cos(2\pi f_2 t) & 二进制 0 \end{cases}$$

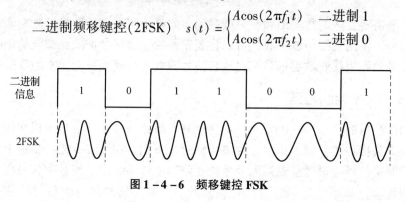

图 1 – 4 – 6　频移键控 FSK

3. 相移键控 PSK

相移键控 PSK 用两个相差 180°的相位来表示两个二进制数。相移键控 PSK 如图 1 – 4 – 7 所示，其抗干扰能力强于 ASK。

$$二进制相移键控(2PSK) \quad s(t) = \begin{cases} A\cos(2\pi f_c t + 0) = A\cos(2\pi f_c t) \\ A\cos(2\pi f_c t + 1) = -A\cos(2\pi f_c t) \end{cases}$$

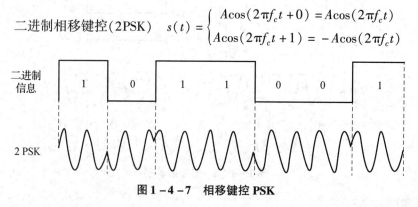

图 1 – 4 – 7　相移键控 PSK

在数字通信的三种调制方式（ASK、FSK、PSK）中，就频带利用率和抗噪声性能（或功率利用率）两个方面来看，一般而言，都是相移键控 PSK 系统最佳。所以相移键控 PSK 在中、高速数据传输中得到了广泛的应用。

根据传输媒介的不同，数字基带信号可以调制到光波频率、微波频率或者短波频率上，以适应不同的信道环境。例如，用数字基带信号直接控制发光二极管的发光强度，使之产生随0、1数字信号变化的光信号，就可以实现光纤通信。通过频移键控或者相移键控控制某个微波载波频率的信号，就可以实现数字微波通信。

1.4.4　解调

1. 解调

解调是在接收端将收到的数字频带信号还原成数字基带信号，通俗地讲解调是从携带消息的已调信号中恢复消息的过程。在各种信息传输或处理系统中，发送端用所欲传送的消息对载波进行调制，产生携带这一消息的信号。接收端必须恢复所传送的消息才能加以利用，这就是解调。

解调是调制的逆过程。调制方式不同，解调方法也不一样。与调制的分类相对应，解调可分为正弦波解调（有时也称为连续波解调）和脉冲波解调。正弦波解调还可再分为幅度解调、频率解调和相位解调。同样，脉冲波解调也可分为脉冲幅度解调、脉冲相位解调、脉冲宽度解调和脉冲编码解调等。对于多重调制需要配以多重解调。

2. 解调的方式

解调的方式分正弦波幅度解调、正弦波角度解调和共振解调技术三种。

（1）正弦波幅度解调：从携带消息的调幅信号中恢复消息的过程，分为三种。

早期的键控电报是一种典型的调幅信号。对这类信号的解调，通常可用拍频振荡器（BFO）产生的正弦振荡信号在一非线性器件中与该信号相乘（差拍）来实现。差拍输出经过低通滤波即得到一断续的音频信号。这种解调方式有时称为外差接收。

标准调幅信号的解调可以不用拍频振荡器。调幅信号中的载波实际上起了拍频振荡波的作用，利用非线性元件实现频率变换，经低通滤波即得到与调幅信号包络成对应关系的输出。这种方法属于非相干解调。

单边带信号的解调需要一个频率和相位与被抑制载波完全一致的正弦振荡波，使这个由接收机复原的载波和单边带信号相乘，即可实现解调。这种方式称为同步检波，也称为相干解调。

（2）正弦波角度解调：从带有消息的调制波中恢复消息的过程。与频率调制相逆的称为频率解调，与相位调制相逆的称为相位解调。频率解调通常由鉴频器完成。

（3）共振解调技术：是振动检测技术的发展和延伸。它从振动检测技术分离并发展而来，在发展中融入了声学、声发射、应变、应力检测而拓宽了其对于工业故障诊断的服务领域。

3. 应用

调制解调器是一种计算机硬件，它能把计算机的数字信号翻译成可沿普通电话线传送的脉冲信号，而这些脉冲信号又可被线路另一端的另一个调制解调器接收，并译成计算机可懂的语言。这一简单过程完成了两台计算机间的通信。

Zmodem是调制解调器之间数据传输的一种协议，协议是定义数据流及其使用方式的一组规则。通信线路两端的调制解调器必须拥有相同的协议才能彼此通信，同时，两边的速率也必须相同。Zmodem只是几种协议中的一种，它是最通用的，并且拥有速率与纠错能力的最佳组合，另外还有Xmodem和Ymodem。

调制解调器一般分为外置式、内置式和PC卡式三种，可通过电话线或专用网缆连接，外置调制解调器与计算机串行接口；内置式调制解调器直接插在计算机扩展槽中；PC 卡式是笔记本计算机采用，直接插在标准的 PCMCIA 插槽中。调制解调器的性能及速率直接关系到联网以后传输信息的速度，调制解调器的速率有 14.4 K、19.2 K、28.8 K、33.6 K 和 56 K 等，56 K 使用较为普遍。

调制和解调是电信系统的基本技术之一，对系统性能有直接影响。总的说来，抑制载波的已调信号（如单边带调幅、数字调相等）具有较高的抗干扰性能，但需采用相干解调技术，设备比较复杂。随着稳频、锁相 以及集成电路等电子技术的迅速发展，具有高抗干扰性能的一些调制和解调方式已在各种电信系统中广泛应用。

小　结

调制前信号：基带信号，正弦信号，频率低，不适合在大气中无线长距离传输和接收。
调制后信号：频带信号，正弦信号，频率高，适合在大气中无线长距离传输和接收。
数字调制方式：幅度幅移键控（ASK）、频率频移键控（FSK）、相位相移键控（PSK）

习　题

1. 调制无线信号载波的意义？
2. 调制的目的是什么？简述调制和解调的概念。
3. 数字调制的方式有哪些？

任务 5　编码

情　景

克劳德·香农（Claude Shannon）是美国数学家、电子工程师和密码学家，香农并不是一个像爱因斯坦一样家喻户晓的人物，他也不像费曼那样出名，也从未获得过诺贝尔奖。然而，香农 70 多年前的一份开创性论文，奠定了整个现代通信设施的基础。没有他，就没有如今的信息时代。通过本节任务来了解一下移动通信中的基本技术之编码技术。

香农容量

知识目标

掌握信源编码和信道编码的概念和区别。

能力目标

通过对编码的了解，掌握信源编码和信道编码的特点。

编码分为信源编码和信道编码，编码是模拟信号变成数字信号的最后一步，如图 1 – 5 – 1 所示。在通信系统中，一般采用"信源编码"技术来提高数字系统的传输效率，采用"信道编码"技术，即"差错控制编码"来提高数字系统的可靠传输。编码技术决定了信号接收质量和系统的容量。

量化电平　编码　比特流

图 1 – 5 – 1　变成数字信号的最后一步

信源编码（提高有效性）：

（1）模拟信号数字化；

（2）提高信源的效率、去除冗余度。

信道编码（提高可靠性）：

（1）将信号变换为适合信道传输的信号（为了对抗信道中的噪声和衰减）；

（2）增加纠错能力，减少差错（增加纠错码）。

1.5.1　信源编码

针对信源输出符号序列的统计特性来寻找某种方法，把信源输出符号序列变换为最短的码字序列，使码字序列的各码元所载荷的平均信息量最大，同时又能保证无失真地恢复原来的符号序列。如图 1 – 5 – 2 所示。

信源编码追求的是相同的信息量用最少的比特位，即有效性。

信源编码的目的：降低数据率，提高信息量效率。

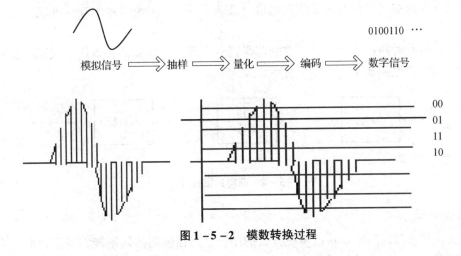

模拟信号 ⟹ 抽样 ⟹ 量化 ⟹ 编码 ⟹ 数字信号

0100110 …

00
01
11
10

图 1 – 5 – 2　模数转换过程

1.5.2　信道编码

信道编码可以提高传输的可靠性，目的是提高系统的抗干扰能力，比如纠错码、卷积码。它是将信源产生的消息变换为数字序列的过程。

信道编码从功能上分为 3 类：仅具有发现差错功能的检错码，如循环冗余校验码、自动请求重传 ARQ 等；具有自动纠正差错功能的纠错码，如 Turbo 码；既能检错又能纠错的信道编码，最典型的是混合 ARQ。

1. 检错重发（ARQ）

发送端经编码后，发出能够检错的码；接收端收到后，通过反向信道反馈给发送端一个应答信号；发送端收到应答信号后，进行分析，若是接收端认为有错，发送端就把存储在缓冲存储器中的原有码组复本读出，重新传输；如此重复，直至接收端接收到正确的信息为止。这个过程称为检错重发（ARQ），如图 1-5-3 所示。

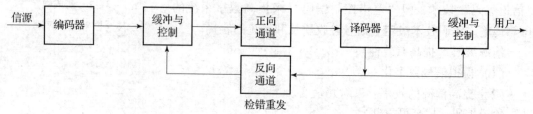

图 1-5-3 检错重发过程

检错重发三种工作方式的比较：

（1）停发等候重发：原理简单，发送过程是间歇式的，数据传输效率不高，仍在计算机通信中应用。

（2）返回重发：传输效率比停发等候系统有很大改进，在很多数据传输系统中得到应用。

（3）选择重发：传输效率最高，但要求有较为复杂的控制，在收、发两端都要求有数据缓存器，价格也最贵。

2. 前向纠错（FEC）

接收端和发送端之间只有一条单向通道（正向信道）。实现纠错的唯一办法是传送纠错码。

可以在收端及时纠正差错，它要求的监督码多且复杂，效率低，常用于误码较少的单向信道。前向纠错过程如图 1-5-4 所示。

图 1-5-4 前向纠错过程

3. 混合纠错

混合纠错是将前向纠错和检错重发方式的结合。当在该码的纠错能力范围内时，自动纠正；当错误过多，超出其纠错能力时，反馈重发。混合纠错过程如图 1-5-5 所示。

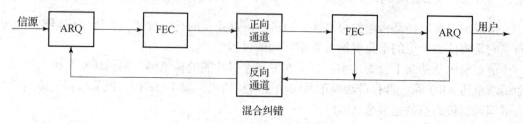

图 1-5-5 混合纠错过程

小　结

编码分类：信源编码与信道编码。

信源编码：通过减少冗余提高有效性。

信道编码：通过增加冗余提高可靠性。

习　题

1. 为什么要进行信道编码？信道编码和信源编码的主要差别是什么？

2. 信道编码从功能上分哪几类，并举例说明。

项目2 2G 技术

第一代移动通信系统（1G）是以模拟技术为基础的蜂窝无线电话系统，只能提供低质量的语音通信，如现在已经淘汰的模拟移动网。1G 无线系统在设计上只能传输语音流量，并受到网络容量的限制。AMPS 为 1G 网络的典型代表。随着科技的不断发展，人们需要稳定性更好、清晰度更高的通话体验，同时对数据服务有了需求，此时模拟通信已经无法满足，数字通信应运而生，即第二代移动通信系统——数字蜂窝移动通信系统。

第二代移动通信系统简称 2G，是以语音通信技术为主、数据通信为辅而设计的数字蜂窝移动通信系统。用户体验速率为 10 kb/s，峰值速率为 100 kb/s。其中 GSM 和 CDMA 是应用最广泛的 2G 移动通信系统。第二代移动通信系统主要有三种标准，分别是欧洲的 GSM、北美的 TDMA IS136 和 CDMA 技术等。第二代移动通信替代了第一代移动通信系统，完成了模拟技术向数字技术的转变，其主要特点是为移动用户提供数字化的语音业务以及低速数据业务。我国从 1995 年开始部署 2G，主要部署 GSM 系统和 CDMA 系统，作为第二代移动通信系统的两种主流标准，其网络架构与网络接口相同，本章我们主要以 GSM 系统为例进行讲解。

GSM 网络一共有 4 种不同的蜂窝单元尺寸：巨蜂窝、微蜂窝、微微蜂窝和伞蜂窝。覆盖面积因不同的环境而不同。巨蜂窝可以理解为基站天线安装在天线杆或者建筑物顶上那种；微蜂窝是天线高度低于平均建筑高度的，一般用于市区内；微微蜂窝是只覆盖几十米的范围，主要用于室内的很小的蜂窝；伞蜂窝用于覆盖更小的蜂窝网的盲区，填补蜂窝之间的信号空白区域。

蜂窝半径范围根据天线高度、增益和传播条件可以从百米以上至数十公里。实际使用的最长距离 GSM 规范支持到 35 公里，还有个扩展蜂窝的概念，蜂窝半径可以增加一倍甚至更多。

GSM 同样支持室内覆盖，通过功率分配器可以把室外天线的功率分配到室内天线分布系统上，这是一种典型的配置方案，用于满足室内高密度通话要求，在购物中心和机场十分常见，然而这并不是必需的，因为室内覆盖也可以通过无线信号穿越建筑物来实现，这样可以提高信号质量，减少干扰和回声。

任务 1　2G 网络建设

刚刚从学校毕业的小李，作为通信行业职场新手，对于工作岗位中纷杂的通信及网络设备感到有些熟悉而又陌生，熟悉的是上学时学过，陌生的是实际中又记不清该怎么操作与设置，心里有些慌张与迷茫。理论是实践的基础，小李决定从理论专业知识内容开始回顾，尽快弄清所有设备之间的关系，他决定先从 GSM 网络架构开始梳理。

网络架构及设备

熟悉 GSM 移动通信系统的特点与基本结构。

掌握组成网络架构的基本模块。

掌握网络架构各组成模块的名称及基本功能。

掌握网络架构中各功能单元实体之间的接口类型及其作用。

能深入理解 GSM 系统的网络架构并熟练绘制出网络结构图。

能深入理解 GSM 网络架构中各组成模块的名称及基本功能并会应用。

2.1.1　全网架构

1. GSM 系统的出现

GSM 的全称是 Global System for Mobile Communications（全球移动通信系统）。由于欧洲移动通信发展迅速，出现了不同制式的移动通信系统，互相之间不兼容，带来了不便。为解决这一问题，欧洲各国共同制定了统一的 GSM 移动通信标准，GSM 系统在欧洲的全面采用，使 GSM 移动用户可以在各国之间漫游。GSM 的诸多优点也使得它在全球范围内被采用。

2. GSM 系统主要特点

（1）GSM 系统是由几个子系统组成的，并且可与各种公用通信网 PSTN、ISDN、PDN 等互连互通，各子系统之间或各子系统与各种公用通信网之间都明确和详细定义了标准化接口规范，保证任何厂商提供的 GSM 系统或子系统能互连。

（2）GSM 系统能提供穿过国际边界的自动漫游功能，对于全部 GSM 移动用户都可进入 GSM 系统而与国别无关。

（3）GSM 系统除了可以开放话音业务还可以开放各种承载业务、补充业务和与 ISDN

相关的业务。

（4）GSM 系统具有加密和鉴权功能，能确保用户保密和网络安全。GSM 系统具有灵活和方便的组网结构，频率重复利用率高，移动业务交换机的话务承载能力一般都很强，保证在话音和数据通信两个方面都能满足用户对大容量高密度业务的要求。

（5）GSM 系统抗干扰能力强，覆盖区域内的通信质量高。用户终端设备、手持机和车载机随着大规模集成电路技术的进一步发展，能向更加小型轻巧和功能增强的趋势发展。

3. GSM 网络构成和结构概述

GSM 标准定义的一个完整的数字蜂窝移动通信系统，主要由网络子系统（Network Subsystem，NSS）、无线基站子系统（Base Station Subsystem，BSS）、操作维护子系统（Operation Subsystem，OSS）和移动台（Mobile Station，MS）四大子系统组成。

GSM 系统组成架构如图 2 – 1 – 1 所示。

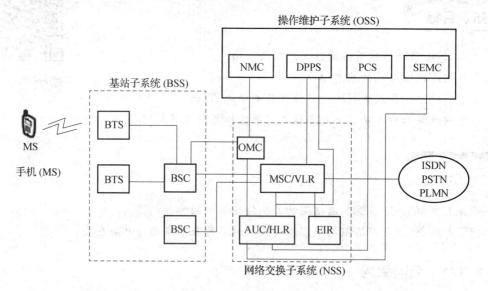

图 2 – 1 – 1　GSM 系统组成架构

MS：移动台；BTS：基站收发信台；BSC：基站控制器；NMC：网络管理中心；OMC：操作维护中心；
VLR：来访用户位置寄存器；AUC：鉴权中心；PSTN：公用电话网；EIR：移动设备识别寄存器；
SEMC：安全性管理中心；PCS：用户识别卡个人化中心；ISDN：综合业务数据网；
HLR：归属用户位置寄存器；MSC：移动业务交换中心；PLMN：公共陆地移动网；
DPPS：数据后处理系统

由图可见，GSM 系统由若干个子系统或功能实体组成。其中基站子系统（BSS）在移动台（MS）和网络子系统（NSS）之间提供和管理传输通路，特别是包括了 MS 与 GSM 系统的功能实体之间的无线接口管理。NSS 必须管理通信业务，保证 MS 与相关的公用通信网或与其他 MS 之间建立通信，也就是说 NSS 不直接与 MS 互通，BSS 也不直接与公网互通。MS、BSS 和 NSS 组成 GSM 系统的功能实体部分。操作维护系统（OSS）则为运营部门提供控制和维护所有模块正常运行的一种手段。

GSM 网络结构如图 2 – 1 – 2 所示。

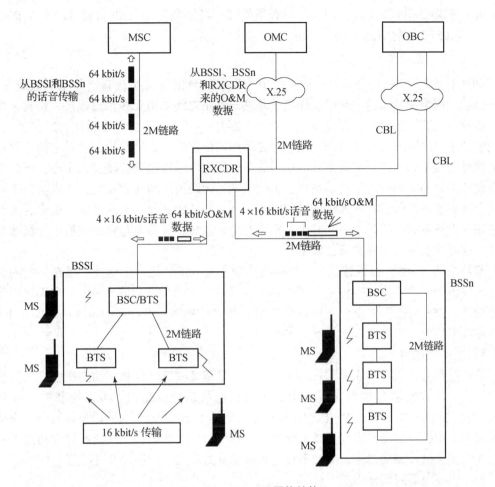

图 2 – 1 – 2　GSM 网络结构

其中 BSS 在 GSM 网络中起着重要的作用，直接影响着 GSM 网络的通信质量。GSM 基站是一种技术要求较高的产品，随着我国一些高科技电信企业在移动通信领域的不断深入研究，这些企业也生产出多种型号的基站。如今，无线频率资源的限制使得人们更充分地发展着基站的不同应用形式——远端 TRX、分布天线系统、光纤分路系统、直放站，以增强覆盖，吸收话务。

2.1.2　设备及功能说明

1. 移动台

移动台（Mobile Station，MS）是用户端终止无线信道的设备，即配有 SIM 卡的终端设备，可分为车载型、便携型和手持型 3 种，由移动终端（Mobile Equipment，ME）和用户识别卡（Subscriber Identity Module，SIM）两部分组成，其中手持型俗称就是"手机"。

SIM 是一张符合 GSM 规范的"智能卡"，内部包含了与用户有关的、被存储在用户这一方的信息，移动电话上只有装上了 SIM 卡才能使用，系统中的任何一台移动设备都可以利用 SIM 卡来识别移动用户。ME 用于完成语音、数据和控制信号在空中的接收和发送；

SIM 用于识别唯一的移动台使用者。只有当处理一场紧急呼叫（如 119、120 等）时，才可以在不用 SIM 卡的情况下操作移动台。

2. 基站系统

基站子系统（BSS）是移动通信系统中与无线蜂窝网络关系最直接的基本组成部分，在整个移动网络中基站主要起中继作用。基站与基站之间采用无线信道连接，负责无线发送、接收和无线资源管理，而主基站与移动交换中心（MSC）之间常采用有线信道连接，实现移动用户之间或移动用户与固定用户之间的通信连接。也就是说，基站之间主要负责手机信号的接收和发送，把收集到的信号简单处理之后再传送到移动交换中心，通过交换机等设备的处理，再传送给终端用户，也就实现了无线用户的通信功能，所以基站系统能直接影响到手机信号接收和通话质量的好坏。一个基站的选择，需从性能、配套、兼容性及使用要求等各方面综合考虑，其中特别注意的是基站设备必须与移动交换中心相兼容或配套，这样才能取得较好的通信效果。

基站系统（BSS）提供移动台与移动交换中心（MSC）之间的链路，是在一定的无线覆盖区中由 MSC 控制、与 MS 进行通信的系统设备，主要负责完成无线收发和无线资源管理等功能。BSS 功能实体由以下两部分组成：基站控制器（Base Station Controller，BSC）和基站收发信台（Base Transceiver Station，BTS）。

1）基站控制器

基站控制器（Base Station Controller，BSC）是基站收发信台和移动交换中心之间的连接点，为基站收发信台和操作维护中心之间交换信息提供接口。可以控制单个或多个 BTS，对所控制的 BTS 下的 MS 执行切换控制；传递 BTS 和 MSC 间的话务和信令，连接地面链路和空中接口信道；实现无线系统到交换系统的集线功能、无线资源管理功能以及其他与无线相关的控制功能等，如功率控制和移动台的定位、切换以及寻呼等。

BSC 主要由下列部分构成：

（1）朝向与 MSC 相接的 A 接口或与码变换器相接的 Ater 接口的数字中继控制部分。

（2）朝向与 BTS 相接的 Abis 接口或 BS 接口的 BTS 控制部分。

（3）公共处理部分，包括与操作维护中心相接的接口控制交换部分。

基站控制器包括无线收发信机、天线和有关的信号处理电路等，是基站子系统的控制部分。其主要包括四个部件：小区控制器（CSC）、话音信道控制器（VCC）、信令信道控制器（SCC）和用于扩充的多路端接口（EMPI）。一个基站控制器控制几个基站收发台，通过收发台和移动台的远端命令，基站控制器负责所有的移动通信接口管理，主要是无线信道的分配、释放和管理。

2）基站收发信台

基站收发信台（Base Transceiver Station，BTS）包含有射频部件，这些射频部件为特定小区提供空中接口，可支持一个或多个小区；提供和移动台（MS）的空中接口链路，能够对移动台和基站进行功率控制。BTS 完全由 BSC 控制，主要负责无线传输，完成无线与有线的转换、无线分集、无线信道加密以及跳频等功能。

BTS 主要分为基带单元、载频单元和控制单元三大部分。基带单元主要用于必要的话音和数据速率适配以及信道编码等；载频单元主要用于调制/解调与发射机/接收机之间的耦合等；控制单元则用于 BTS 的操作与维护。

另外在 BSC 与 BTS 不设在同一处需采用 Abis 接口时，传输单元是必须增加的以实现 BSC 与 BTS 之间的远端连接方式，如果 BSC 与 BTS 并置在同一处只需采用 BS 接口时，传输单元是不需要的。基站收发信台结构如图 2-1-3 所示。

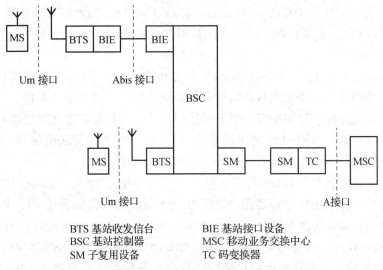

BTS 基站收发信台　　　　BIE 基站接口设备
BSC 基站控制器　　　　　MSC 移动业务交换中心
SM 子复用设备　　　　　TC 码变换器

图 2-1-3　基站收发信台结构

一个完整的基站收发台包括无线发射/接收设备、天线和所有无线接口特有的信号处理部分。基站收发台可看作一个无线调制解调器，负责移动信号的接收、发送处理。在某个区域内，多个子基站和收发台相互组成一个蜂窝状的网络，通过控制收发台与收发台之间的信号相互传送和接收来达到移动通信信号的传送，这个范围内的地区也就是我们常说的网络覆盖面。

3）变码器

变码器（Transcoder，XCDR）将来自移动交换中心 MSC 的语音或数据输出（64 kb/s PCM）转换成 GSM 规程所规定的格式（16 kb/s），以便更有效地通过空中接口在 BSS 和移动台之间进行传输（即将 64 kb/s 压缩成 16 kb/s）；反之，可以解压缩。

◈*扩展资料*

基站发展趋势

（1）传统模拟无线电系统的基带处理、上/下变频等功能全部采用模拟方式实现。而随着 SDR（Software Defined Radio，软件所定义的无线设备）的发展，基站的许多功能都采用软件来实现。

（2）SDR 的发展促使了基站的基带模块和射频模块也开始采用通用的硬件结构，即基带单元 BBU 和远端射频单元 RRU，通过运行不同版本的软件，实现对各种无线制式的支持。

（3）基站作为无线通信中的核心设备，正在向着更小的体积、更多的频段支持、全 IP 化的网络架构、更绿色环保的发射功率等方向不断发展。

3. 网络子系统 NSS

网络子系统（NSS）主要包括移动交换中心和相关的数据库，主要完成交换功能、用户数据与移动性管理以及安全性管理所需的数据库功能等。网络子系统包含的功能实体主要由移动业务交换中心（MSC）、访问位置寄存器（VLR）、归属位置寄存器（HLR）、设备识别寄存器（EIR）以及鉴权中心（AUC）等功能实体构成。

1）移动交换中心

MSC（Mobile Services Switching Centre）即移动业务交换中心，它是 GSM 系统的核心，完成最基本的交换功能，即完成移动用户和其他网络用户之间的通信连接；完成移动用户的寻呼接入、信道分配、呼叫接续、话务量控制、计费以及基站管理等功能；提供面向系统其他功能实体的接口、到其他网络的接口以及与其他 MSC 互联的接口；还完成 BSS、MSC 之间的切换和辅助型的无线资源管理、移动性管理等。

它面向以下功能实体：BSS、HLT、AUC、EIR、OMC、PSTN、ISDN，从而把移动用户与固定网用户、移动用户与移动用户之间互相连接起来。它负责建立呼叫、路由选择、控制和终止呼叫，负责管理交换区内部的切换和补充业务并且负责搜集计费和账单信息，协调 GSM 系统与固定网之间的业务等。MSC 处理用户呼叫所需要的数据取自 HLR、VLR 和 AUC 三个数据库，并且将根据用户当前位置和状态信息更新数据库。另外，为建立固定网用户与 GSM 移动用户之间的呼叫路由，每个 MSC 还应能完成入口移动业务交换中心（GMSC）的功能，即查询位置信息的功能。GSMC 可以询问某 MS 所登记的 HLR，该 HLR 将以当前被访 MSC（VMSC）区的地址作为回答，这样 GMSC 再次为该呼叫选择正确的 MSC 路由。

2）归属位置寄存器

HLR（Home Location Register）是一种用来存储本地用户信息的数据库，是 GMS 系统的中央数据库，一个 HLR 能够控制若干个移动交换区域。在 GSM 通信网中，通常设置若干个 HLR，每个用户必须在某个 HLR（相当于该用户的原籍）中登记。登记的内容分为两类：一类是永久性的参数，如用户号码、移动设备号码、接入优先等级、预定的业务类型以及保密参数等；另一类是暂时性需要随时更新的参数，即用户当前所处位置的有关参数，即使用户漫游到了 HLR 所服务的区域外，HLR 也要登记由该区传送来的位置信息。这样做的目的是保证当呼叫任一不知处于哪一个地区的移动用户时，均可由该移动用户的 HLR 获知它当时处于哪一个地区，进而建立起通信链路。相应地，HLR 存储两类数据：一是用户永久性参数信息，包括 MSISDN、IMSI、用户类别、Ki 和补充业务等参数；二是暂时性用户信息，包括当前用户的 MSC/VLR、用户状态（登记/已取消登记）、移动用户的漫游号码。

3）访问位置寄存器

VLR（Visit Location Register）是一种存储来访用户信息的数据库，可以看成是一个动态的数据库。一个 VLR 通常为一个 MSC 控制区服务。当移动用户漫游到新的 MSC 控制区时，它必须向该地区的 VLR 申请登记。VLR 要从该用户的 HLR 查询有关的参数，要给该用户分配一个新的漫游号码（MSRN），并通知其 HLR 修改该用户的位置信息，准备为其他用户呼叫此移动用户时提供路由信息。当移动用户由一个 VLR 服务区移动到另一个

VLR 服务区时，HLR 在修改该用户的位置信息后，还要通知原来的 VLR，删除此移动用户的位置信息。VLR 存储的信息有移动台状态（遇忙/空闲/无应答等）、位置区域识别码（LAI）、临时移动用户识别码（TMSI）和移动台漫游码（MSRN）。

4）鉴权中心

鉴权中心（Authentication Centre，AUC）的作用是可靠地识别用户的身份，只允许有权用户接入网络并获得服务。一个受到严格保护的数据库，存储着鉴权信息与加密密钥，用来进行用户鉴权及对无线接口上的语音、数据、信令信号进行加密，防止无权用户接入和保证移动用户的通信安全。由于要求 AUC 必须连续访问和更新系统用户记录，因此，AUC 一般与 HLR 处于同一位置。AUC 产生为确定移动用户身份及对呼叫保密所需的鉴权和加密的 3 个参数分别是：随机码 RAND（RANDom number）、符合响应 SRES（Signed RESponse）和密钥 Kc（Ciphering Key）。

5）设备识别寄存器

EIR（Equipment Identity Register）是存储移动台设备参数的数据库，用于对移动台设备的鉴别和监视，并拒绝非法移动台入网。EIR 数据库由以下几个国际移动设备识别码（IMEI）表组成：白名单，保存那些已知分配给合法设备的 IMEI；黑名单，保存已挂失或由于某种原因而被拒绝提供业务的移动台的 IMEI；灰名单，保存出现问题（如软件故障）的移动台的 IMEI，但这些问题还没有严重到使这些 IMEI 进入黑名单的程度。在我国，基本上没有采用 EIR 进行设备识别。

6）互通功能部件

IWF（Inter Working Function）提供使 GSM 系统与当前可用的各种形式的公众和专用数据网络的连接。IWF 的基本功能是完成数据传输过程的速率匹配和完成协议的匹配。

4. 操作维护系统 OSS

OSS 需完成许多任务，包括移动用户管理、移动设备管理、网络操作和维护。移动用户管理可包括用户数据管理和呼叫计费。用户数据管理一般由归属用户位置寄存器 HLR 来完成这方面的任务，HLR 是 NSS 功能实体之一，用户识别卡 SIM 的管理也可认为是用户数据管理的一部分，但是作为相对独立的用户识别卡 SIM 的管理还必须根据运营部门对 SIM 的管理要求和模式采用专门的 SIM 个人化设备来完成。呼叫计费可以由移动用户所访问的各个移动业务交换中心 MSC 和 GMSC 分别处理，也可以采用通过 HLR 或独立的计费设备来集中处理计费数据的方式。移动设备管理是由移动设备识别寄存器（EIR）来完成的。

EIR 与 NSS 的功能实体之间是通过 SS7 信令网络的接口互连的，为此 EIR 也归入 NSS 的组成部分。网络操作与维护是完成对 GSM 系统的 BSS 和 NSS 进行操作与维护管理任务的，完成网络操作与维护管理的设施称为操作与维护中心 OMC。

从电信管理网络 TMN 的发展角度考虑，OMC 还应具备与高层次的 TMN 进行通信的接口功能，以保证 GSM 网络能与其他电信网络一起纳入先进统一的电信管理网络中进行集中操作与维护管理，直接面向 GSM 系统 BSS 和 NSS 各个功能实体的操作与维护中心 OMC 归入 NSS 部分。

可以认为，操作维护系统 OSS 已不包括与 GSM 系统的 NSS 和 BSS 部分密切相关的功能实体，而成为一个相对独立的管理和服务中心，其主要包括网络管理中心 MC、安全性管理中心 SEMC、用于用户识别卡管理的个人化中心 PCS、用于集中计费管理的数据后处理系统 DPPS 等功能。

❖ **扩展知识**

移动电话的语音呼叫处理过程

(1) 手机发起呼叫请求。

(2) MSC 到 HLR 中获取用户数据，鉴权通过。

(3) MSC 进行被叫号码分析，建立到 PSTN 的固定电话的链路。

(4) MSC 向 BSC 发指配请求，同时建立 A 口电路。

(5) BSC 分配无线资源，请 BTS 建立 Abis 和空口信道。

(6) BSC 请 MS 建立空口信道。

语音呼叫流程如图 2-1-4 所示，过程 (1)、(2)、(3)、(4)、(5)、(6) 分别与图上标号①、②、③、④、⑤、⑥对应。

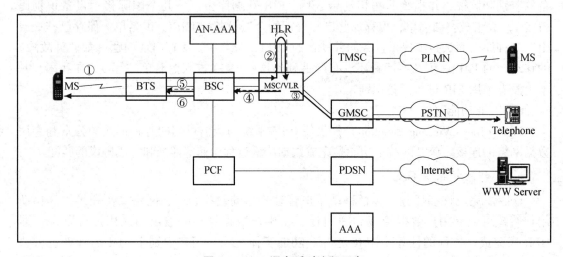

图 2-1-4 语音呼叫流程示意

小 结

GSM 数字蜂窝移动通信系统是全球应用范围最广的第二代移动通信系统，主要网络架构由 MS（移动台）、BSS（基站子系统）、NSS（网络交换子系统）和 OSS（操作维护子系统）一系列功能单元组成，每个功能单元又包含很多设备，每种设备具有不同的功能，相互配合，完成 GSM 网络的通信与连接。

习 题

1. 简述 GSM 移动通信系统的组成部分及功能。
2. 绘制 GSM 系统的网络架构。
3. 网络子系统包含的功能实体主要有哪些？
4. 基站系统包含哪些功能实体，他们的作用各是什么？

任务 2　技术革命——网络接口和协议

情　景

在经过了复习 GSM 系统架构理论知识后，小李觉得自己的理论知识充实了许多，但是他还是觉得缺少些什么，各个网络结构模块之间是通过什么接口来实现连接的，不同接口之间又是按照什么协议通信的，这部分知识他还是有点模糊，因此，他明确了自己复习研究的下一个目标即 GSM 的网络接口与协议。

知识目标

掌握 GSM 网络架构中主要的三种接口类型及功能。

掌握网络子系统的内部接口及各种接口的功能与实现。

掌握不同接口之间的通信协议。

能力目标

能够理解 GSM 网络架构各功能实体之间的接口信息。

能在实操中按照规定的接口标准进行各功能实体间的连接。

能准确记住不同接口在不同层次间的协议。

2G 接口和协议

2.2.1　GSM 系统的主要接口

由于网络规模的不同、运营环境的不同和设备生产厂家的不同，为了保证不同厂商生产的 GSM 系统基础设备能够互通以及组网等，在实际的通信网络中，各个功能实体之间的连接都必须严格符合规定的接口标准。GSM 系统技术规范对其分系统之间及各功能实体之间的接口和协议做了具体的定义，GSM 系统不同的接口采用的物理链路可能是不同的，每个接口都传递各自的消息，形成各自的功能，这些都由相应的信令协议来实现。GSM 系统各接口采用的分层协议结构是符合开放系统互联（OSI）参考模型的。

GSM 系统中的不同的接口如图 2-2-1 所示。

GSM 系统从 MSC 至 MS 有 3 大主要接口即 A 接口、Abis 接口和 Um 接口。这 3 个接口标准使得电信运营部门能够把不同设备纳入同一个 GSM 数字通信网络中。

1. A 接口

A 接口定义为网络子系统（NSS）和基站子系统（BSS）之间的接口，从系统的实体来看，就是通过 2 Mb/s PCM 数字链路实现 MSC 和 BSC 之间通信的接口，其物理连接是通

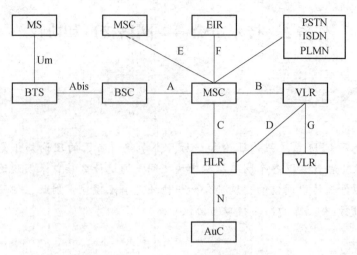

图 2 - 2 - 1　GSM 系统的网络接口

过采用标准的 2. 048 Mb/s PCM 数字传输链路来实现的。此接口传递的信息包括移动台管理、基站管理、移动性管理以及接续管理等功能。

2. Abis 接口

Abis 接口表示基站子系统中 BSC 和 BTS 两个功能实体之间的通信接口。而 BSC 和 BTS 则组合成基站系统（BSS），成为全球通系统的接入网。BTS 到 BSC 之间的连接称为"回程"（Back Haul），它是 Abis 接口的承载和互联，属于各个厂商内部的私有接口。此接口用于 BTS（不与 BSC 放在一起）与 BSC 之间的远端互连方式，是通过采用标准的 2. 048 Mb/s PCM 数字传输链路来实现的，支持所有向用户提供的服务，并支持 BTS 无线设备的控制和无线频率的分配。

3. Um 接口

Um 接口（空中接口），定义为移动台（MS）与基站收发信台（BTS）之间的通信接口。它是 GSM 系统中最重要、最复杂的接口。通过该接口，MS 完成与网络侧的通信，完成分组数据传送、移动性管理、会话管理、无线资源管理等多方面的功能。Um 接口是 GSM/GPRS/EDGE 网络中 MS（Mobile Station，移动台）与网络之间的接口，也被称为空中接口（Air Interface）。Um 接口用于传输 MS 与网络之间的信令信息和业务信息。

2.2.2　GSM 网络子系统的内部接口

网络子系统的内部接口主要包括 B 接口、C 接口、D 接口、E 接口、F 接口以及 G 接口等。表 2 - 2 - 1 给出了各个接口的定义、功能和实现。

表 2 - 2 - 1　网络子系统内部接口

接口名称	定义	功能	实现
B 接口	MSC 与 VLR 之间的内部接口	传递 MSC 向 VLR 询问有关 MS 的当前位置信息以及位置更新等信息	

接口名称	定义	功能	实现
C 接口	MSC 与 HLR 之间的接口	传递路由选择和管理信息	标准的 2.048 Mb/s PCM 数字传输链路
D 接口	HLR 与 VLR 之间的接口	交换有关移动台位置和用户管理信息，以保证移动台在整个服务区内能建立和接收呼叫	标准的 2.048 Mb/s PCM 数字传输链路
E 接口	相邻区域的不同 MSC 之间的接口	移动台从一个 MSC 控制区到另一个 MSC 控制区时交换有关切换信息的启动，以完成地区切换功能	标准的 2.048 Mb/s PCM 数字传输链路
F 接口	MSC 与 EIR 之间的接口	交换有关的国际移动台设备识别码管理信息	标准的 2.048 Mb/s PCM 数字传输链路
G 接口	VLR 之间的接口	向分配临时移动用户识别码（TMSI）的 VLR 询问此移动用户的国际移动台识别码（IMSI）的信息。	标准的 2.048 Mb/s PCM 数字传输链路

2.2.3 GSM 网络信令协议

1. 信令协议概述

在一个复杂的系统中（如 GSM），要传送的不只是用户数据，因为网络要实现的大多数功能都是分布在几个远距离的设备上，要使这些设备协调工作需要交换一些信息，因此我们就要考虑到这些信息如何从网络内的一点传送到另一点。根据电信网开放系统互连模式 OSI 的概念，把协议按其功能分成不同的层面：底层称为物理层或传输层；第二层称为链路层；第三层被为网络层；第三层以上称为应用层，每一层都有各自的协议规约。

每个接口的协议具体情况如下：

（1）Um 接口协议

RR 层指对在无线电接口上的传输进行管理的规约，负责小区选择、小区重选和切换，并提供 MS 和 BSC 之间的稳定链路，BSS 实现 RR 层的大部分功能。MM 层是管理包括位置数据在内的用户数据库，还进行安全管理，负责鉴权操作。CM 层主要负责呼叫控制管理以及 SMS 等。CM 和 MM 子层并不在 BSS 中进行管理，其消息在 BSS 中透明传输。

（2）Abis 接口协议

Abis 接口是 BTS 与 BSC 接口，它的物理层是 PCM 传输，链路层以 ISDN 的 D 信道（Link Access Procedures for D – Channel，LAPD）接入协议，传送信息。

Abis 接口支持下列信息：在手机和网络之间进行交换的高级层消息，即信令消息；网络对 BTS 基站的维护管理消息；BTS 和 BSC 内部的管理消息。

Abis 接口的网络层是以基站管理层（BTS Management，BTSM）和 RR 进行控制的。BTSM 用于支持分配传输路径和测量报告处理，其承载方式是 LAPD 协议。

（3）A 接口协议

A 接口是 BSC 与 MSC 之间的通信接口，它的物理层是 2 048 kb/s 的数字传输，其链路层基于 No. 7 信令系统 MTP2。网络层由 MTP3 和信令连接控制部分（SCCP）共同组成。SCCP 在消息传递部分（MTP）的基础之上，是用户部分的一个补充功能级，也为 MTP 提供了附加功能，SCCP 提供数据的无连接和面向连接业务。

A 接口在用户部分上传送的是基站子系统应用层（BSSAP）协议和 Um3 层信令。BSSAP 分为基站子系统应用层（BSSMAP）和直接传送应用层（DTAP）两部分，用以支持各种连接处理和切换过程。BSSAP 对 GSM 第三层信令消息进行处理，它的消息传送是以 SCCP 为载体的，并通过分配来区分 DTAP 和 BSSMAP。BSSMAP 消息负责业务流程控制，需要相应的 A 接口内部功能模块处理，DTAP 主要用于完成移动管理消息（MM）及呼叫控制（CC）功能。

各个接口的协议如表 2 - 2 - 2 所示。

表 2 - 2 - 2　GSM 各接口协议

接口名称	链路层	网络层	高层协议
Um 接口	LAPDm	RR/MM/CM	
Abis 接口	LAPD	Traffic Management	RR/BTSM
A 接口	MTP2（SS No. 7）	MTP3 + SCCP（SS No. 7）	DTAP/BSSMAP
Map 接口	MTP2（SS No. 7）	MTP3 + SCCP（SS No. 7）	TUP/TCAP + MAP

◈ 说明

在中国，优先采用 No. 7 信令系统，也可能采用中国一号信令系统。其上主要的信令消息包括电话用户部分（TUP）、移动应用部分（MAP）以及智能网的 CAP（CAMEL 应用部分）。其中的 MAP 信令协议已成为 MSC、HLR、VLR 等实体之间的标准通信协议。借助 MAP 协议，可以传递与移动呼叫控制有关的信息，从而实现全球范围内的移动通信。

2. 链路层信令协议

由上述信息可知，在 GSM 系统中不同的接口使用了不同的协议，单从链路层来讲，分别涉及移动台和 BTS 之间的 LAPDm、BTS 和 BSC 之间的 LAPD，以及七号信令系统中的 MTP2 协议。除无线接口外，信令信息都使用 64 kb/s 电路传输。GSM 各接口的链路层协议见表 2 - 2 - 3。

表 2 - 2 - 3　GSM 各接口的链路层协议

接口	链路层协议
MS - BTS	LAPDm（GSM 特有）
BTS - BSC	LAPD（由 ISDN 修改）
BsC - MSC	MTP，第二层（SS7 协议）
MSC/VLR（HLR - SS7 网络）	MTP，第二层（SS7 协议）

3. 网络层信令协议

网络层的功能之一就是选择并建立这样一个连续的链路段，组成一个消息路由；另一个功能是支持两个实体之间并行存在的几个独立连接，这些连接对应于不同的应用通信。

1）BSS 网络层无线接口

从移动台的角度看来，消息的源点和宿点取决于应用协议，移动台可以编址不同的网络功能实体，每个实体具有唯一的地址对应关系，网络按地址要求把消息送到相应的设备。通过 SAPI 可使我们在移动台上区别出信令消息和短消息两种情况，但这还不足以判断消息属于那种应用协议，因此需要一个网络编址来加以补充。这就是协议鉴别器的功能。GSM 中定义了几个协议鉴别器（PD），一般我们把它们看作是消息的一部分，其分类见表 2 - 2 - 4。

表 2 - 2 - 4　无线接口上的协议鉴别器

协议鉴别器	功能	起点/终点
cc，ss	呼叫控制管理和附加业务管理	MS——MSC（HLR）
MM	位置管理和安全管理	MS——MSC/VLR
RR	无线资源管理	MS——BSC

从表 2 - 2 - 4 中我们可以看到，BTS 并没有在该表中出现，这说明移动台除了链路管理，并不与 BTS 对话。

2）BSS 网络层 Abis 接口

Abis 接口信令链路上的消息可以有许多可能的源点和宿点，如何来区分呢？从功能角度上看，我们可将 BTS 和 BSC 之间的报文与移动台和 BSC 以外的实体（包括移动台和 BSC）的所有其他报文区分开，更进一步应将不同的移动台即不同的信道区分开。Abis 接口上的消息鉴别器如表 2 - 2 - 5 所示。

表 2 - 2 - 5　Abis 接口上的消息鉴别器

报文鉴别器 + 附加数据	源点/宿点	用途
无线链路层管理 + 信道参考 + 无线链路参考	MS—BSC 或之外	无线路径消息中继

续表

报文鉴别器 + 附加数据	源点/宿点	用途
专用信道参考 + 信道参考	BTS—BSC	与一给定的业务信道互连
公共信道参考 + 信道参考	BTS—BSC	与一给定的 BCCH 或 CCCH/RACH 的互连
TRX 管理	BTS—BS	控制 TRX 状态

小 结

GSM 系统是一个十分复杂的通信系统，众多的功能实体之间通过接口进行联系。为了解决各种不统一外在因素的影响，同时保证不同厂商生产的 GSM 系统基础设备能够互通以及组网，这就要求在实际的通信网络中，各个功能实体之间的连接都必须严格符合规定的接口标准。GSM 系统中的接口很多，主要的接口包括 Um、A、B、C、D、E、F、G 等。其中，Um 是移动台和基站的接口，即空中接口；A 是 BSC 和 MSC 之间的接口，这两个接口具有统一、公开的标准。不同接口之间不同层次上都有着不通的协议规约。

习 题

1. GSM 系统中的主要接口有哪些？
2. 绘图说明 GSM 系统的各功能实体之间的接口信息。
3. GSM 系统中的协议分为哪几个层？

任务3 牛刀小试——设备开局配置

情 景

小李学完了网络架构与系统接口后，恢复了一些自信，对于学校学习的理论知识温故而知新，但是理论毕竟是理论，只有结合实践才会真正发挥起作用，而作为通信职场新人，只有理论知识是远远不够的，应主要以实操为目的，但是面对复杂的设备，虽然大学里见过，基本的也配置过，但还是不敢轻易上手操作，为此，公司经理让小李先通过仿真软件练习，熟悉后再亲自实操。

知识目标

熟悉 GSM 仿真软件的基本组成。
掌握 GSM 仿真软件的基本配置。
掌握仿真软件的业务测试及排障方法与设置。

能力目标

能熟练操作 GSM 仿真软件进行各种配置。

能熟练应用 GSM 仿真软件进行业务测试及故障排除等操作。

数据配置是指在操作维护中心 ZXG10 NetNumen – G 和网元（包括 BSC、基站等）之间建立联系，使用户能够通过网管软件界面，操纵 BSS 系统中的管理对象进行数据配置。配置管理的内容主要包括子网、管理单元、全局资源、物理设备、局向配置、服务小区、动态数据管理、软件版本管理等。

2.3.1　BSC 设备配置

1. BSC 机架配置

配置资源树窗口，右击选择［创建→BSC 机架］，如图 2 – 3 – 1 所示。

图 2 – 3 – 1　创建 BSC 机架

单击［BSC 机架］，弹出对话框，如图 2 – 3 – 2 所示。

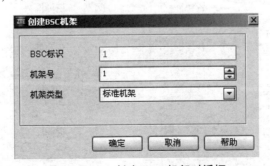

图 2 – 3 – 2　创建 BSC 机架对话框

与图 2 - 3 - 2 内容相关的关键参数，见表 2 - 3 - 1。

表 2 - 3 - 1　创建机架参数表

机架参数	
机架号	
值域	1 ~ 5
单位	无
缺省值	1
配置说明	机架号和机框号分别通过拨码开关拨码来设置，目前最多支持配置 3 个机架
机架类型	
值域	标准机架
单位	无
缺省值	标准机架
配置说明	目前只有一种机架类型

单击〈确定〉按钮，成功创建对应配置的机架。

2. 机框及主要单板配置

ZXG10 iBSC 系统中包括三种机框：控制框、资源框和分组交换框。配置位置按不同情况可分为以下几类：

• 单框成局：资源框可以配置在任意层；

• 单机柜成局：控制框只能配置在第二层，资源框一般配置在第一层、第三层，分组交换框一般配置在第四层；

• 双机柜成局：控制框只能配置在 1 号机柜第二层，资源框一般配置于 1 号机柜第一层、第三层和 2 号机柜的任意层，分组交换框一般配置在 1 号机柜第四层。

双机柜成局各机框在 ZXG10iBSC 中的位置示例如图 2 - 3 - 3 所示。

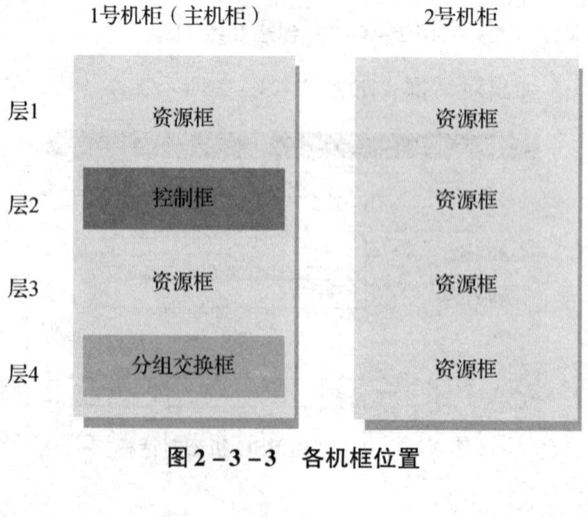

图 2 - 3 - 3　各机框位置

本次实验，我们以单机柜配置、Abis口采用E1、A口采用E1为例。示例图如图
2-3-4所示。

下面的机框及单板配置过程在以上假设数据的基础上进行。

1）控制框及单板配置增加

在已经创建好的机架上创建一个控制框及主要单板。配置资源树窗口，双击［标准机架名称］。

右击机架图1号机架2号框，选择［创建机框］，如图2-3-5所示。

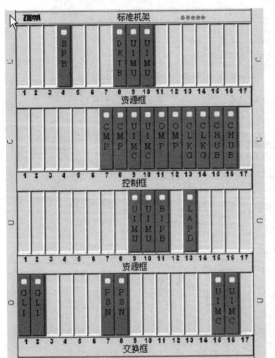

图2-3-4　BSC机架配置示例

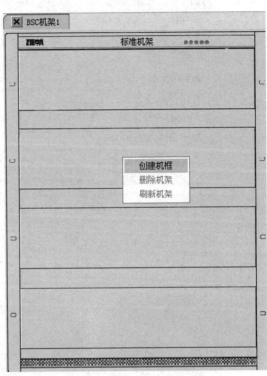

图2-3-5　创建控制框

单击［创建机框］，弹出对话框，如图2-3-6所示。

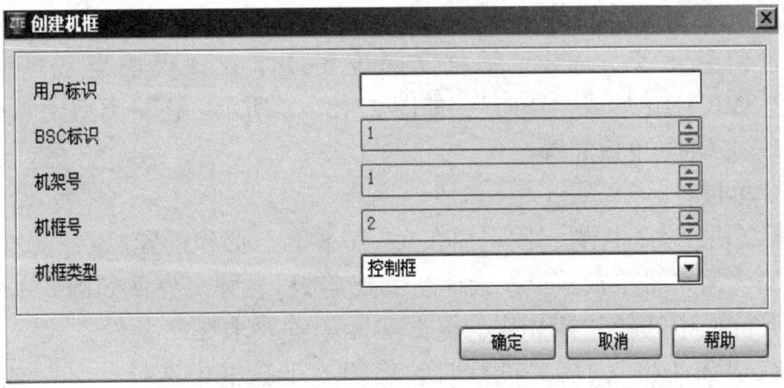

图2-3-6　创建控制机框对话框

输入"用户标识","机框类型"选择"控制框"后，单击〈确定〉，成功创建机架上对应机框编号、机框类型的机框。并在机框下部标识出相应的槽位号。

创建 OMP 单板：

OMP 单板必须第一个创建，主备配置，固定插入 11、12 槽位。在机框上右击第 11 号单板槽位，选择［创建单板］，弹出界面如图 2 - 3 - 7 所示。

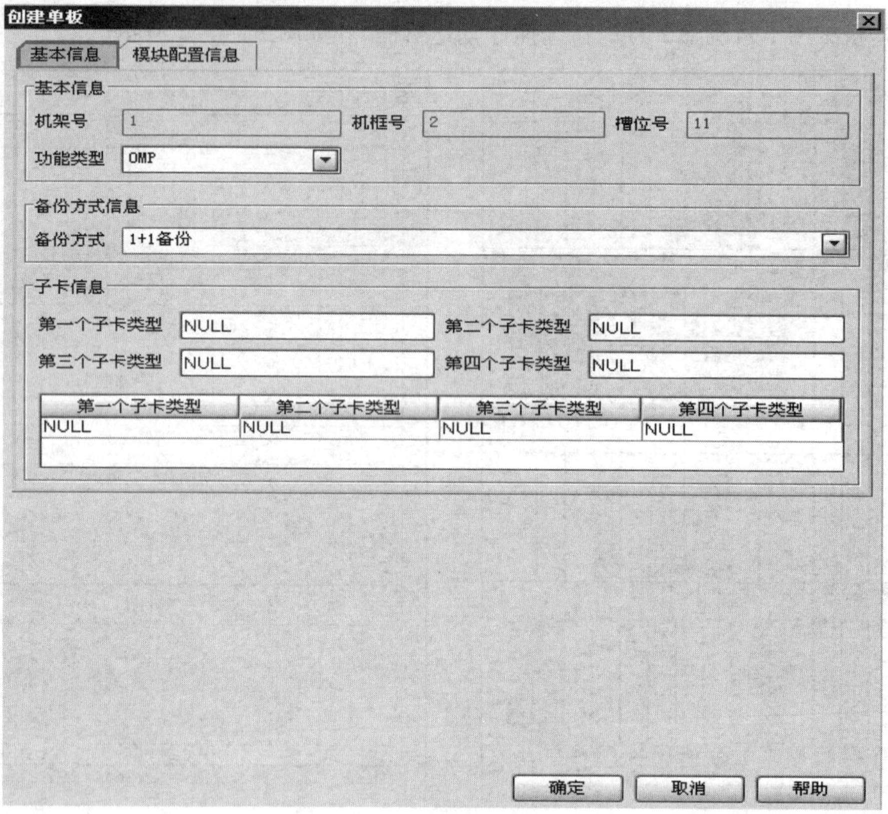

图 2 - 3 - 7　创建 OMP 单板 1

［基本信息］子页面中，在"功能类型"下拉框中选择"OMP"，根据实际配置要求在"备份方式"下拉框中选择"1 + 1 备份"或"无备份"。

［模块配置信息］子页面中，根据实际配置要求在"模块类型"下拉框中选择"OMP""OMP_SMP_CMP"或"RPU"，如图 2 - 3 - 8 所示，模块类型说明见表 2 - 3 - 2。单击 < 确定 > 完成 OMP 单板配置。

创建 UIMC 单板：

UIMC 单板 2 块，主备配置，固定插在 9、10 槽位，必须配置。

在机框上右击第 9 号单板槽位，选择［创建单板］，弹出界面如图 2 - 3 - 9 所示。在"功能类型"下拉框中选择"UIMC"，根据实际配置要求在"备份方式"下拉框中选择"1 + 1 备份"或"无备份"，在"进行时钟检测"下拉框中选择"是"或"否"，单击 < 确定 > 完成 UIMC 单板配置。

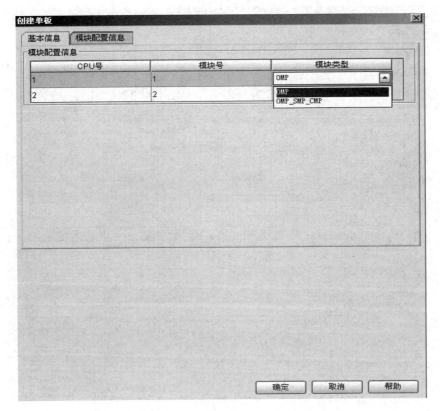

图 2 – 3 – 8　创建 OMP 单板 2

表 2 – 3 – 2　模块类型说明

模块类型	模块描述
OMP	操作维护主处理板
OMP_SMP_CMP	操作维护主处理板/业务主处理板/呼叫主处理板
RPU	路由协议主处理板

创建 CLKG 单板：

CLKG 单板 2 块，主备配置，固定插在 13、14 槽位，必须配置。

在机框上右击第 13 号单板槽位，选择［创建单板］，弹出界面如图 2 – 3 – 10 所示。在"功能类型"下拉框中选择"CLKG"，根据实际配置要求在"备份方式"下拉框中选择"1 + 1 备份"或"无备份"，单击 < 确定 > 完成 CLKG 单板配置。

创建 CHUB 单板：

CHUB 单板 2 块，主备配置，固定插在 15、16 槽位，必须配置。

在机框上右击第 15 号单板槽位，选择［创建单板］，弹出界面如图 2 – 3 – 11 所示。在"功能类型"下拉框中选择"CHUB"，根据实际配置要求在"备份方式"下拉框中选择"1 + 1 备份"或"无备份"，单击 < 确定 > 完成 CHUB 单板配置。

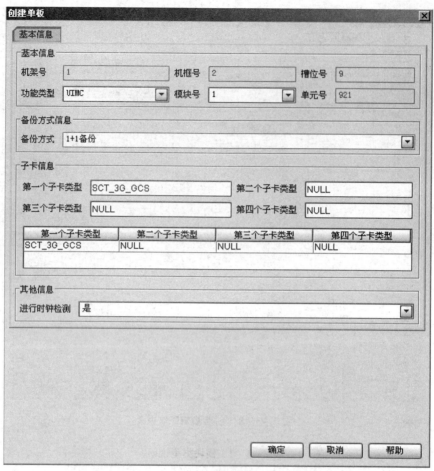

图 2 - 3 - 9　创建 UIMC 单板

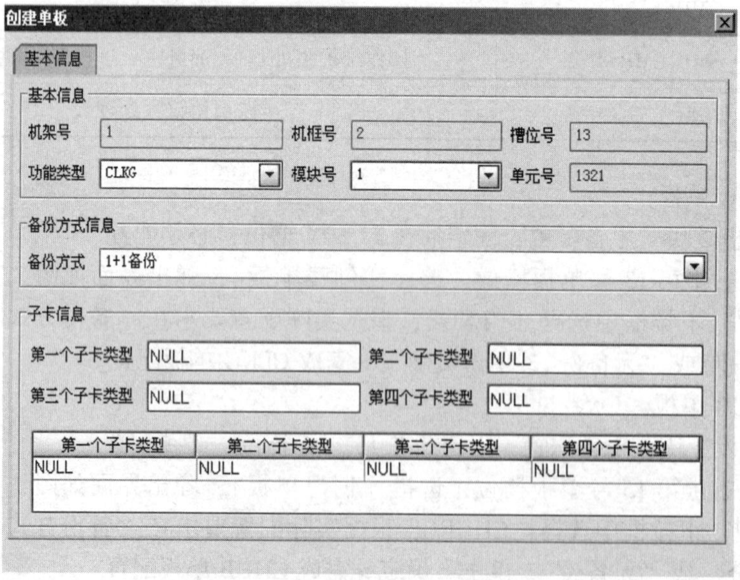

创建单板　基本信息

基本信息
| 机架号 | 1 | 机框号 | 2 | 槽位号 | 9 |

功能类型　UIMC　模块号　1　单元号　921

备份方式信息
备份方式　1+1备份

子卡信息
第一个子卡类型　SCT_3G_GCS　第二个子卡类型　NULL
第三个子卡类型　NULL　第四个子卡类型　NULL

第一个子卡类型	第二个子卡类型	第三个子卡类型	第四个子卡类型
SCT_3G_GCS	NULL	NULL	NULL

其他信息
进行时钟检测　是

确定　取消　帮助

图 2 - 3 - 10　创建 CLKG 单板

创建单板　基本信息

基本信息
| 机架号 | 1 | 机框号 | 2 | 槽位号 | 13 |

功能类型　CLKG　模块号　1　单元号　1321

备份方式信息
备份方式　1+1备份

子卡信息
第一个子卡类型　NULL　第二个子卡类型　NULL
第三个子卡类型　NULL　第四个子卡类型　NULL

第一个子卡类型	第二个子卡类型	第三个子卡类型	第四个子卡类型
NULL	NULL	NULL	NULL

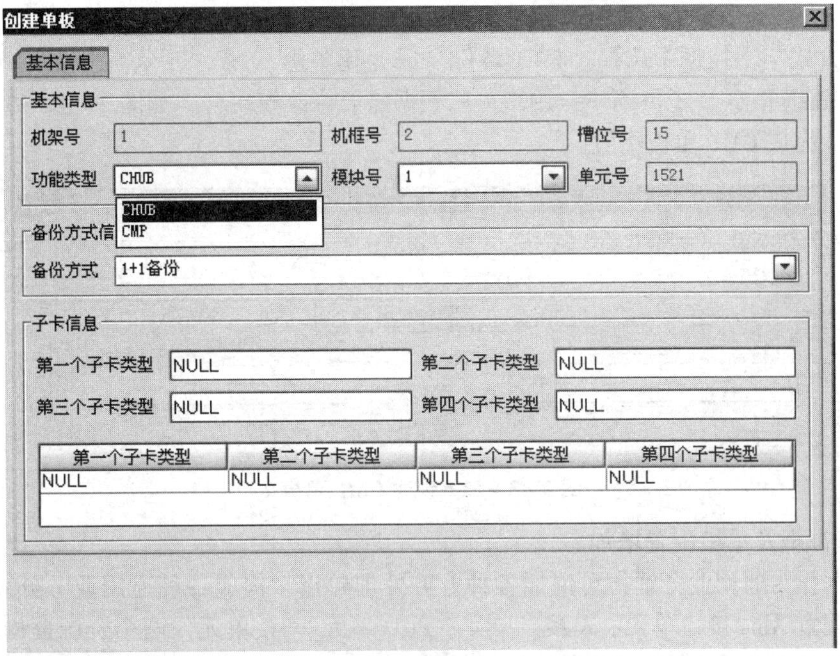

图 2 – 3 – 11 创建 CHUB 单板

创建 CMP 单板：

CMP 单板 2~6 块，可以插在 3~8 槽位，数目根据配置容量可选。如果处理性能还需要扩容，CMP 也可以插在其他机框，如 BPSN 框。

在机框上右击相应的单板槽位，选择［创建单板］，弹出界面如图 2 – 3 – 12 所示。

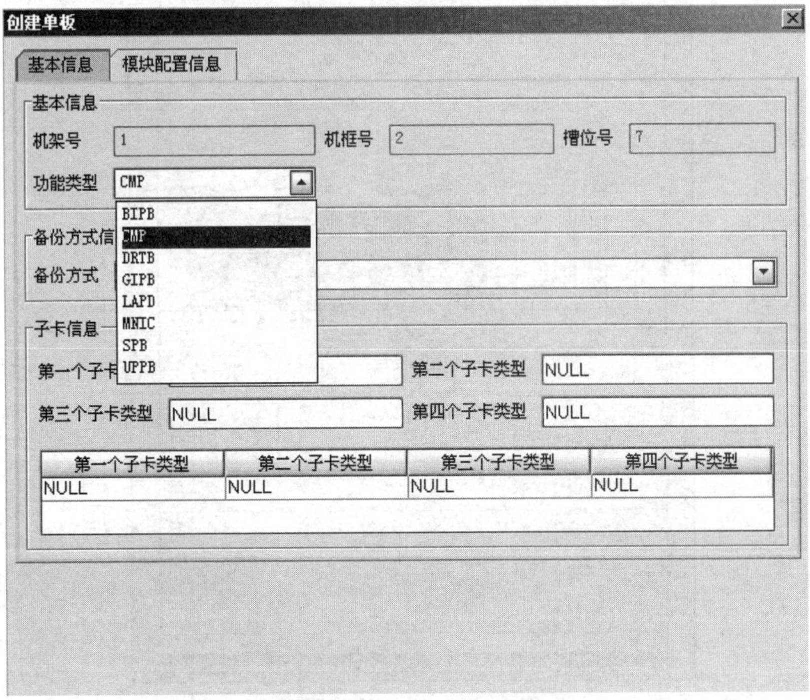

图 2 – 3 – 12 创建 CMP 单板 1

[基本信息] 子页面中，在"功能类型"下拉框中选择"CMP"，根据实际配置要求在"备份方式"下拉框中选择"1+1备份"或"无备份"。

[模块配置信息] 子页面中，用户可以根据需要修改模块号，如图2-3-13所示，单击<确定>完成 CMP 单板配置。

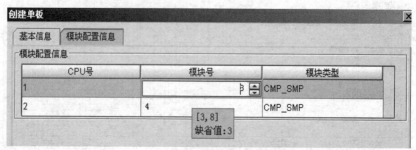

图2-3-13　创建 CMP 单板2

2) 资源框及单板配置增加

资源框作为通用业务框，可混插各种业务处理单板，构成各种通用业务处理子系统。资源框可配置 Abis 接口单元、A 接口单元、PCU 单元、TC 单元。两个资源框构成一个资源单板配置基本单元 RCBU（Resources board Configuration Basal Unit），系统扩容时，增加 RCBU 单元即可。

在已经创建好的机架上创建资源框及主要单板。配置资源树窗口，双击 [BSC 机架]。右击机架图需要配置的机框位置，选择 [创建机框]，如图2-3-14所示。

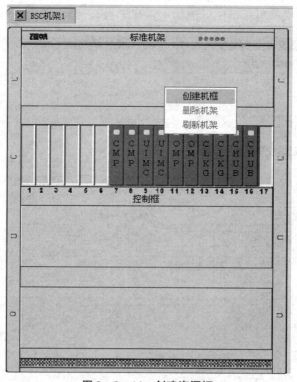

图2-3-14　创建资源框

单击［创建机框］，弹出对话框，如图 2 - 3 - 15 所示。

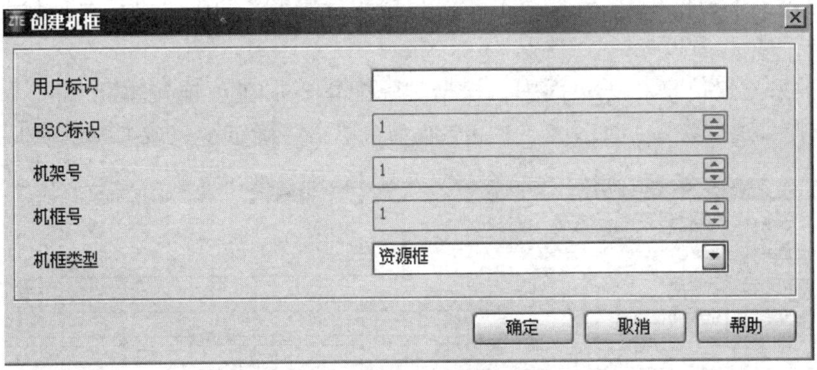

图 2 - 3 - 15　创建资源框对话框

输入"用户标识"，"机框类型"选择"资源框"后，单击＜确定＞，成功创建机架上对应机框编号、机框类型的机框。并在机框下部标识出相应的槽位号。

创建 UIMU 单板：

UIMU 单板有 2 块，固定插在 9、10 槽位，必须配置。在机框上右击单板槽位，选择［创建单板］，弹出界面如图 2 - 3 - 16 所示。

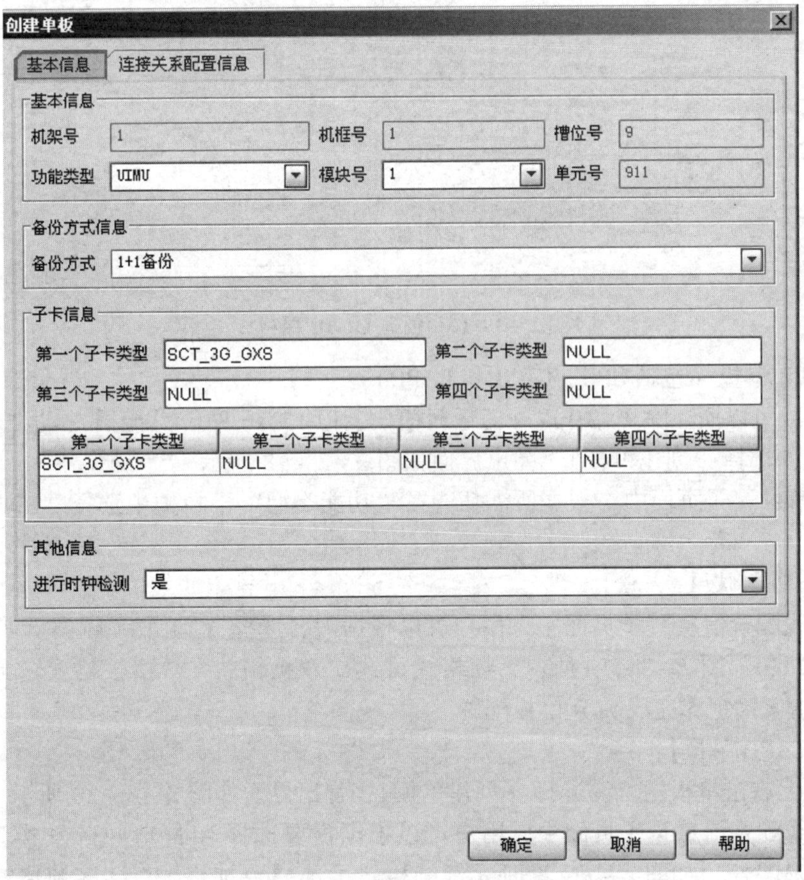

图 2 - 3 - 16　创建 UIMU 单板 1

［基本信息］子页面中，在"功能类型"下拉框中选择"UIMU"，根据实际配置要求在"备份方式"下拉框中选择"1+1 备份"或"无备份"，在"进行时钟检测"下拉框中选择"是"或"否"。

［连接关系配置信息］子页面中，根据实际配置要求在"连接单元"和"连接类型"下拉框中选择合适的参数，如图 2-3-17 所示，单击＜确定＞完成 UIMU 单板配置。

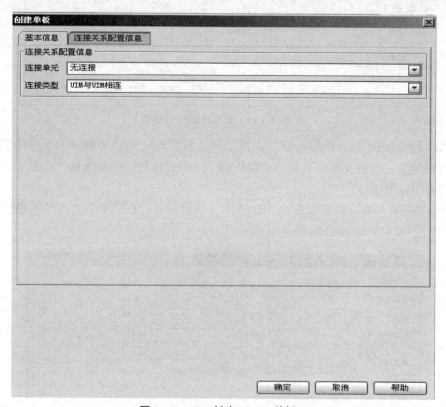

图 2-3-17　创建 UIMU 单板 2

创建 SPB 单板（包括 SPB、GIPB 和 LAPD）：

SPB 单板可以插在除 9、10 以外的任何槽位，但 15/16 槽位只能插一块。在机框上右击单板槽位，选择［创建单板］，弹出界面如图 2-3-18 所示。

［基本信息］子页面中，根据所需功能在"功能类型"下拉框中选择"SPB""GIPB"或"LAPD"。

【创建 SPB 单板】：

［PCM 线配置信息］子页面中，用户可以根据需要选择 A 口"PCM 类型""帧格式"和"PCM 号"，如图 2-3-19 所示，帧格式可选"双帧格式""多帧格式"或"非成帧方式"。单击＜确定＞完成 SPB 单板配置。

【创建 LAPD 单板】：

在机框上右击单板槽位，选择［创建单板］，弹出界面如图 2-3-20 所示。

［PCM 线配置信息］子页面中，用户可以根据需要选择 Abis 口"PCM 类型""帧格式"和"PCM 号"，如图 2-3-21 所示，帧格式可选"双帧格式""多帧格式"或"非成帧方式"。单击＜确定＞完成 LAPD 单板配置。

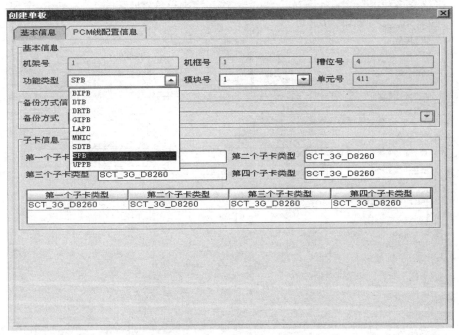

图 2 – 3 – 18   创建 SPB 单板 1

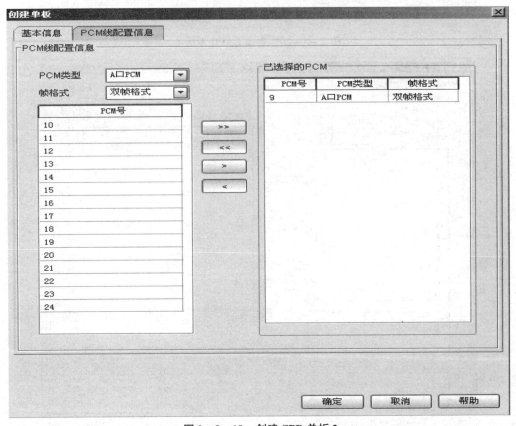

图 2 – 3 – 19   创建 SPB 单板 2

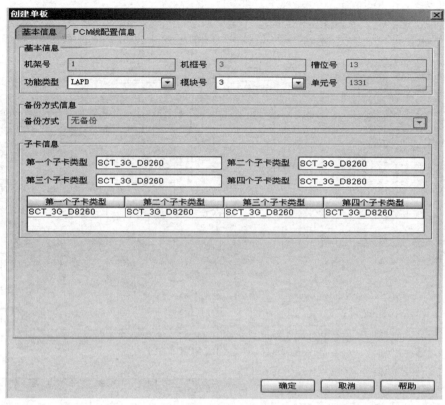

图 2 – 3 – 20 创建 LAPD 单板 1

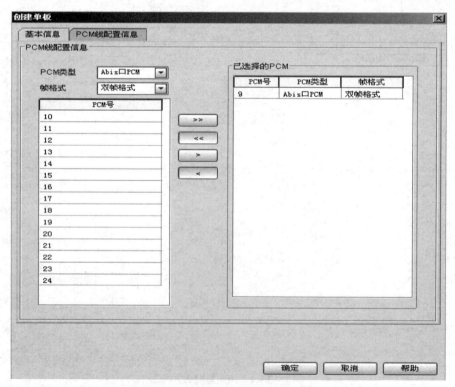

图 2 – 3 – 21 创建 LAPD 单板 2

创建 GUP 单板（包括 DRTB 和 BIPB）：

GUP 用作 BIPB 时，优先插在 5~8、11~14 槽位；若插在 1~4、15~16 槽位，GUP 主备板相邻槽位可以配置不使用内部媒体面网口的单板，如 DTB、SDTB；

GUP 用作 DRTB 时，可以插在除 9、10 以外的任何槽位。

【创建 DRTB 单板】：

在机框上右击单板槽位，选择 [创建单板]，弹出界面如图 2-3-22 所示。

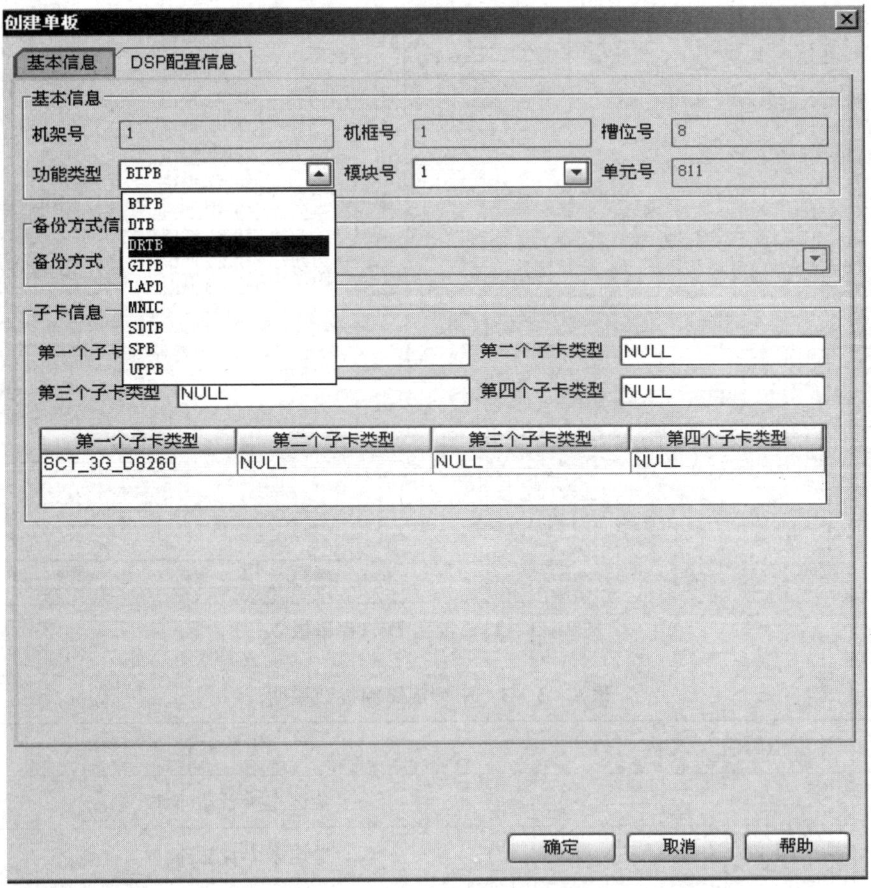

图 2-3-22 创建 DRTB 单板 1

[基本信息] 子页面中，在"功能类型"下拉框中选择"DRTB"。

[DSP 配置信息] 子页面中，用户可以根据需要选择"中继电路组"和"DSP 号"，如图 2-3-23 所示，中继电路组参数说明见表 2-3-3。单击 <确定> 完成 DRTB 单板配置。

【创建 BIPB 单板】：

在机框上右击单板槽位，选择 [创建单板]，弹出界面如图 2-3-24 所示。

[基本信息] 子页面中，在"功能类型"下拉框中选择"BIPB"。

[DSP 配置信息] 子页面中，用户可以根据需要选择"DSP 号"，如图 2-3-25 所示，单击 <确定> 完成 BIPB 单板配置。

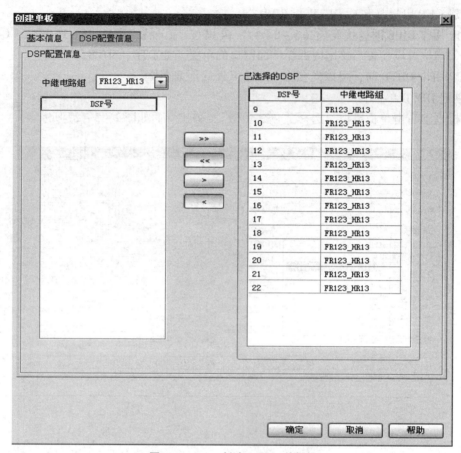

图 2 - 3 - 23   创建 DRTB 单板 2

表 2 - 3 - 3   中继电路组参数说明

中继电路组	中文解释
FR1	全速率语音版本 1
HR1	半速率语音版本 1
FR1_HR1	全速率语音版本 1，半速率语音版本 1
FR2	全速率语音版本 2
FR12	全速率语音版本 1、2
FR2_HR1	全速率语音版本 2，半速率语音版本 1
FR12_HR1	全速率语音版本 1、2，半速率语音版本 1
FR3_HR3	全速率语音版本 3，半速率语音版本 3
FR123_HR3	全速率语音版本 1、2、3，半速率语音版本 3
FR123_HR13	全速率语音版本 1、2、3，半速率语音版本 1、3

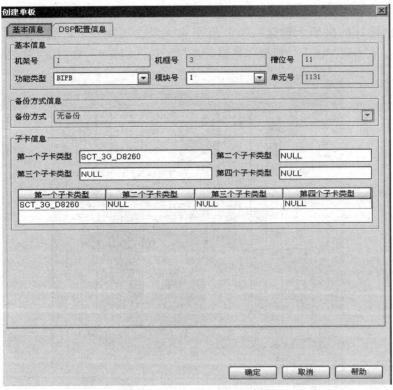

图 2 - 3 - 24　创建 BIPB 单板 1

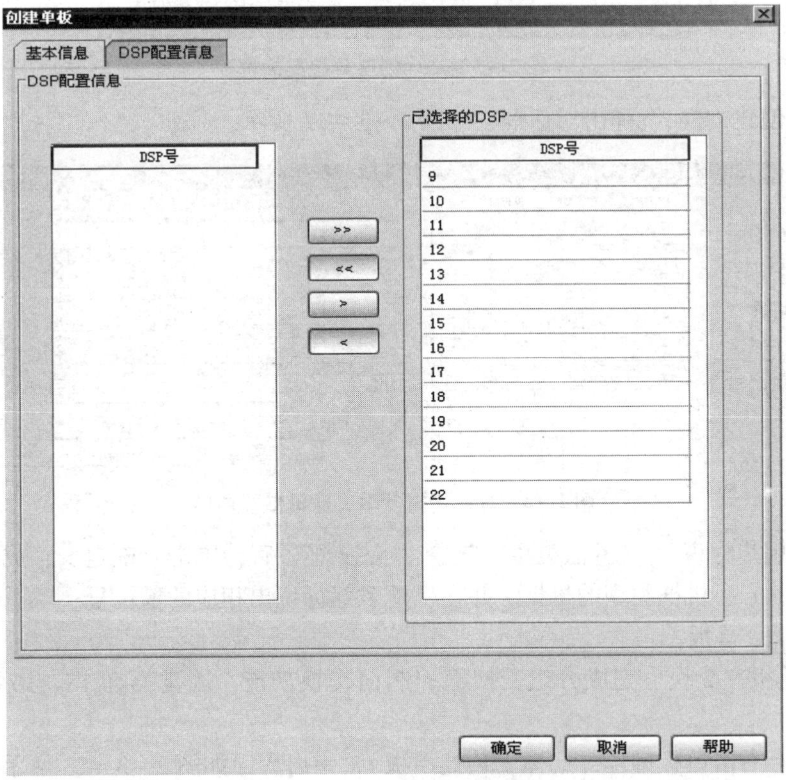

图 2 - 3 - 25　创建 BIPB 单板 2

3）分组交换框及单板配置增加

在已经创建好的机架上创建一个分组交换框及主要单板。配置资源树窗口，双击［BSC 机架］。右击机架图 1 号机架 4 号框，选择［创建机框］，如图 2 - 3 - 26 所示。

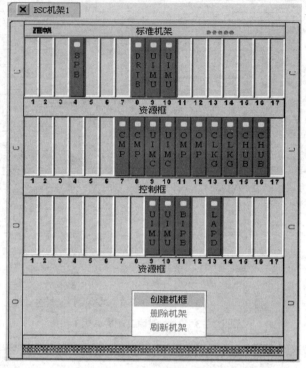

图 2 - 3 - 26　创建分组交换框

单击［创建机框］，弹出对话框，如图 2 - 3 - 27 所示。

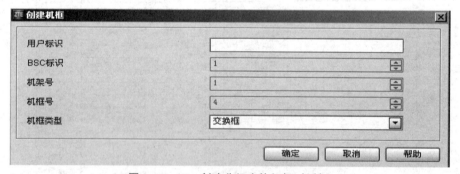

图 2 - 3 - 27　创建分组交换机框对话框

输入"用户标识"，"机框类型"选择"交换框"后，单击 < 确定 >，成功创建机架上对应机框编号、机框类型的机框。并在机框下部标识出相应的槽位号。

创建 UIMC 单板：

UIMC 单板有 2 块，完成分组交换框控制面交换功能。固定插在 15、16 槽位，必须配置。

在机框上右击单板槽位，选择［创建单板］，弹出界面如图 2 - 3 - 28 所示。

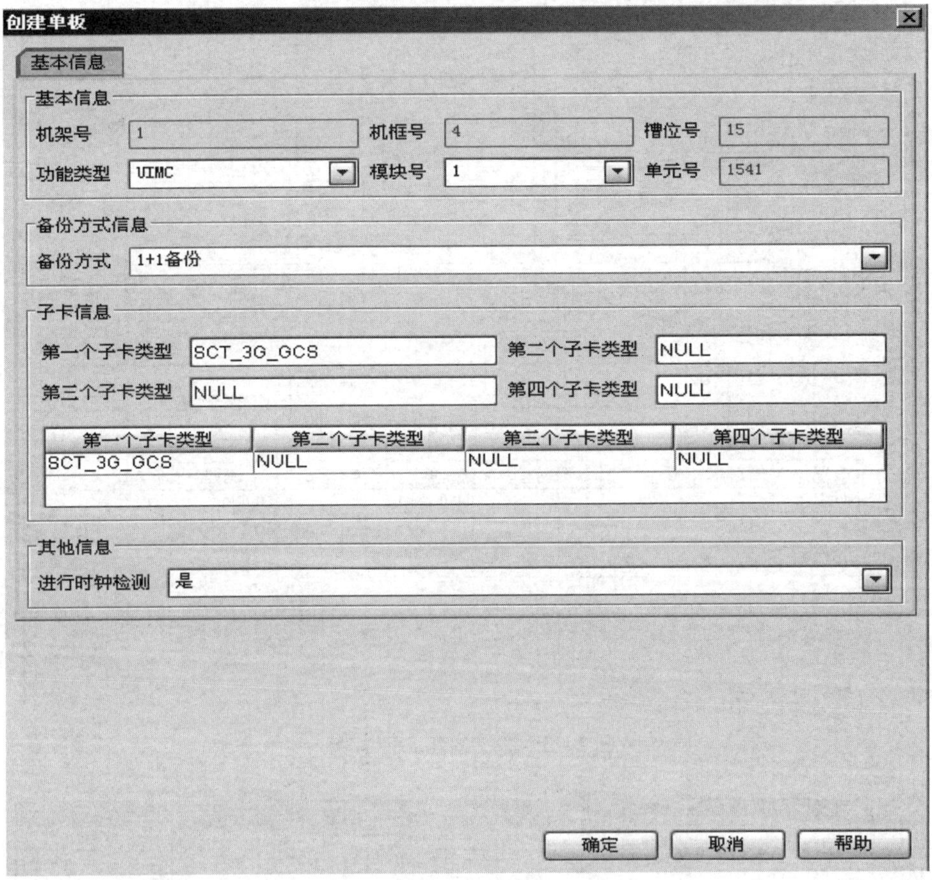

图 2 – 3 – 28 创建 UIMC 单板

[基本信息] 子页面中，在"功能类型"下拉框中选择"UIMC"，根据实际配置要求在"备份方式"下拉框中选择"1＋1备份"或"无备份"，在"进行时钟检测"下拉框中选择"是"或"否"。单击＜确定＞完成 UIMC 单板配置。

创建 PSN 单板：

PSN 单板有 2 块，完成线卡间数据交换功能。固定插在 7、8 槽位，必须配置。

在机框上右击单板槽位，选择 [创建单板]，弹出界面如图 2 – 3 – 29 所示。

[基本信息] 子页面中，在"功能类型"下拉框中选择"PSN"。单击＜确定＞完成 PSN 单板配置。

创建 GLI 单板：

GLI 单板有 2～8 块，完成 GE 线卡功能。可以插在 1～6 或 9～14 槽位，数目根据配置容量可选，必须成对出现；配置时按从左往右增加的原则进行。

在机框上右击单板槽位，选择 [创建单板]，弹出界面如图 2 – 3 – 30 所示。

[连接关系配置信息] 子页面中，根据实际配置要求配置"连接类型"和"端口号"，选择合适的"连接单元"，如图 2 – 3 – 31 所示，单击＜确定＞完成 GLI 单板配置。

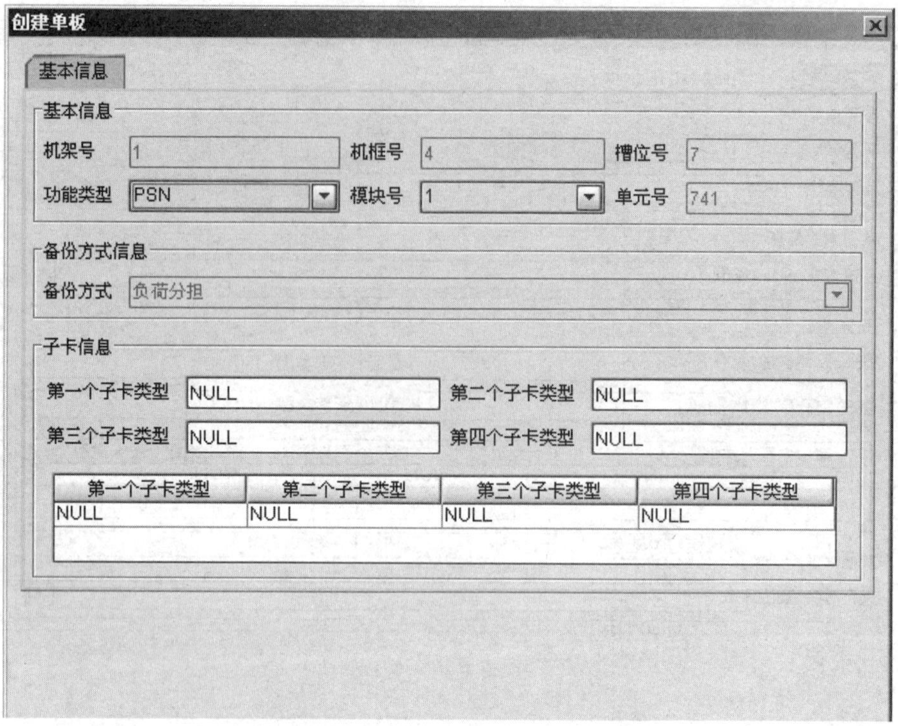

图 2－3－29　创建 PSN 单板

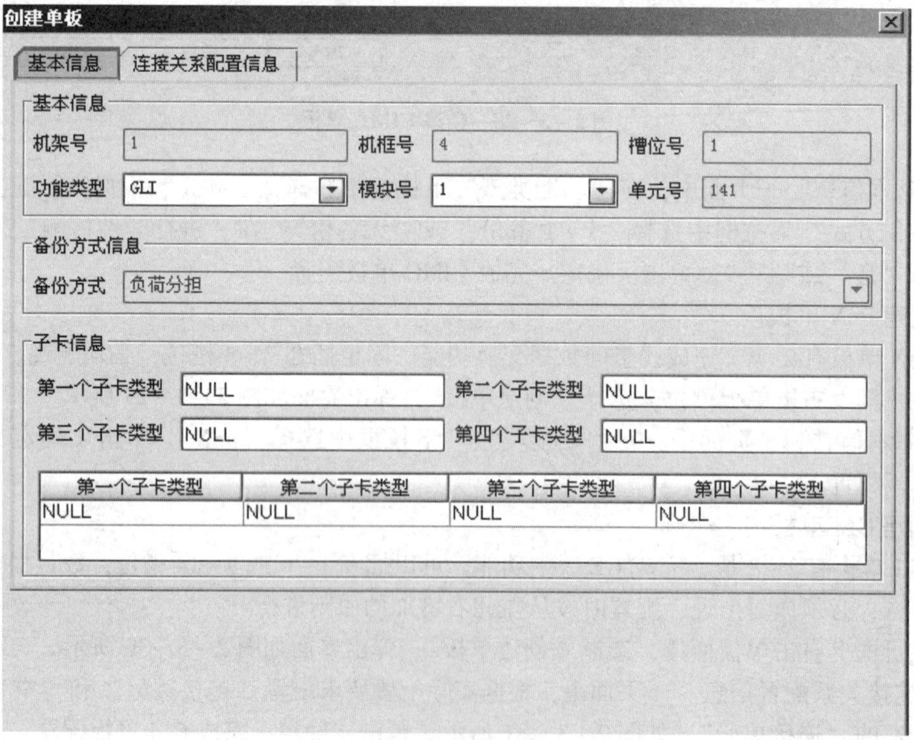

图 2－3－30　创建 GLI 单板 1

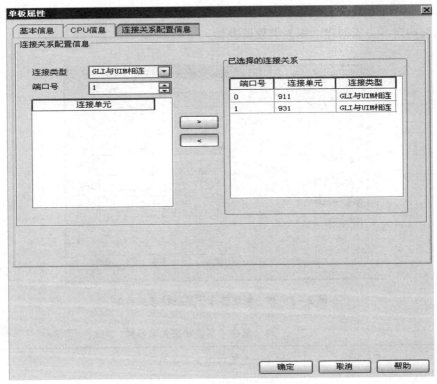

图2-3-31　创建GLI单板2

3. A接口配置

1）创建信令子系统状态关系

配置资源树窗口，右击选择［A接口相关配置→创建→信令子系统状态关系］，如图2-3-32所示。也可以在"A接口相关配置"节点下的"信令子系统状态关系配置"子节点右击选择［创建→信令子系统状态关系］。

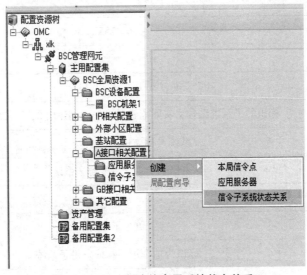

图2-3-32　创建信令子系统状态关系1

单击［信令子系统状态关系］，弹出创建界面如图 2 – 3 – 33 所示。输入合适的参数后，单击 <确定> 完成创建。相关参数见表 2 – 3 – 4。

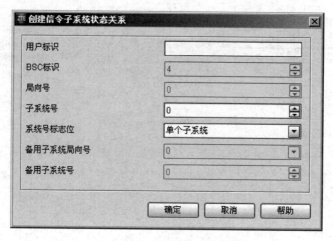

图 2 – 3 – 33　创建信令子系统状态关系 2

表 2 – 3 – 4　信令子系统状态关系参数

信令子系统状态关系参数	
用户标识	
值域	最大长度 40 的字符串
单位	无
缺省值	无
参数描述	方便用户识别的名称
子系统号	
值域	0 ~ 255
单位	无
缺省值	0
参数描述	标识的子系统编号，实际配置时必须要创建出 0、1、254 这三种
系统号标志位	
值域	单个子系统、复份子系统
单位	无
缺省值	单个子系统
参数描述	标识为单个子系统或复份子系统

备用子系统局向号	
值域	0
单位	无
缺省值	0
参数描述	当系统号标志位参数为"复份子系统"时，该参数有效
备用子系统号	
值域	0~255
单位	无
缺省值	0
参数描述	当系统号标志位参数为"复份子系统"时，该参数有效

2）创建本局信令点

配置资源树窗口，右击选择［A 接口相关配置→创建→本局信令点］，如图 2 - 3 - 34 所示。

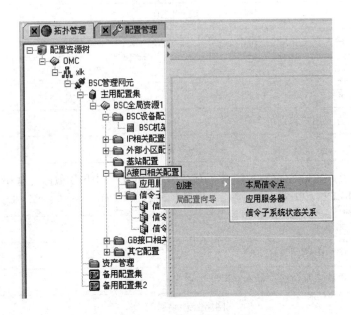

图 2 - 3 - 34　创建本局信令点主节点 1

单击［本局信令点］，弹出创建界面如图 2 - 3 - 35 所示。输入合适的参数后，单击 ＜确定＞完成创建。相关参数见表 2 - 3 - 5。

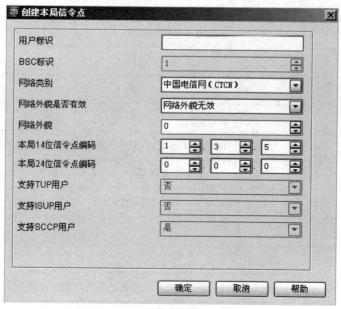

图 2 - 3 - 35　创建本局信令点主节点 2

表 2 - 3 - 5　本局信令点主节点参数

本局信令点主节点参数	
用户标识	
值域	最大长度 40 的字符串
单位	无
缺省值	无
参数描述	方便用户识别的名称
网络类别	
值域	中国电信网（CTCN）、中国移动网（CMCN）、中国联通网（CUCN）、铁路电信网（RLTN）、中国网通（CNC）、军用电信网（NFTN）、网络 7、网络 8
单位	无
缺省值	中国电信网（CTCN）
参数描述	根据实际情况选择本局网络类别
网络外貌是否有效	
值域	网络外貌无效、网络外貌有效
单位	无
缺省值	网络外貌无效
参数描述	该参数表示网络外貌是否有效

网络外貌	
值域	0～8
单位	无
缺省值	0
参数描述	为了逻辑上把 SG 和应用服务器进程间公共 SCTP 偶联上的信令业务分开，而使用网络外貌识别 No.7 信令网上下文。当"网络外貌无效"时该参数无法设置

本局 14 位信令点编码	
值域	• 主信令区　　0～7 • 子信令区　　0～255 • 信令点　　　0～7
单位	无
缺省值	0、0、0
参数描述	对于中国的 GSM 网，在 MSC 和 BSC 之间使用 14 位信令点编码 • 主信令区　　　14 位信令点的高 3 位 • 子信令区　　　14 位信令点的中间 8 位 • 信令点　　　　14 位信令点的低 3 位 需要和其他设备协商的参数

本局 24 位信令点编码	
值域	• 主信令区　　0～255 • 子信令区　　0～255 • 信令点　　　0～255
单位	无
缺省值	0、0、0
参数描述	对于中国的 GSM 网，在 MSC 和其他实体间用 24 位信令点编码 • 主信令区　　　24 位信令点的高 8 位 • 子信令区　　　24 位信令点的中间 8 位 • 信令点　　　　24 位信令点的低 8 位 需要和其他设备协商的参数

支持 TUP 用户	
值域	是、否
单位	无
缺省值	否
参数描述	是否系统支持 TUP 用户

续表

支持 ISUP 用户	
值域	是、否
单位	无
缺省值	否
参数描述	是否系统支持 ISUP 用户
支持 SCCP 用户	
值域	是、否
单位	无
缺省值	是
参数描述	是否系统支持 SCCP 用户

3）创建邻接局

（1）创建邻接局主节点。

配置资源树窗口，右击选择［A 接口相关配置→本局信令点标识→创建→邻接局］，如图 2 - 3 - 36 所示。也可以在"本局信令点标识"节点下的"邻接局配置"子节点右击选择［创建→邻接局］。

图 2 - 3 - 36　创建邻接局主节点 1

单击［邻接局］，弹出创建界面如图 2 - 3 - 37 所示。输入合适的参数后，单击＜确定＞完成创建。相关参数见表 2 - 3 - 6。

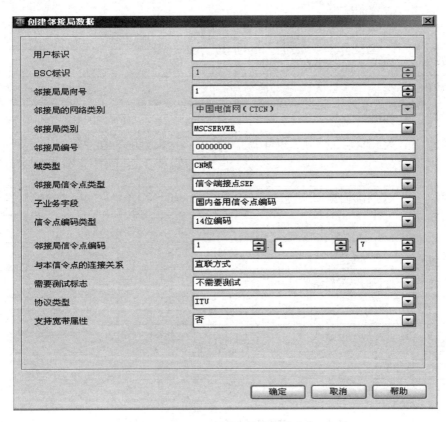

图 2 - 3 - 37　创建邻接局主节点 2

表 2 - 3 - 6　邻接局主节点参数

邻接局主节点参数	
用户标识	
值域	最大长度 40 的字符串
单位	无
缺省值	无
参数描述	方便用户识别的名称
邻接局局向号	
值域	1 ~ 64
单位	无
缺省值	1
参数描述	标识的邻接局局向号

续表

邻接局类别	
值域	MGW、MSCSERVER、SMLC
单位	无
缺省值	MGW
参数描述	表示邻接局的类别，MGW 局、MSCSERVER 局或 iBSC SMLC 局
邻接局编号	
值域	8 位十进制数
单位	无
缺省值	00000000
参数描述	标识的邻接局编号
域类型	
值域	SCN 域、IP 域
单位	无
缺省值	SCN 域
参数描述	表示从本局看该邻接局所处的域类型。 如果邻接局和本局直连，则根据实际的连接类型配置即可。如 TDM 或 ATM 连接配置为 SCN 域，IP 连接配置为 IP 域。如果邻接局和本局准直连，且本局为 SCN 域的信令点，通过 SG 与 IP 域信令点相连，则将 SG 配置为 SCN 域，将 IP 域准直连信令点配置为 IP 域；如果本局为 IP 域信令点，通过 SG 与 SCN 域信令点相连，则将 SG 配置为 IP 域，将 SCN 域信令点配置为 SCN 域
邻接局信令点类型	
值域	信令端接点 SEP、信令转接点 STP、信令端转接点 STEP
单位	无
缺省值	信令端接点 SEP
参数描述	设置信令点类型
子业务字段	
值域	国际信令点编码、国际备用信令点编码、国内信令点编码、国内备用信令点编码
单位	无
缺省值	国际信令点编码
参数描述	用户根据网络类型选择

邻接局信令点编码	
值域	● 14 位编码值域为 0 ~ 7，0 ~ 255，0 ~ 7 ● 24 位编码值域为 0 ~ 255，0 ~ 255，0 ~ 255
单位	无
缺省值	0，0，0
参数描述	配置相应的邻接局信令点编码，具体由"子业务字段"配置参数不同而变化，"国内"为 14 位，"国际"为 24 位
与本信令点的连接关系	
值域	直连方式、准直连方式、无连接
单位	无
缺省值	直连方式
参数描述	该邻接局和本局如何连接，由用户的实际配置决定
需要测试标志	
值域	需要测试、不需要测试
单位	无
缺省值	需要测试
参数描述	是否需要测试，一般选择需要测试
协议类型	
值域	CHINA、ITU、ANSI
单位	无
缺省值	CHINA
参数描述	选择协议类型
支持宽带属性	
值域	是、否
单位	无
缺省值	是
参数描述	是否支持宽带属性

（2）创建七号 PCM。

配置资源树窗口，右击选择［A 接口相关配置→本局信令点标识→邻接局配置→邻接局标识→创建→七号 PCM］，如图 2 - 3 - 38 所示。也可以在"邻接局标识"节点下的"七号 PCM 配置"子节点右击选择［创建→七号 PCM］。

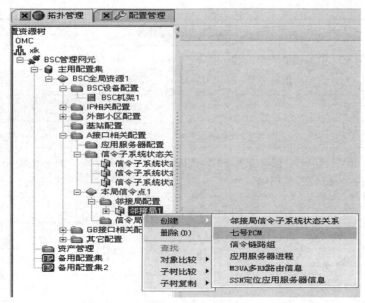

图 2 - 3 - 38 创建七号 PCM 1

单击［七号 PCM］，弹出创建界面如图 2 - 3 - 39 所示。输入合适的参数后，单击 < 确定 > 完成创建。相关参数见表 2 - 3 - 7。

图 2 - 3 - 39 创建七号 PCM 2

表 2 - 3 - 7 七号 PCM 参数

七号 PCM 参数	
用户标识	
值域	最大长度 40 的字符串
单位	无
缺省值	无
参数描述	方便用户识别的名称

七号 PCM	
值域	0 ~ 1 023
单位	无
缺省值	1
参数描述	标识的七号 PCM 号
单元号	
值域	以系统中实际配置为准
单位	无
缺省值	以系统中实际配置为准
参数描述	无
PCM 号	
值域	9 ~ 24
单位	无
缺省值	以系统中实际配置为准
参数描述	无

（3）创建信令链路组及信令链路数据。

配置资源树窗口，右击选择 ［OMC→GERAN 子网用户标识→BSC 管理网元用户标识→配置集标识→BSC 全局资源标识→A 接口相关配置→本局信令点标识→邻接局配置→邻接局标识→创建→信令链路组］，如图 2 - 3 - 40 所示。也可以在"邻接局标识"节点下的"信令链路组配置"子节点右击选择 ［创建→信令链路组］。

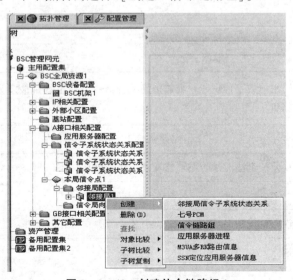

图 2 - 3 - 40　创建信令链路组 1

单击［信令链路组］，弹出创建界面如图 2 - 3 - 41 所示。输入合适的参数后，单击 <确定>完成创建。相关参数见表 2 - 3 - 8。

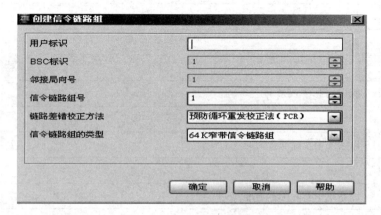

图 2 - 3 - 41　创建信令链路组 2

表 2 - 3 - 8　信令链路组参数

信令链路组参数	
用户标识	
值域	最大长度 40 的字符串
单位	无
缺省值	无
参数描述	方便用户识别的名称
信令链路组号	
值域	1 ~ 512
单位	无
缺省值	1
参数描述	该链路组的数字标识。一个邻接局下的信令链路组数目最多为 2 个，建议配置一个信令链路组
链路差错校正方法	
值域	基本误差校正法、预防循环重发校正法（PCR）
单位	无
缺省值	基本误差校正法

续表

	链路差错校正方法
参数描述	设置链路差错校正方法，该参数应根据局方要求和链路传输时延选取。 ●基本误差校正法：采用非互控、肯定/否定证实、重发纠错的方法，能在正常情况下保证消息信号单元按顺序和不重复地在信令链路上正确传递，而在检出差错时能控制重发而进行纠错。 ●预防循环重发校正法（PCR）：采用非互控、肯定证实、循环重发纠错的方法，当没有新的消息信号单元或链路状态信号单元要发送时，就将存储在重发缓冲器中未得到肯定证实的消息信号单元自动地循环重发，即预防循环重发；若有新的信号单元，则暂停重发的循环，优先发送新的信号单元。 一般在线路传输时延小于 15 ms 时，使用基本误差校正方法；大于 15 ms 时，使用预防循环重发校正法（PCR）
	信令链路组的类型
值域	64 K 窄带信令链路组、2 M 窄带信令链路组
单位	无
缺省值	64 K 窄带信令链路组
参数描述	设置信令链路组的类型

在新创建好的"信令链路组标识"节点右击选择［创建→信令链路数据］，如图 2 - 3 - 42 所示。

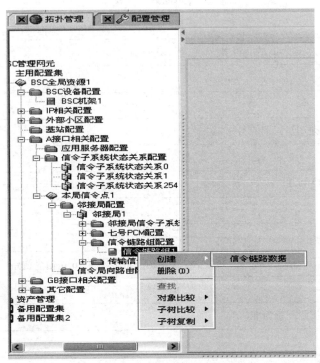

图 2 - 3 - 42　创建信令链路数据 1

单击［信令链路数据］，弹出创建界面如图2－3－43所示。输入合适的参数后，单击＜确定＞完成创建。相关参数见表2－3－9。

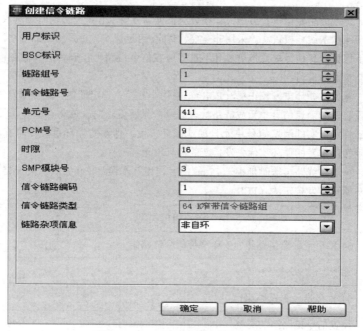

图2－3－43　创建信令链路数据2

表2－3－9　信令链路数据参数

信令链路数据参数	
用户标识	
值域	最大长度40的字符串
单位	无
缺省值	无
参数描述	方便用户识别的名称
信令链路号	
值域	1～5 000
单位	无
缺省值	1
参数描述	标识的信令链路号，每个信令链路组下最多配置16条信令链路
单元号	
值域	以实际配置为准
单位	无

续表

单元号	
缺省值	以实际配置为准
参数描述	无

PCM 号	
值域	以实际配置为准
单位	无
缺省值	以实际配置为准
参数描述	无

时隙	
值域	1～31
单位	无
缺省值	1
参数描述	根据实际需要配置时隙

SMP 模块号	
值域	以系统中实际配置为准
单位	无
缺省值	以系统中实际配置为准
参数描述	信令链路所属的 SMP 模块号

信令链路编码	
值域	0～15
单位	无
缺省值	0
参数描述	设置信令链路编码。目前到 1 个局向最多可以配置 16 条链路,这些链路的信令链路编码(SLC)必须不同。不管这 16 条链路分布于一个还是两个链路组,都应该满足以上限制

链路杂项信息	
值域	非自环、自环
单位	无
缺省值	非自环
参数描述	设置链路是否自环

4）创建路由

（1）创建信令路由。

配置资源树窗口，右击选择［A 接口相关配置→本局信令点标识→创建→信令路由］，如图 2 - 3 - 44 所示。也可以在"本局信令点标识"节点下的"信令局向路由配置"子节点右击选择［创建→信令路由］。

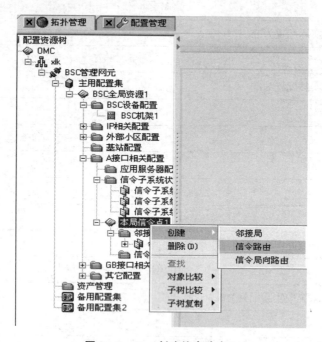

图 2 - 3 - 44　创建信令路由 1

单击［信令路由］，弹出创建界面如图 2 - 3 - 45 所示。输入合适的参数后，单击 < 确定 > 完成创建。相关参数见表 2 - 3 - 10。

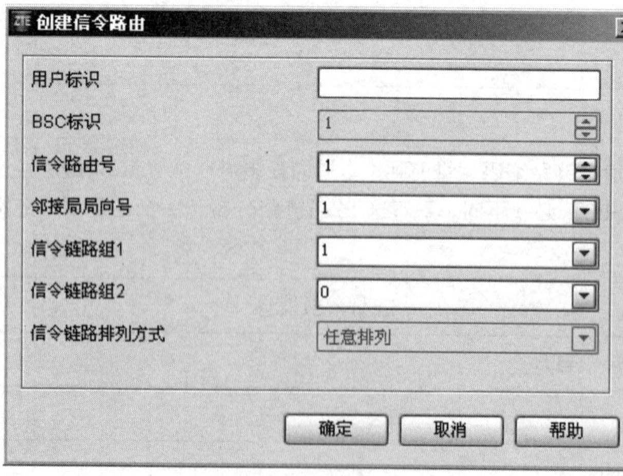

图 2 - 3 - 45　创建信令路由 2

表 2 – 3 – 10　信令路由参数

信令路由参数	
用户标识	
值域	最大长度 40 的字符串
单位	无
缺省值	无
参数描述	方便用户识别的名称
信令路由号	
值域	1 ~ 1 000
单位	无
缺省值	1
参数描述	标识的信令路由号
邻接局局向号	
值域	以邻接局配置时的局向号为准
单位	无
缺省值	以邻接局配置时的局向号为准
参数描述	从已配置的邻接局中选择
信令链路组 1	
值域	0 ~ 1
单位	无
缺省值	0
参数描述	0 表示无第一个信令链路组
信令链路组 2	
值域	0 ~ 1
单位	无
缺省值	0
参数描述	0 表示无第二个信令链路组

续表

信令链路排列方式	
值域	任意排列、按 SLS_bit0 选择链路组、按 SLS_bit1 选择链路组、按 SLS_bit2 选择链路组、按 SLS_bit3 选择链路组、按 SLS_bit0 ~ 1 选择链路组、按 SLS_bit1 ~ 2 选择链路组、按 SLS_bit2 ~ 3 选择链路组
单位	无
缺省值	任意排列
参数描述	根据实际设置信令链路排列方式

（2）创建信令局向路由。

配置资源树窗口，右击选择［A 接口相关配置→本局信令点标识→创建→信令局向路由］，如图 2 – 3 – 46 所示。也可以在"本局信令点标识"节点下的"信令局向路由配置"子节点右击选择［创建→信令局向路由］。

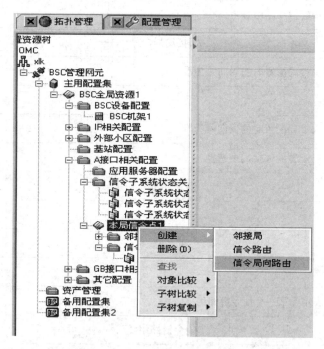

图 2 – 3 – 46　创建信令局向路由 1

单击［信令局向路由］，弹出创建界面如图 2 – 3 – 47 所示。输入合适的参数后，单击＜确定＞完成创建。相关参数见表 2 – 3 – 11。

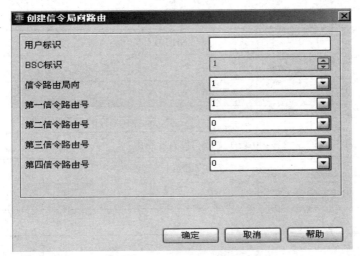

图 2 - 3 - 47　创建信令局向路由 2

表 2 - 3 - 11　信令局向路由参数

信令局向路由参数	
用户标识	
值域	最大长度 40 的字符串
单位	无
缺省值	无
参数描述	方便用户识别的名称
信令局向路由	
值域	
单位	无
缺省值	
参数描述	标识的信令局向路由
第一路由号	
值域	以实际配置为准
单位	无
缺省值	0
参数描述	正常路由号, 0 表示无效, 没有此路由
第二路由号	
值域	以实际配置为准
单位	无
缺省值	0
参数描述	第一迂回路由号, 0 表示无效, 没有此路由

续表

第三路由号	
值域	以实际配置为准
单位	无
缺省值	0
参数描述	第二迂回路由号，0 表示无效，没有此路由
第四路由号	
值域	以实际配置为准
单位	无
缺省值	0
参数描述	第三迂回路由号，0 表示无效，没有此路由

2.3.2 BTS 设备配置

1. 基站配置

在后台虚拟机房，我们一共可以看到 3 个 BTS 设备，分别是 B8018、B8012、M8202，下面我们就 B8018 进行配置示例。

1）配置站点

（1）创建机架。

配置资源树窗口，右击选择［基站配置→创建→基站］，基站类型选择 B8018，如图 2 - 3 -48 所示。

图 2 - 3 - 48　创建 B8018 基站

创建机架：右击选择［基站设备配置→创建→基站机架］，点击确定创建 B8018 机架，如图 2 – 3 – 49 所示。

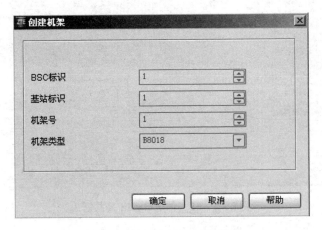

图 2 – 3 – 49 创建 B8018 机架

（2）创建公共框及单板。

【创建公共框】：

右击机架最上层，如图 2 – 3 – 50 所示，选择［创建机框］。

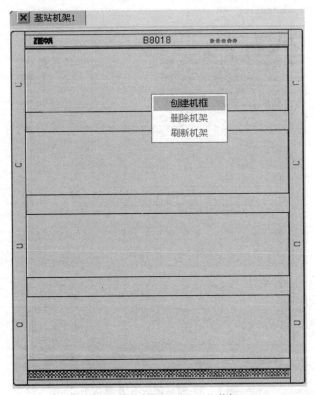

图 2 – 3 – 50 创建 B8018 公共框 1

弹出界面如图 2 – 3 – 51 所示。单击 < 确定 > ，成功创建公共框。

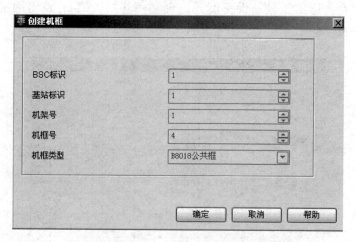

图 2 - 3 - 51   创建 B8018 公共框 2

【创建 PDM 单板】：
默认已经创建。
【创建 EIB 单板】：
在 4 号槽位右击选择 ［创建面板］，如图 2 - 3 - 52 所示。

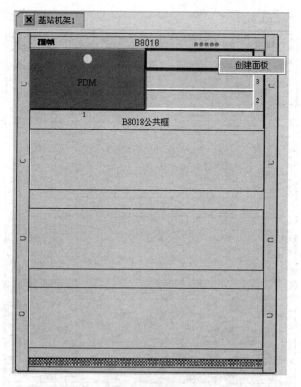

图 2 - 3 - 52   创建 EIB 单板 1

弹出界面如图 2 - 3 - 53 所示，单击 ＜确定＞，完成 EIB 单板创建。

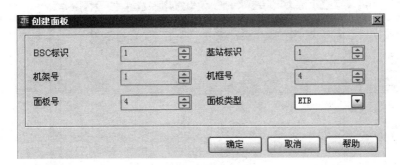

图 2 - 3 - 53　创建 EIB 单板 2

【创建 CMB 单板】：

CMP 单板需要创建两块，分别在 2，3 槽位。我们先在 2 号槽位创建 CMP 单板，右击 2 号槽位，选择［创建面板］，弹出界面。我们作如下选择。

连接类型模式：BSC；PCM1 连接类型：连接。显示界面如图 2 - 3 - 54 所示。

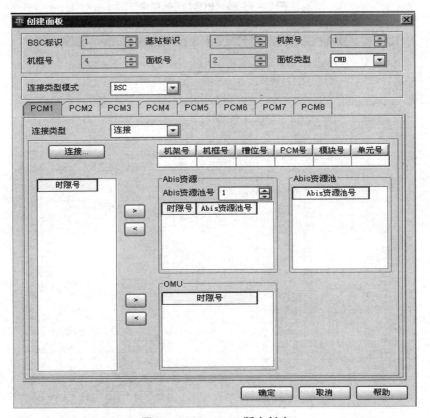

图 2 - 3 - 54　CMP 版本创建

单击时隙号 < 连接… > 按钮，弹出 PCM 连线，界面如图 2 - 3 - 55 所示，选择所需的 PCM 连线，单击 < 确定 > 完成。

回到"创建面板"界面，我们为 OMU 选择时隙号 16，为 Abis 口选择相应的时隙号，如图 2 - 3 - 56 所示。

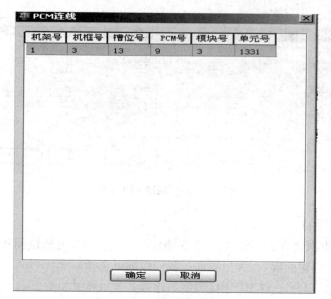

图 2 - 3 - 55　PCM 连线选择

图 2 - 3 - 56　时隙号选择

单击＜确定＞完成 2 号槽位的 CMP 板的配置。

3 号槽位的 CMP 板直接创建即可。完成了 CMP 单板和 EIB 单板后，B8018 的公共框配置已经完成，如图 2 - 3 - 57 所示。

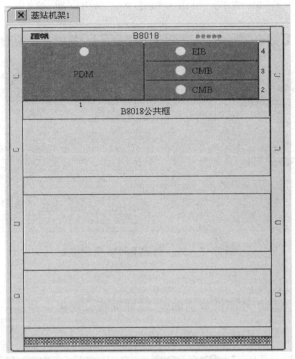

图 2 - 3 - 57　B8010 公共框

（3）创建资源框及单板。

【创建资源框】：

右击机架相应层，如图 2 - 3 - 58 所示，选择［创建机框］。

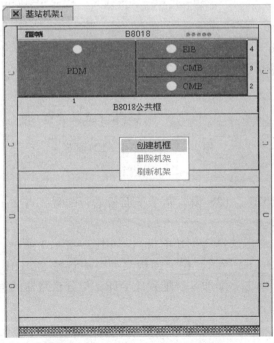

图 2 - 3 - 58　创建 B8018 资源框 1

弹出界面如图 2 - 3 - 59 所示。单击 < 确定 > ，成功创建资源框。

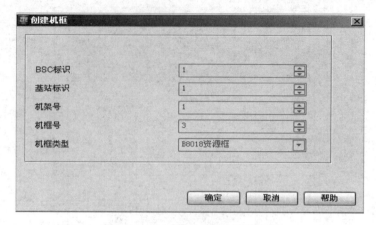

图 2 - 3 - 59　创建 B8018 资源框 2

【创建 AEM 单板】：

在资源框 1 号槽位和 9 号槽位分别创建 AEM 面板，面板类型选择 CDU10M，如图 2 - 3 - 60 所示。

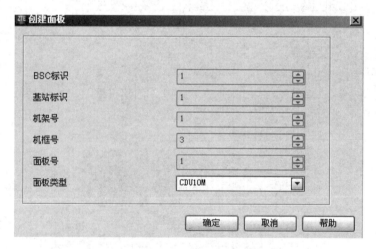

图 2 - 3 - 60　创建 AEM 面板

【创建 DTRU 单板】：

对于双载波载频 DTRU，BTS 设置两个子面板进行配置，占 2 个槽位。系统为每个逻辑载频分配独立的面板。

在资源框 2 号槽位右击选择 ［创建面板］，如图 2 - 3 - 61 所示。

弹出界面如图 2 - 3 - 62 所示，在"面板类型"中选择"DTRU"，在"分合路器板"列表中选择分合路器，单击 < 增加 > ，配置此 DTRU 与分合路器的连接状态。根据实际需要选择是否"使用 IRC"。

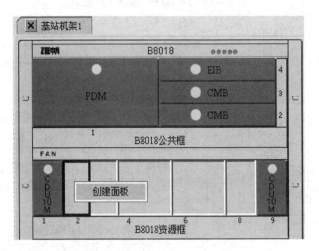

图 2 - 3 - 61   创建 DTRU 单板 1

❄ 说明

　　IRC：干扰拒绝合并（Interference Reject Coalition）。当使用分集式天线时，两个天线（或者一个交叉极化天线）同时接收无线信号，将较好的信号传送到 BTS 接收机单元。

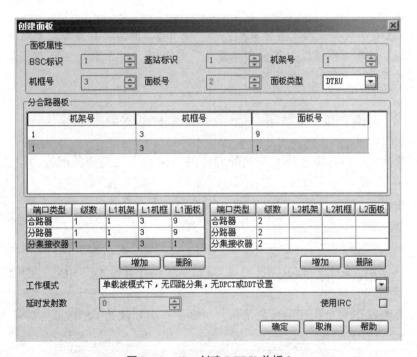

图 2 - 3 - 62   创建 DTRU 单板 2

　　DTRU 面板有 4 种工作模式，取值见表 2 - 3 - 12。

表 2 – 3 – 12　DTRU 面板工作模式

工作模式	说明
双载波模式下，无四路分集，无 DPCT 或 DDT 设置	无四路分集，无 DPCT 或 DDT 设置。DRTU 可以同时配置两个面板
单载波模式下，仅配置四路分集	仅配置四路分集。DTRU 只配置左边面板及分合路关系，右边的面板只在机架图上显示没有任何配置数据
单载波模式下，四路分集 + DPCT	四路分集 + DPCT。DTRU 只配置左边面板及分合路关系，右边的面板只在机架图上显示没有任何配置数据
单载波模式下，四路分集 + DDT，此时 Delay Count 域有效	此时界面上的"延时发射数"参数有效
单载波模式下，无四路分集，无 DPCT 或 DDT 设置	无四路分集，无 DPCT 或 DDT 设置。DTRU 只配置左边面板及分合路关系，右边的面板只在机架图上显示没有任何配置数据

用户选择完毕后，单击 < 确定 >，则根据配置需要面板添加成功。

◈ 注 意

　　DTRU 左右两块面板均配置完成后，用户还可以根据需要在左面板上点击右键选择 [面板属性]，修改工作模式。当从"双载波"修改为"单载波"后，单击 < 确定 >，机架图上对应的右面板将自动删除。

创建完成，如图 2 – 3 – 63 所示。

2）配置小区

配置资源树窗口，右击选择 [基站配置→基站标识→无线资源配置→创建→小区]，如图 2 – 3 – 64 所示。

单击 [小区]，弹出界面，如图 2 – 3 – 65 所示。配置合适的参数后，单击 < 确定 > 完成配置。

◈ 说 明

　　1. 位置区码（LAC）和小区识别码（CI）是 MSC 分配的，MCC + MNC + LAC + CI 是唯一的。

　　2. 小区频段限制了小区的频点范围，例如，小区频段为 GSM850，则频点范围为 128 ~ 251。

配置收发信机：

配置资源树窗口，右击选择 [无线资源配置→小区标识→创建→收发信机]，如图 2 – 3 – 66 所示。

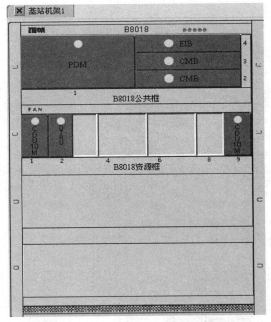

图 2 - 3 - 63　B8018 机架图示例

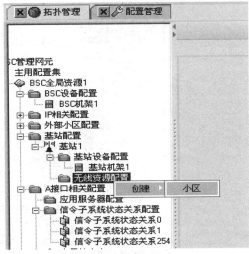

图 2 - 3 - 64　创建小区 1

图 2 - 3 - 65　创建小区 2

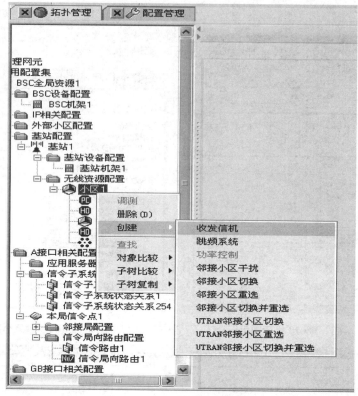

图 2 - 3 - 66　创建收发信机 1

单击［收发信机］，弹出界面，如图 2 - 3 - 67 所示。配置合适的参数。

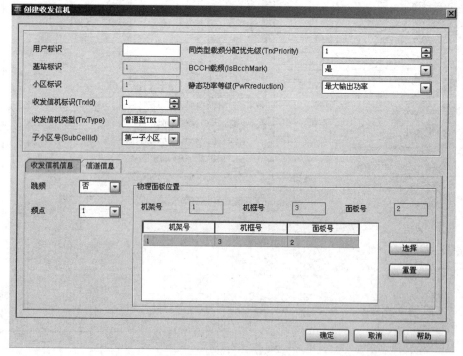

图 2 - 3 - 67　创建收发信机 2

单击 < 信道信息 > ，选择合适的参数，如图 2 – 3 – 68 所示，单击 < 确定 > 完成配置。

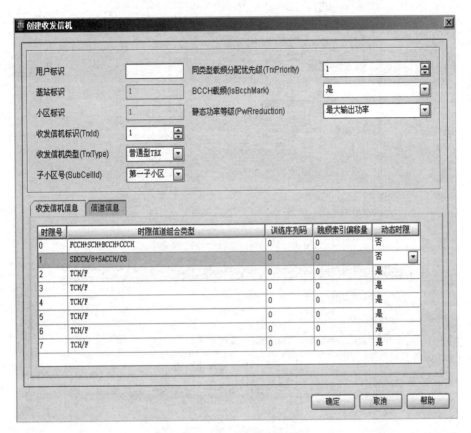

图 2 – 3 – 68　信道参数选择

❖ 说明
在一个小区内必须配置一个 BCCH 载频，并且只有一个。

2.3.3　同步及模拟通话

1. 数据同步

完成了前面的配置后，配置好的数据需要通过同步从服务器上传到实际的设备中去。

1）合法化检查

首先进入配置管理界面，在主配置集上点击右键，出现邮件下拉菜单，如图 2 – 3 – 69 所示。

在其中选择全局合法化检查，出现提示如图 2 – 3 – 70 所示。

随后系统提示合法化检查通过，说明配置没有问题，如图 2 – 3 – 71 所示。

2）整表同步

在全局合法化检查通过后，可以进行整表同步了，单击后出现提示如图 2 – 3 – 72 所示。

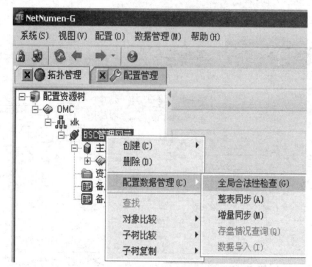

图 2 - 3 - 69　全局合法性检查

图 2 - 3 - 70　合法化检查

图 2 - 3 - 71　合法化检查通过

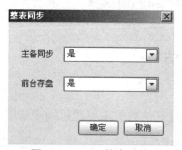

图 2 - 3 - 72　整表同步

单击确定后，进行同步，如果同步完成会出现提示，如图 2 - 3 - 73 所示。

图 2 - 3 - 73　整表同步完成

3）增量同步

如果我们做过整表同步，之后又做过少许修改，那么这时我们无须再整表同步，只需增量同步即可。

点击右键菜单中的增量同步，出现提示如图 2 - 3 - 74 所示。

单击确定后，进行增量同步，如果同步完成会出现提示，如图 2 - 3 - 75 所示。

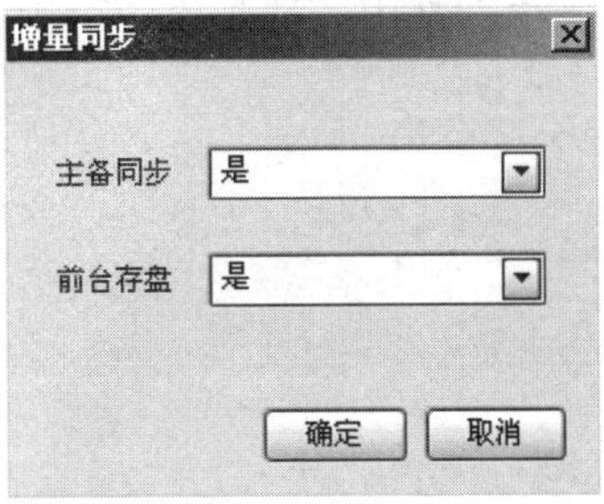

2. 模拟手机通话

进行了数据同步之后，无线侧设备就开始工作了。此时我们就可以同过模拟手机来进行模拟通话，以检测配置是否完全正确。

1）语音通话测试

首先找到虚拟桌面上的虚拟手机图标，如图 2 - 3 - 76 所示。

图 2 - 3 - 74 增量同步

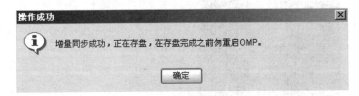

图 2 - 3 - 75 增量同步完成

图 2 - 3 - 76 虚拟手机图标

双击进入虚拟手机界面，如图 2 - 3 - 77 所示。

图 2 - 3 - 77 虚拟手机界面

单击其中一部手机，打开手机的通讯录，选择一个号码呼叫，如图 2 - 3 - 78 所示。

图 2 - 3 - 78　手机通讯录

单击呼叫按钮，进行呼叫，如果呼叫成功，则如图 2 - 3 - 79 所示。

图 2 - 3 - 79　模拟呼叫

2）短信收发测试

单击手机［主菜单］，进入信息功能，创建短信，如图 2 – 3 – 80 所示。

创建新短信，如图 2 – 3 – 81 所示。

图 2 – 3 – 80　短信功能

图 2 – 3 – 81　创建新短信

单击 < 完成 >，并发送，对方手机会有短信提示，如图 2 – 3 – 82 所示。

图 2 – 3 – 82　短信接收

单击<阅读>，查看接收的短信内容，如图 2 – 3 – 83 所示。

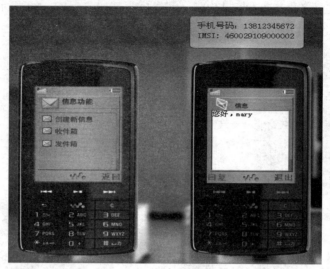

图 2 – 3 – 83　短信阅读

小　结

GSM 系统仿真软件是模拟真实设备组网应用的一款教学软件，仿真软件主要操作的是配置管理模块，配置管理的主要作用是管理 BSS 系统的各种资源数据和状态，为系统正常运行提供所需要的各种数据配置，这在根本上决定着 ZXG10 BSS 系统的运行模式和状态；主要是进行 BTS 和 BSC 的配置，并在配置完成、数据同步后，进行语音业务和短信业务的测试，并能根据测试过程中的警告信息，进行故障排除。

习　题

1. 绘图说明 GSM 系统仿真软件的配置流程。
2. 描述仿真模拟手机通话操作的过程。
3. 仿真软件配置管理的内容主要包括什么？
4. BSC 设备配置主要包括哪几项配置？

项目3 3G 技术

人类孜孜不倦地对新技术进行开发，其主要目的是为了满足市场更高的应用需求。当前对高比特率的数据业务和多媒体的应用需求已经提到了议事日程，这也是推动第三代移动通信系统发展的主要动力。第二代移动通信系统主要支持话音业务，仅能提供最简单的低速率数据业务，速率为 9.6~14.4 kb/s。改进后的第二代系统能够支持几十 kb/s 到上百 kb/s 的数据业务，而 3G 从技术上最大能够支持 2 Mb/s 的速率。图 3-0-1 给出了从 2G 到 3G 系统所支持业务速率的比较。

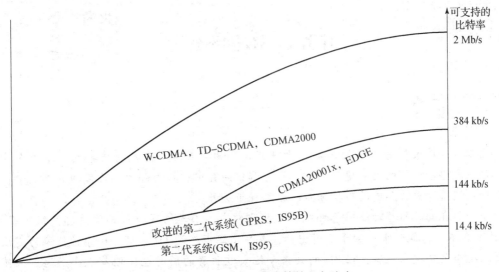

图 3-0-1 2G 与 3G 支持的业务速率

一种技术能够很好地满足市场需求，并具有良好的质量保证，才会体现出技术的意义。3G 系统被设计为能够很好地支持大量的不同业务，并且能够方便地引入新的业务。各种不同的业务分别具有不同的业务特性，并且需要不同的带宽来承载。从话音到动态视频，所需的带宽差别很大，从图 3-0-2 中可以看出 3G 所支持的从窄带到宽带的不同业务的带宽范围。

另外，对于不同的通信业务其性能要求也是不同的，如语音、视频需要具有较好的实时性和连续性，但对数据并不要求太高的可靠性；而电子邮件、网上下载等则对时延并不是非常敏感，但要求有较高的数据可靠性，也就是说，不同业务对实时性和服务质量的要求差别很大。另外，大量业务还需要上下行不对称的服务，如浏览网页、下载音乐等。所有这些3G系统都能够很好地予以满足。

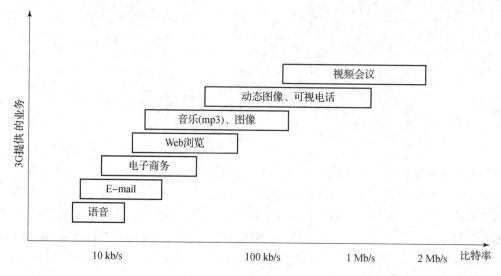

图 3 – 0 – 2　3G 能够提供的业务及所需带宽

任务 1　3G 网络建设

情　景

　　飞鸽市是烽火国海蒂省的省会，资源富饶，物华天宝，因其科技卓越，高端人才聚集，每一次移动通信的网络建设试验城市它都位列其中。正因如此，飞鸽市声名远播，艳冠群芳，拔得烽火共和国的科技强市、旅游强市头筹。

　　小李所在的鸿雁移动公司总部就坐落于飞鸽市。小李的现职位是网建部高级工程师，3G技术在不经意间到来，由于公司中标，要在飞鸽市建设 TD 一期，小李被任命为建设总指挥。小李虽然技术一流，但3G的到来令他太过欣喜的同时也使他有点小忐忑。虽然认真学习过3G的标准及技术，但真正施起工来他还是觉得有点不好拿捏。万事开头难，小李该从哪里开始呢？当然是网络架构。

知识目标

　　掌握设计 UMTS 网络的基本原则。
　　掌握 UTRAN 结构、协议模型、网络操作维护。
　　掌握3G 网络架构的演进及设备功能。

能力目标

能根据设计 UMTS 网络的基本原则进行网络设计规划。

能连接 3G 网络设备。

3.1.1　全网架构

ITU 建议的 IMT – 2000 功能模块划分的一个主要特点是：将依赖无线传输技术的功能与不依赖无线传输技术的功能分离开来，对网络的定义尽可能地独立于无线传输技术。IMT – 2000 的功能模块由两个平面组成：无线资源（RRC）平面和通信控制（CC）平面。RRC 平面负责无线资源的分配和监视，代表无线接入网完成的功能；而 CC 平面负责整体的接入、业务、寻呼、载波和连接控制。

3G 全网络
架构及设备

IMT – 2000 的功能模块大体可以分为三大部分：核心网络、业务控制网络和接入网络。其中核心网络的主要作用是提供信息交换和传输，将采用分组交换或 ATM 网络，最终过渡到全 IP 网络，并且与当前的 2G 网络后向兼容。业务控制网络是为移动用户提供附加业务和控制逻辑，将基于增强型智能网来实现。接入网络包括与无线技术有关的部分，主要实现无线传输功能。在一般情况下，为了方便分析，人们通常将业务控制网络划入核心网络范围。所以，由无线接入网和核心网这两个子网与用户终端设备就组成了一个完整的 IMT – 2000 系统。

人们对高速数据业务和多媒体业务的需求及第二代移动通信系统所固有的局限性，促使了第三代移动通信的出现。同时，鉴于全世界第二代移动通信体制和标准不尽相同，以及第二代与第三代将在今后较长的时间内共存，ITU 提出了“IMT – 2000 家族”的概念。这意味着只要该系统在网络和业务能力上满足要求，都可以成为 IMT – 2000 成员。

现在，我们将介绍 TD – SCDMA 系统的网络结构，它与标准化组织 3GPP 制订的通用移动通信系统 UMTS（Universal Mobile Telecommunication System）网络结构是一样的。

1. 设计 UMTS 网络的基本原则

在设计 UMTS 网络时，主要应该遵循以下几条原则：

（1）无线接入网和核心网功能尽量分离。即对相关无线资源的管理、调度等功能主要由无线接入网来承担，而对于和业务及应用相关的、贴近用户的功能则由核心网执行。

（2）在逻辑上将传输网和信令网分开。

（3）从标准的角度出发，UE 和地面无线接入网 UTRAN（UMTS Terrestrial Radio Access Network）采用全新的协议，其设计基于 WCDMA/TD – SCDMA 无线技术；而核心网 CN（Core Network）采用 GSM/GPRS 第二代的定义。这样，能够实现网络的平滑过渡，保护已有投资，在第三代移动通信系统应用初期实现全球漫游。

UMTS 系统采用和第二代通信系统类似的结构，分成许多逻辑网络单元。这些逻辑网络单元的描述通常从功能和所归属的子网进行分组。而且随着网络功能的增加，在网络单元中也应该增加相应的实体，以确保其功能的完成。

　　UMTS 通用移动通信系统与第二代移动通信系统在逻辑结构方面基本相同。如果从功能上看，可以分成一些不同功能的子网（Subnetwork），主要包括核心网和无线接入网 RAN（Radio Access Network）两部分。核心网主要处理 UMTS 系统内部所有的话音呼叫、数据连接和交换，以及与外部其他网络的连接和路由选择。无线接入网完成所有与无线有关的功能。这两个子网与用户终端设备（User Equipment，UE）一起构成了完整的 UMTS 系统，其结构如图 3−1−1 所示。图中 UTRAN 执行 RAN 的功能，它与核心网 CN 之间的接口为 Iu，与用户终端设备 UE 之间的接口为 Uu。

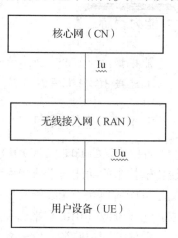

图 3−1−1　UMTS 的系统结构

　　UMTS 系统包含若干既能自行工作，又能和其他子网协调工作的子网。图 3−1−2 表示出 Release 4 网络支持 CS（Circuit Switched）和 PS（Packet Switched）的 PLMN（Public Land Mobile Network）的基本拓扑配置。

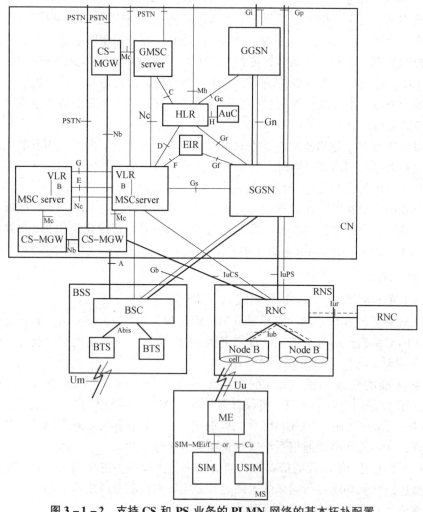

图 3−1−2　支持 CS 和 PS 业务的 PLMN 网络的基本拓扑配置

2. UTRAN

介绍 UTRAN 的基本结构以及 Iu、Iur 和 Iub 等基本接口，并对 3GPP 中因业务需求所引起网络结构的变化与发展方向进行深入的研究，剖析 3G 应用初始阶段为提高网络的灵活性而采取的相应措施及其对未来网络发展可能带来的负面影响，分析现有可能的对策。这部分的重点内容是无线网络层，对传输网络层及其相关的 ATM、IP 和 7 号信令等内容未作详细介绍，感兴趣的读者请参阅有关专门的协议。

以下我们将从 UTRAN 结构、协议模型、网络操作维护、各个相关的接口等几个方面系统阐述 TD – SCDMA 接入网技术。

UTRAN 是 3G 网络中的无线接入网部分，其结构如图 3 – 1 – 3 所示。UTRAN 由一组 RNS（Radio Network Subsystems）组成，通过 Iu 接口和核心网相连。每一个 RNS 包括一个 RNC 和一个或多个 Node B，Node B 和 RNC 之间通过 Iub 接口进行通信。

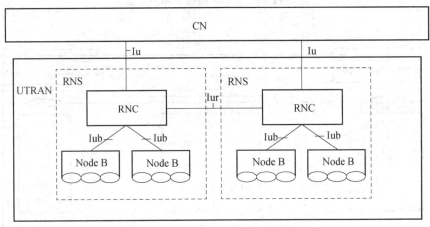

图 3 – 1 – 3　UTRAN 结构

在引入一些基本概念之前，这里先把通用的协议结构做以简单介绍，使读者从几个侧面入手，从整体上把握组成 UTRAN 的网络实体之间的关系。

Uu 接口和 Iu 接口的协议栈结构被分为两个部分：

（1）用户平面：传输通过接入网的用户数据。

（2）控制平面：对无线接入承载及 UE 和网络之间的连接进行控制（包括业务请求、不同传输资源的控制和切换等等）；另外，控制平面也提供了非接入层消息透明传输的机制。

●用户平面

接入层通过 SAP（服务接入点）承载上层的业务，图 3 – 1 – 4 说明了 Uu 接口和 Iu 接口提供无线接入承载业务的情况。

●控制平面

图 3 – 1 – 5 对 Uu 和 Iu 接口控制平面进行了简单的描述。

通常一个用户和 UTRAN 连接时，只涉及一个 RNS，此时这个 RNS 称为 SRNS（Serving RNS）；但是在无线接口技术采用 WCDMA 的情况下，由于软切换的出现，可能会发生一个 UE 和 UTRAN 的连接使用多个 RNS 资源的情况，这时就引入了 DRNS（Drift RNS）的概念。SRNS 和 DRNS 的关系见图 3 – 1 – 6。

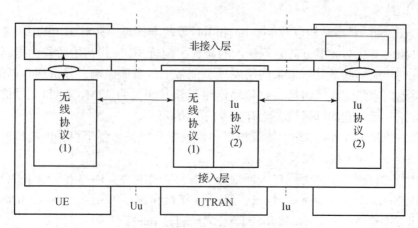

图 3 - 1 - 4　**Uu** 和 **Iu** 接口用户平面

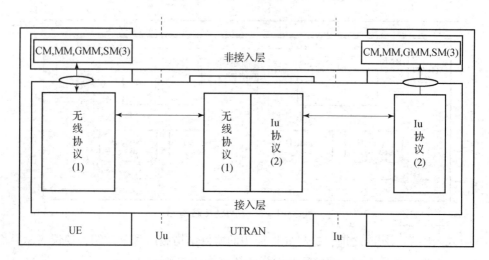

图 3 - 1 - 5　**Uu** 和 **Iu** 接口控制平面

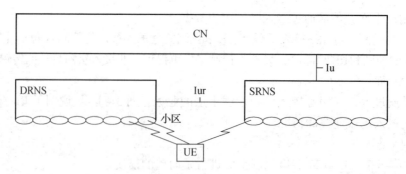

图 3 - 1 - 6　**SRNS** 和 **DRNS**

下面简要介绍组成 UTRAN 的主要网络元素：

1）RNC（Radio Network Controller）无线网络控制器

主要负责接入网无线资源的管理，包括接纳控制、功率控制、负载控制、切换和包调度等方面。通过 RRC（无线资源管理）协议执行的相应进程来完成这些功能。

2）NodeB 基站

主要功能是进行空中接口的物理层处理，如信道交织和编码、速率匹配和扩频等。同时它也执行无线资源管理部分的内环功控。

设备间是通过接口连接的，Iu 接口是连接 UTRAN 和 CN 之间的接口，同时我们也可以把它看成是 RNS 和 CN 之间的一个参考点。如同 GSM 的 A 接口一样，Iu 同样也是一个开放接口，它将系统分成专用于无线通信的 UTRAN 和负责处理交换、路由和业务控制的 CN 两部分。制定该标准时的最初目的是仅发展一种 Iu 接口，但是在以后的研究过程中发现，对 CS 和 PS 业务在用户平面的传输需要采用不同的传输技术才能使传输最优化，相应的传输网络层控制平面也将有所变化。其设计的主要原则是对于 Iu - CS 和 Iu - PS 的控制平面应该基本保持一致。

我们可以从结构和功能两方面来介绍 Iu 接口的一些概念。图 3 - 1 - 7 说明了 Iu 接口的基本结构。从结构上来看，一个 CN 可以和几个 RNC 相连，而任何一个 RNC 和 CN 之间的 Iu 接口可以分成三个域：Iu - CS（电路交换域）、Iu - PS（分组交换域）和 Iu - BC（广播域）。

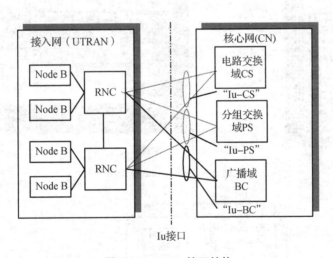

图 3 - 1 - 7　Iu 接口结构

3.1.2　设备及功能说明

ZXTR RNC（V3.0）是中兴通讯根据 3GPP R4 版本协议研发的 TD - SCDMA 无线网络控制器，该设备提供协议所规定的各种功能，提供一系列标准的接口，支持与不同厂家的 CN、RNC 或者 Node B 互连，B328 作为一款基站，具有部署便捷、组网灵活的特点，用于实现密集城区、一般城区、特殊场景及室内场景的覆盖需求，如图 3 - 1 - 8 和图 3 - 1 - 9 所示。

中兴 B328 硬件结构是中兴通讯根据 3GPP R4 版本协议研发的 TD - SCDMA、NodeB 产品，该设备提供协议所规定的各种功能，提供一系列标准的接口，图 3 - 1 - 10 所示为诗荷基站与其他三个基站搭建的拓扑图。

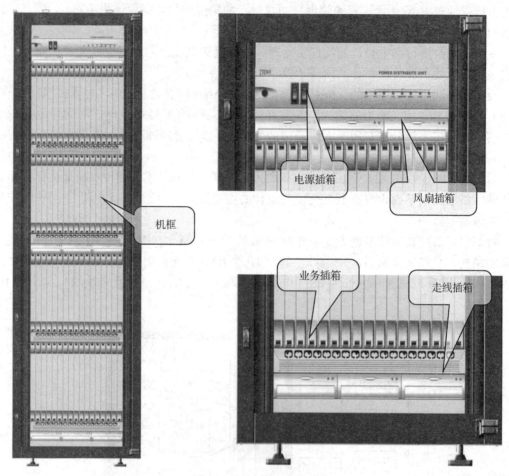

图 3 –1 –8　NodeB 外观

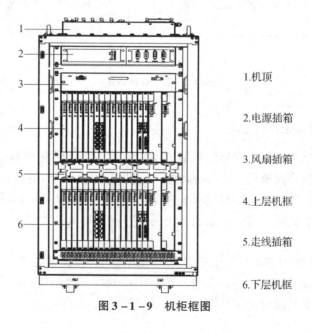

1.机顶

2.电源插箱

3.风扇插箱

4.上层机框

5.走线插箱

6.下层机框

图 3 –1 –9　机柜框图

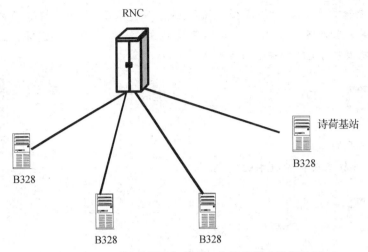

图 3 – 1 – 10 　 诗荷基站与其他三个基站搭建的拓扑图

小　　结

3G 网络技术，与第一代移动通信技术（1G）和第二代数字手机通信技术（2G）相比，主要是将无线通信和国际互联网等通信技术全面结合，以此形成一种全新的移动通信系统。3G 对移动通信技术标准做出了定义，使用较高的频带和 CDMA 技术传输数据进行相关技术支持，工作频段高，主要特征是速度快、效率高、信号稳定、成本低廉和安全性能好等，和前两代的通信技术相比最明显的特征是 3G 网络技术全面支持更加多样化的多媒体技术。

3GPP 定义的 3G 核心网向全 IP 演进的网络结构，已获得广泛的认可和引用，得到了 3GPP2、IETF、ITU – T、TISPAN、OMA、ATIS 等重要标准组织的支持和关注。IMS 提出的分层网络结构，导致电信业务的提供有了很大的改变：业务提供从网络实体中分离出来，由各种应用服务器和认证服务器来完成业务生成、业务认证、业务运行和业务计费等。

习　　题

1. 3G 发展的驱动力是什么？
2. 与 GSM 相比，3G 在架构上有什么异同？
3. 3G 与 2G 共有核心网，这是为什么？

任务 2　技术变革——3G 关键技术

情　　景

小李带领新员工搭建基站完成，讨论也很激烈，新同事也提出了很多问题，最集中的问题就是 3G 设备与 2G 没什么差别，但为什么它能作为一种新的移动通信技术出现呢，

2G 到 3G 的演进除了网络拓扑的改变，还有哪些不同呢，3G 如何解决多径衰落及干扰，如何提高用户的体验及速率，从而使人们享受到 3G 技术带来的实惠呢，也就是说在 3G 中都采用了哪些有别于 2G 的关键技术呢？

知识目标

了解频谱扩展的作用。
掌握 Rake 接收机及扩频技术的实现。

3G 关键技术

能力目标

能理解扩频技术实现方法。
能理解 Rake 接收技术的多径分集接收原理。

TD – SCDMA 是由中国制定的 3G 标准，1999 年 6 月 29 日，由中国原邮电部电信科学技术研究院（大唐电信）向 ITU 提出。该标准将智能无线、同步 CDMA 和软件无线电等当今国际领先技术融于其中，在频谱利用率、对业务支持灵活性、频率灵活性及成本等方面具有独特优势。另外，由于中国国内庞大的市场，该标准受到各大主要电信设备厂商的重视，全球一半以上的设备厂商都宣布可以支持 TD – SCDMA 标准。该标准提出不经过 2.5 代的中间环节，直接向 3G 过渡，非常适用于 GSM 系统向 3G 升级。

TD – SCDMA 登场

3.2.1 移动通信中的扩频技术

有关扩频通信技术的观点是在 1941 年由好莱坞女演员 Hedy Lamarr 和钢琴家 George Antheil 提出的。基于对鱼雷控制的安全无线通信的思路他们申请了美国专利#2.292.387。不幸的是当时该技术并没有引起美国军方的重视，直到二十世纪八十年代才引起关注而将它用于敌对环境中的无线通信系统。

扩频技术也为提高无线电频率的利用率提供帮助（无线电频谱是有限的，因此也是一种昂贵的资源）。在 Shannon 和 Hartley 信道容量定理中可以明显看出频谱扩展的作用：

$$C = B \times \log2(1 + S/N)$$

式中，C 是信道容量，单位为比特每秒（b/s），它是在理论上可接受的误码率（BER）下所允许的最大数据速率；B 是要求的信道带宽，单位是 Hz；S/N 是信号噪声功率比。C 表示通信信道所允许的信息量，也表示了所希望得到的性能。带宽（B）则是付出的代价，因为频率是一种有限的资源。S/N 表示周围的环境或者物理特性（如障碍、阻塞和干扰等）。

用于恶劣环境（如噪声和干扰导致极低的信噪比）时，从上式可以看出，通过提高信号带宽（B）可以维持或提高通信的性能（C），甚至信号的功率可以低于噪底。

在扩频技术应用中，信噪比 S/N 通常比较低。（如上面所提到的，信号功率密度甚至可以低于噪底。）假定较大的噪声使 $S/N \ll 1$，则 Shannon 表示式近似为

$$C/B \approx 1.433 \times S/N$$

可进一步简化为

$$C/B \approx S/N$$

或

$$N/S \approx B/C$$

在信道中对于给定的信噪比要无差错发射信息,我们只需要执行基本的信号扩频操作,提高发射带宽。这个原理似乎简单明了,但是具体实现非常复杂。因为基带扩频(可能扩展几个数量级)会导致电子器件相互作用,从而产生扩频和解扩操作。

扩频技术在具体实现时有多种方案,但思路相同,把索引(也称为码或序列)加入通信信道,插入码的方式正好定义了所讨论的扩频技术。术语"扩频"指将信号带宽扩展几个数量级,在信道中加入索引即可实现扩频。

扩频技术更加精确的定义是:通过注入一个更高频信号将基带信号扩展到更宽的频带内的射频通信系统,即发射信号的能量被扩展到一个更宽的频带内,使其看起来如同噪声一样。扩展带宽与初始信号之比称为处理增益(dB)。典型的扩频处理增益可以从10 dB到60 dB。

采用扩频技术,即在天线之前发射链路的某处简单引入相应的扩频码(这个过程称为扩频处理),结果将信息扩散到一个更宽的频带内。相反地,在接收链路中数据恢复之前移去扩频码,称为解扩。解扩是在信号的原始带宽上重新构建信息。显然,在信息传输通路的两端需要预先知道扩频码(在某些情况下,它应该只被传输信息的双方知道)。

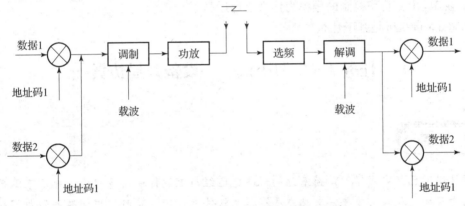

图 3-2-1　CDMA 扩频通信系统原理示意

3.2.2　移动通信中的 Rake 接收

在 CDMA 移动通信系统中,由于信号带宽较宽,存在着复杂的多径无线电信号,通信受到多径衰落的影响。Rake 接收技术实际上是一种多径分集接收技术,可以在时间上分辨出细微的多径信号,对这些分辨出来的多径信号分别进行加权调整、使之复合成加强的信号。因此被称为 Rake 技术。

Rake 接收技术是第三代 CDMA 移动通信系统中的一项重要技术。在窄带蜂窝系统中,存在严重的多径衰落。但是在宽带 CDMA 系统中,不同的路径可以独立接收,从而可以对分辨出的多径信号分别进行加权调整,使其合成后的信号得以增强,从而可以降低多径衰落所造成的负面影响。这种作用有点像把一堆零乱的草用"耙子"集拢到一起那样,英文"Rake"是"耙子"的意思,因此这种技术称为 Rake 接收技术。为实现相干形式的 Rake

接收，需发送未经调制的导频符号，以使接收端能够在确知已发信号的条件下估计出多径信号的相位，并在此基础上实现相干方式的最大信噪比合并。

Rake 分集接收技术的另外一种体现形式是宏分集和越区软切换技术。当移动终端处于越区切换时，参与越区切换的基站向该移动终端发送相同的信息，移动台则把来自不同基站的多径信号进行分集合并，从而改善移动终端处于越区切换时的接收信号质量，并保障越区切换时的数据不丢失。这种技术称为宏分集和越区软切换。

小　结

在 CDMA 通信系统中，由于多个用户的随机接入，所使用的扩频码集一般并非严格正交，码片之间的非零互相关系数将引起各用户间的干扰，这样不仅会严重限制系统的容量，而且强多址信号会淹没弱用户信号，使"远—近"效应的影响加剧。由于用户的扩频码已知，所以用户间的互相关系数是已知的，接收机可以知道多址干扰中的某些重要信息，如多址干扰的扩频码字、组成结构及与目标信号的关系。利用这些信息，接收机可以对各用户做联合检测或从接收信号中减掉相互间的干扰，从而有效地消除多址干扰的负面影响。

习　题

1. 3G 关键技术有哪些？
2. 在 3G 中，功率控制的频率为什么要远远高于 GSM？
3. Rake 接收机是基于什么分集技术？

任务 3　牛刀小试——设备开局仿真

情　景

硬件组网已经完成了，诗荷基站的光路也已经与上端传输设备对通，接下来就是开局了，由于开局过程非常重要，必须先要在仿真软件上进行，及时发现问题并解决问题，但小李知道，通过仿真模拟开局与真实环境是一模一样的，也不能掉以轻心，如果中间过程出现一点纰漏，都可能前功尽弃，影响后面的拨测与验证！

知识目标

理解 RNC 设备开局仿真的流程与操作内容。
理解 Node B 设备开局仿真的流程与操作内容。

能力目标

能配置 RNC 公共资源，配置机架、机框、单板等物理设备。

能配置 ATM 通信端口与局向配置。

3.3.1 RNC 设备开局仿真

1. RNC 公共资源配置

公共资源配置主要包括子网配置、管理网元配置、RNC 配置集、RNC 全局资源配置，是整个配置管理的基础；

物理设备配置主要包括机架、机框、单板配置等；

物理设备配置完成之后，要进行 ATM 通信端口的配置；

配置完成 ATM 通信端口之后才能进行局向配置，局向配置主要包括 IUCS、IUPS、IUB 等局向的配置。

以上配置完成之后，再进行无线参数的相关配置，主要包括引用类参数、Node B 及服务小区包含对象的配置、外部小区配置、邻接小区配置。

在数据配置完成后需要进行"整表同步"或者"增量同步"，所配置的数据就可以同步到 RNC，发挥作用。数据的整表同步和增量同步都是在［管理网元］节点上进行的。

"整表同步"或者"增量同步"结束后就可以进行 RNC 软件版本的配置。

1）子网配置

公共资源数据配置先后顺序如图 3 - 3 - 1 所示。

（1）配置增加。

配置资源树窗口，右击选择［server → 创建 → TD UTRAN 子网］如图 3 - 3 - 2 所示。

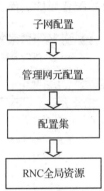

图 3 - 3 - 1 公共资源数据配置

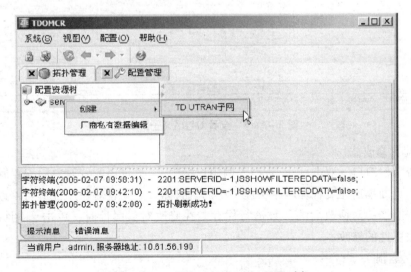

图 3 - 3 - 2 创建 TD UTRAN 子网对象

单击［TD UTRAN 子网］，弹出对话框如图 3 - 3 - 3 所示。

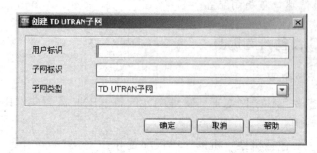

图 3 - 3 - 3　创建 TD UTRAN 子网对象对话框

单击 <确定> 按钮，创建对应 UTRAN 子网对象。

（2）配置查询。

配置资源树窗口，双击 ［server→子网用户标识］，在配置管理视图页面右侧显示该配置对象的配置属性页面，如图 3 - 3 - 4 所示。

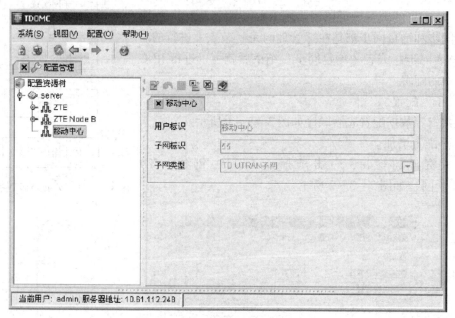

图 3 - 3 - 4　查看 UTRAN 子网属性

（3）配置修改。

配置资源树窗口，双击 ［server→子网用户标识］，显示该配置对象的配置属性页面。

在属性页面单击配置管理对象快捷菜单的 █ 图标，对配置对象属性进行修改。修改完成后，单击 █ 图标对修改后的参数进行保存。在修改对象属性时，单击 █ 图标可以取消对配置对象属性的修改。

（4）配置删除。

配置资源树窗口，右击选择 ［server→子网用户标识→删除］，如图 3 - 3 - 5 所示。

单击 ［删除］后，弹出提示框如图 3 - 3 - 6 所示。

单击 ［是］后，删除对应 UTRAN 子网对象。

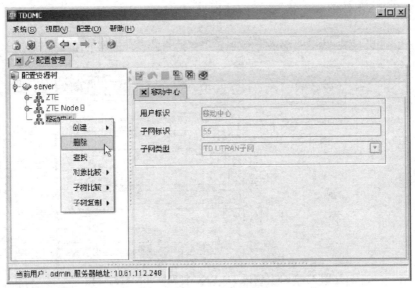

图 3 - 3 - 5 删除子网

图 3 - 3 - 6 删除子网确认

2）管理网元配置

配置资源树窗口，右击选择［server→子网用户标识→创建→TDRNC 管理网元］，如图 3 - 3 - 7 所示。

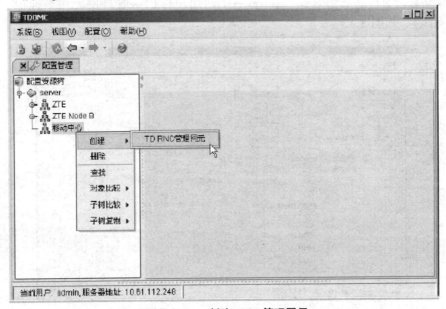

图 3 - 3 - 7 创建 RNC 管理网元

单击［TD RNC 管理网元］，弹出对话框如图 3 − 3 − 8 所示。

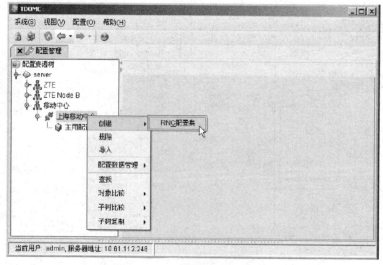

图 3 − 3 − 8　创建 **TD RNC** 管理网元配置对话框

单击 < 确定 > 按钮，创建对应的 TD RNC 管理网元配置对象，同时连带创建主用配置集对象。

3）配置集

创建管理网元时，连带创建"主用配置集"。"主用配置集"的数据是同步给前台网元的配置数据。"主用配置集"的数据可以进行前后台操作，比如数据同步、动态操作等。ZXTR OMCR 提供给网元多套配置数据的支持，用户可以自行建立多套备用配置集数据，根据需要切换成主用配置集数据，同步到前台生效。切换之后，必须进行整表同步，数据才能在前台生效。

配置集增加操作如下：

配置资源树窗口，右击选择［server→子网用户标识→管理网元用户标识→创建→RNC 配置集］，如图 3 − 3 − 9 所示。

图 3 − 3 − 9　创建 RNC 配置集

单击［RNC配置集］，弹出对话框如图3-3-10所示。

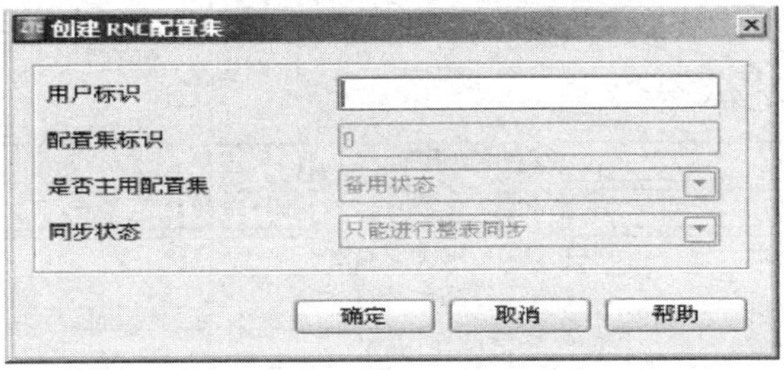

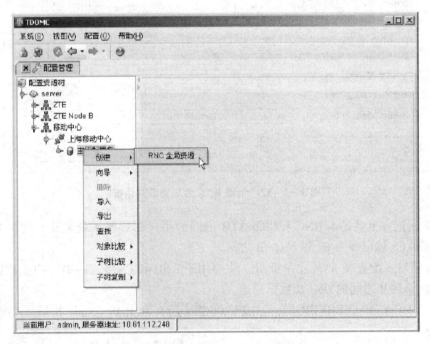

图3-3-10 创建RNC配置集对话框

单击＜确定＞按钮，保存数据，新建配置集就显示在管理网元节点下。

4）RNC全局资源

配置资源树窗口，右击选择［server→子网用户标识→管理网元用户标识→配置集标识→创建→RNC全局资源］，如图3-3-11所示。

图3-3-11 创建RNC全局资源

单击［RNC全局资源］，弹出对话框如图3-3-12所示。

单击＜确定＞按钮，完成创建RNC全局资源。

2. 局向配置

局向配置主要是对RNC及与RNC相连接的IUCS（MGW/MSCSERVER局）、IUPS（SGSN局）和IUB（NODE局）进行信令链路和用来承载数据的AAL2通道和IPOA的配置。

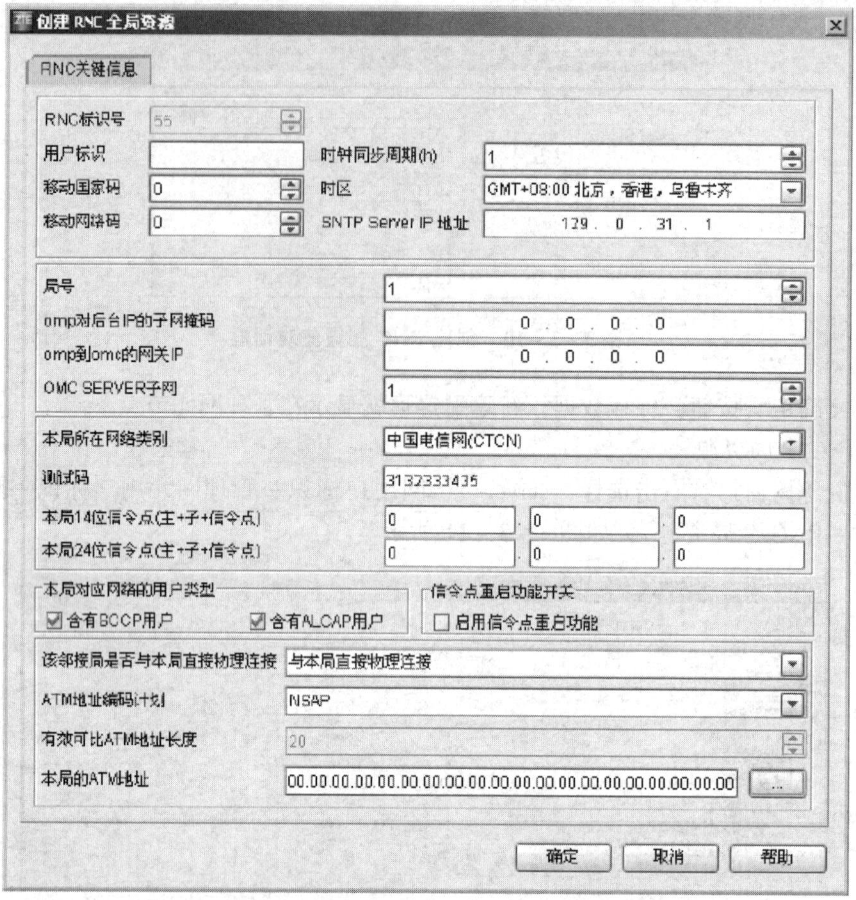

图 3 – 3 – 12 创建 RNC 全局资源对话框

AAL2 通道：也就是本 RNC 和相邻 ATM 局间的用户面数据承载通路，这种通道主要用于 RNC 和 CS 域以及 RNC 和 Node B 之间。

IPOA 信息：配置在 ATM 上承载 IP。主要用于 RNC 和 PS 域之间的用户面数据通道以及 RNC 和 Node B 之间的 OMCB 数据通道。

IUCS（MGW/MSCSERVER 局）、IUPS（SGSN 局）和 IUB（Node B 局）参数配置没有顺序关系。

1）IUCS 局向配置

配置资源树窗口，右击选择［server→子网用户标识→管理网元用户标识→配置集标识→RNC 全局资源标识→局向配置→创建→IUCS 局向配置］，如图 3 – 3 – 13 所示。

单击［IUCS 局向配置］，弹出对话框如图 3 – 3 – 14 所示。

［创建 IUCS 局向］界面包含［基本信息］、［AAL2 通道信息］、［宽带信令链路信息］三个页面，下面对每个页面分别进行介绍。

（1）［基本信息］页面如图 3 – 3 – 15 所示。

（2）［AAL2 通道信息］页面如图 3 – 3 – 16 所示。

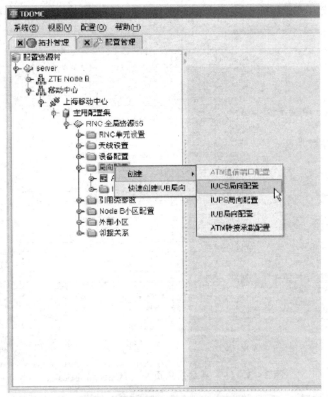

图 3 - 3 - 13　创建 IUCS 局向配置

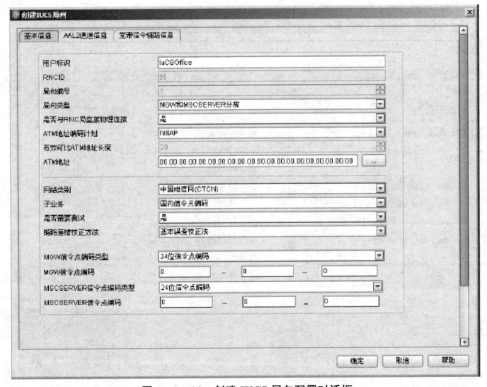

图 3 - 3 - 14　创建 IUCS 局向配置对话框

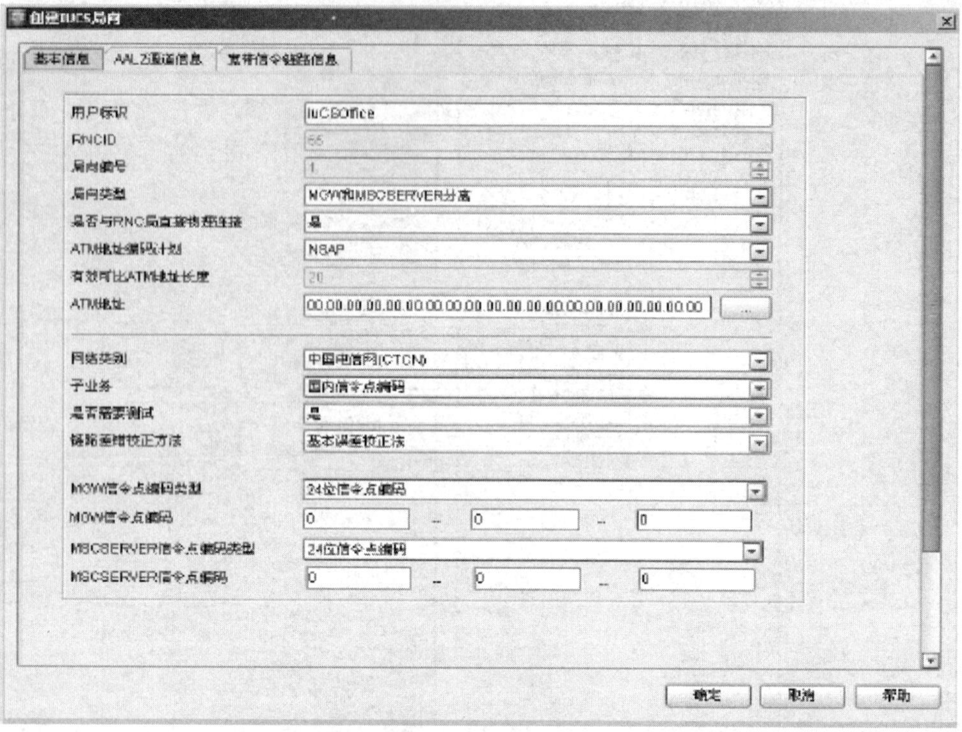

图 3－3－15　基本信息页面（IUCS 局向配置）

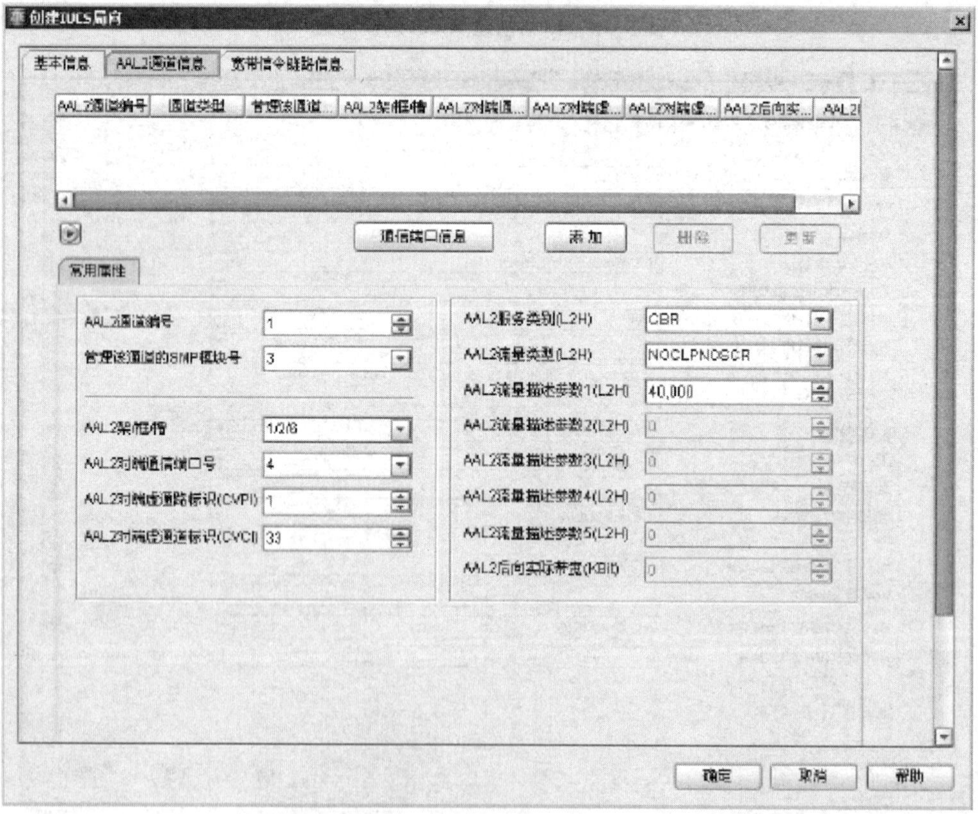

图 3－3－16　AAL2 通道信息常用属性对话框（IUCS 局向配置）

（3）［宽带信令链路信息］页面如图 3 – 3 – 17 所示。

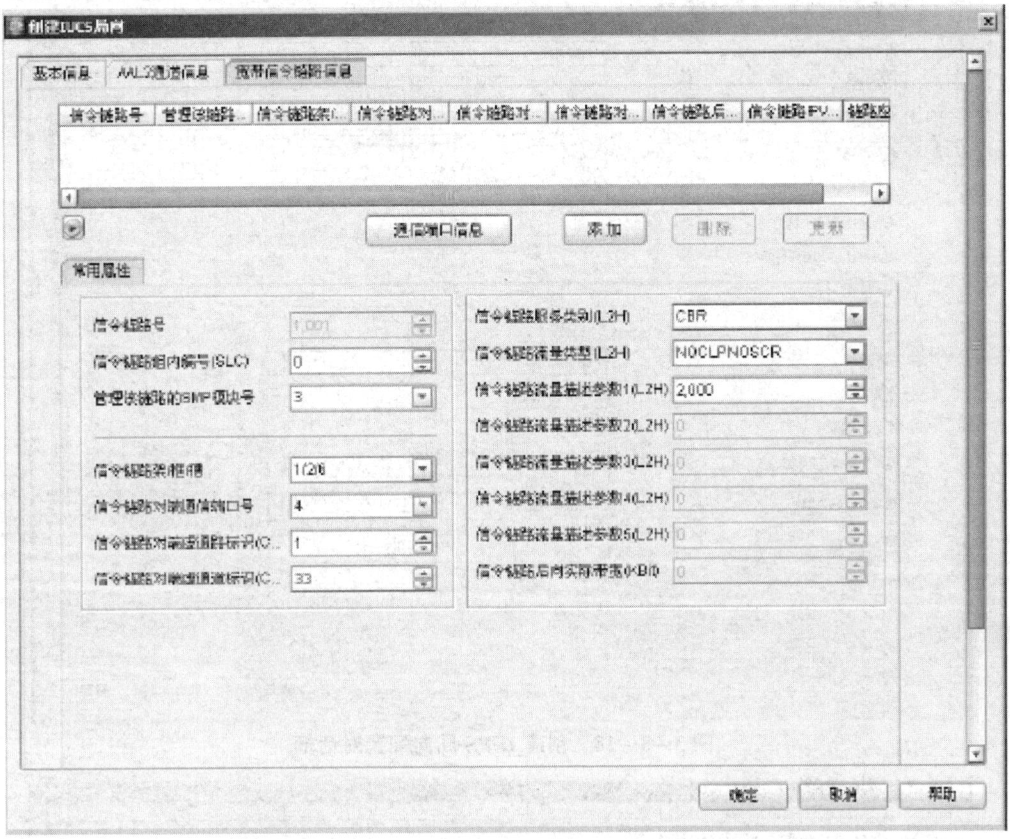

图 3 – 3 – 17 宽带信令链路信息对话框（IUCS 局向配置）

单击 < 确定 > 按钮，创建对应 IUCS 局向配置。

2）IUPS 局向配置

配置资源树窗口，右击选择［server→子网用户标识→管理网元用户标识→配置集标识→RNC 全局资源标识→局向配置→创建→IUPS 局向配置］。

单击［IUPS 局向配置］，弹出对话框如图 3 – 3 – 18 所示。

［创建 IUPS 局向］界面分为［基本信息］、［IPOA 信息］、［宽带信令链路信息］三个页面，下面对每个页面分别进行介绍。

（1）［基本信息］页面如图 3 – 3 – 19 所示。

（2）［IPOA 信息］页面如图 3 – 3 – 20 所示。

（3）［宽带信令链路信息］页面如图 3 – 3 – 21 所示。

单击 < 确定 > 按钮，创建对应 IUPS 局向配置。

3）快速创建 IUB 局向配置

配置资源树窗口，右击选择［server→子网用户标识→管理网元用户标识→配置集标识→RNC 全局资源标识→局向配置→创建→IUB 局向配置］。

单击［IUB 局向配置］，弹出对话框如图 3 – 3 – 22 所示。

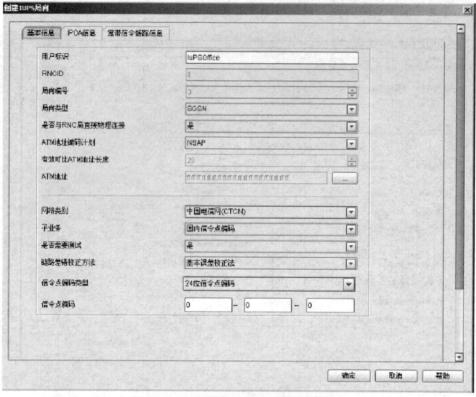

图 3 - 3 - 18　创建 IUPS 局向配置对话框

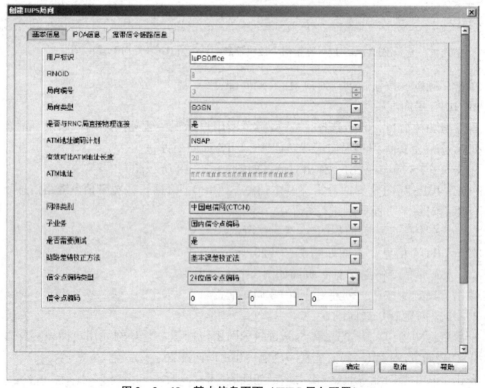

图 3 - 3 - 19　基本信息页面（IUPS 局向配置）

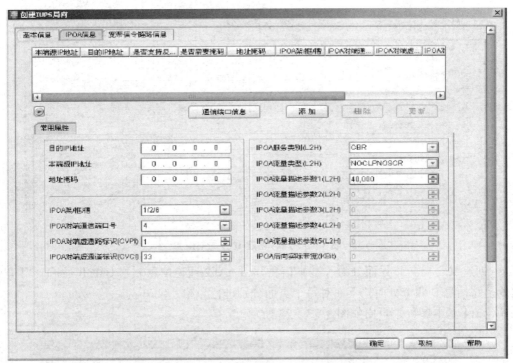

图 3 – 3 – 20　IPOA 信息（IUPS 局向配置）

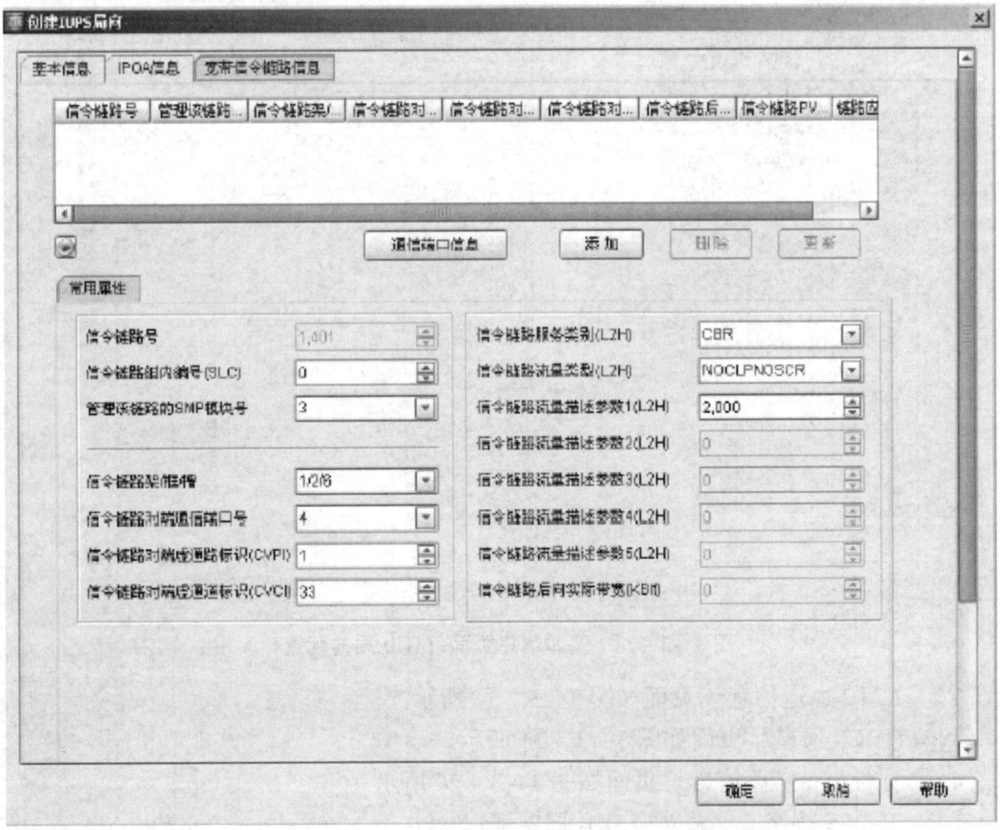

图 3 – 3 – 21　宽带信令链路信息（IUPS 局向配置）

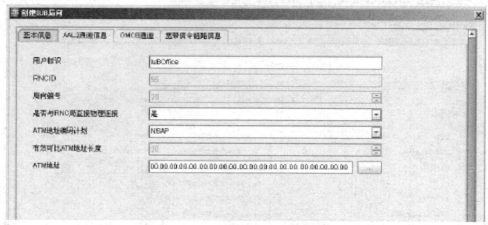

图 3 – 3 – 22 创建 IUB 局向配置

[创建 IUB 局向] 界面分为 [基本信息]、[AAL2 通道信息]、[OMCB 通道]、[宽带信令链路信息] 四个页面，下面对每个页面分别进行介绍。

（1）[基本参数] 页面如图 3 – 3 – 23 所示。

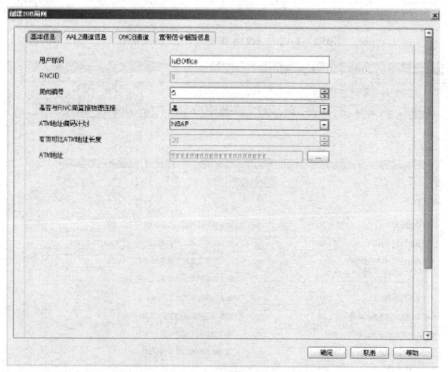

图 3 – 3 – 23 基本信息页面（IUB 局向配置）

（2）[AAL2 通道信息] 页面如图 3 – 3 – 24 所示。

（3）[OMCB 通道] 页面如图 3 – 3 – 25 所示。

（4）[宽带信令链路信息] 页面如图 3 – 3 – 26 所示。

单击 < 确定 > 按钮，创建对应 IUB 局向配置。

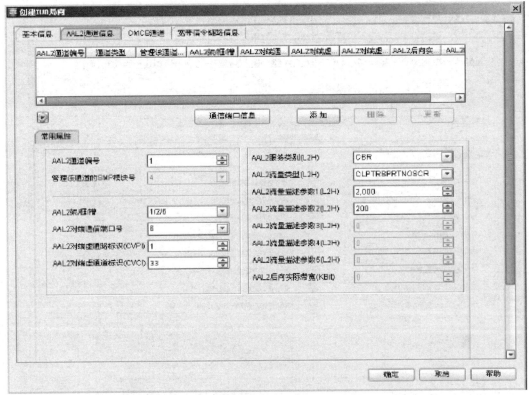

图 3 – 3 – 24 AAL2 通道信息常用属性（IUB 局向配置）

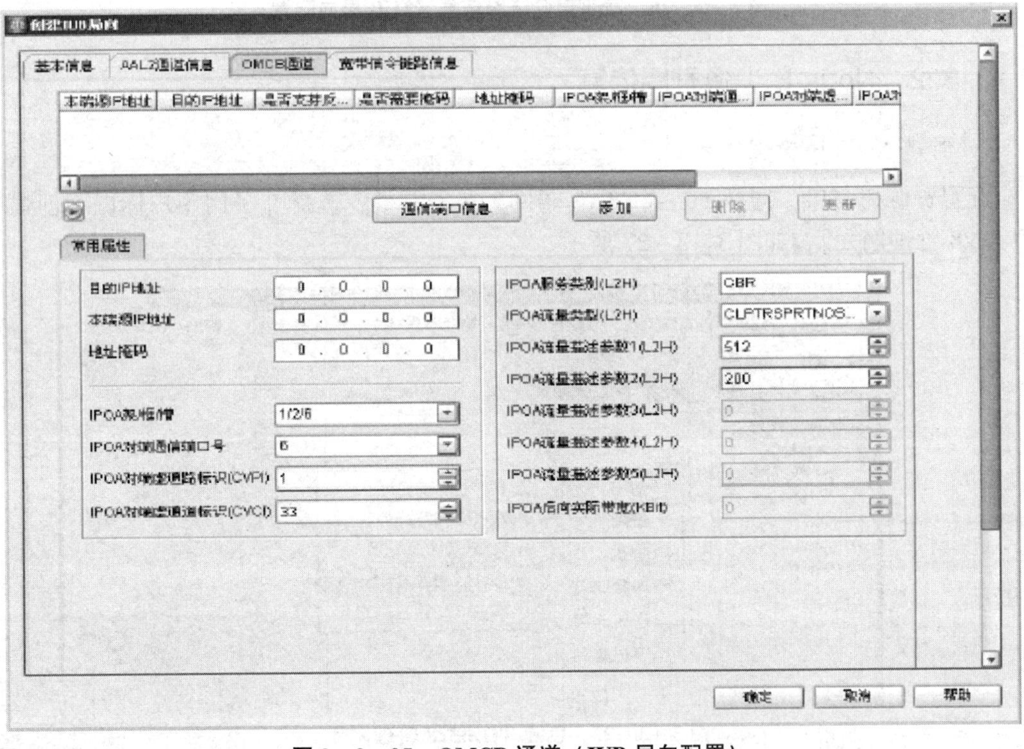

图 3 – 3 – 25 OMCB 通道（IUB 局向配置）

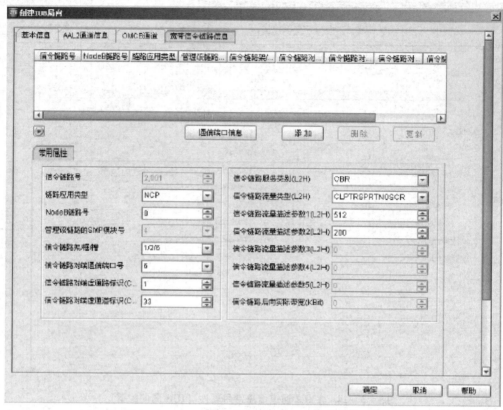

图 3 - 3 - 26　宽带信令链路信息（IUB 局向配置）

3.3.2　Node B 设备开局仿真

1. 创建 Node B 管理网元

配置资源树窗口，选择 TD - UTRAN 子网，点击右键，选择［子网用户标识→创建→TD B328 管理网元］，如图 3 - 3 - 27 所示。

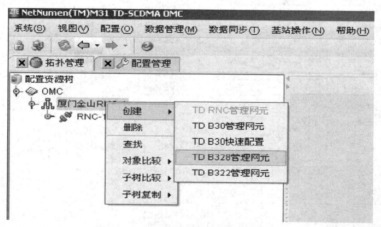

图 3 - 3 - 27　创建 TD B328 管理网元

选择［TD B328 管理网元］，弹出对话框，如图 3－3－28 所示。

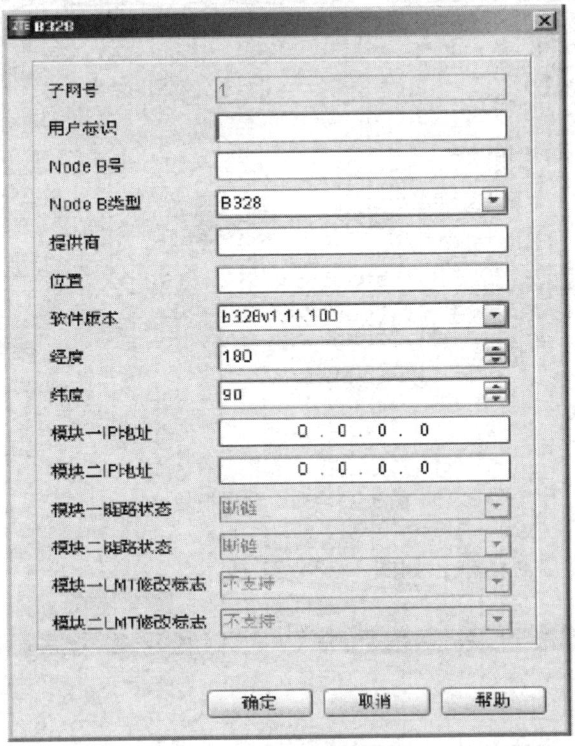

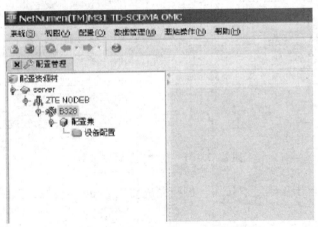

图 3－3－28　创建 Node B 管理网元对话框

设置完成后，单击＜确定＞按钮，创建完成对应 Node B 管理网元，如图 3－3－29 所示。

图 3－3－29　创建完成 Node B 管理网元

2. 配置模块

创建 Node B 模块方法如下：

配置资源树窗口，选择 Node B 配置集，点击右键，在弹出的快捷菜单中选择［创建→模块］，如图 3－3－30 所示。

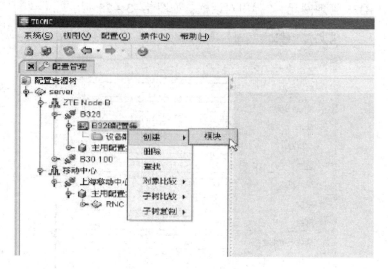

图 3 - 3 - 30 创建模块

选择［模块］，弹出对话框，如图 3 - 3 - 31 所示。

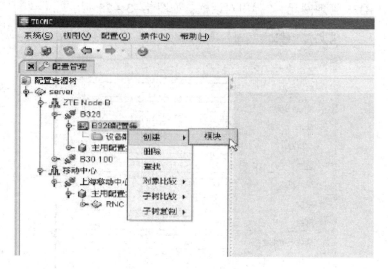

图 3 - 3 - 31 创建模块详细参数

设置完成后，单击＜确定＞按钮，创建完成对应 Node B 模块，如图 3 - 3 - 32 所示。

3. 配置机架

配置资源树窗口，选择设备配置，点击右键，在弹出的快捷菜单中选择［创建→机架］，如图 3 - 3 - 33 所示。

选择［机架］，弹出对话框，如图 3 - 3 - 34 所示。

默认选择后，单击＜确定＞按钮，创建完成对应机架，如图 3 - 3 - 35、图 3 - 3 - 36 所示。

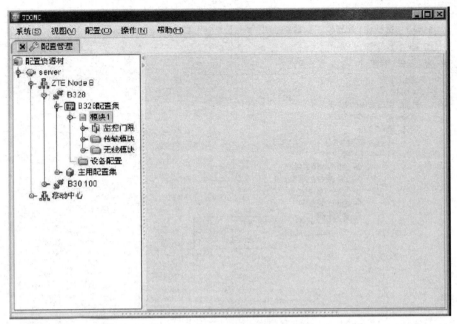

图 3 – 3 – 32　配置完成 B328 模块

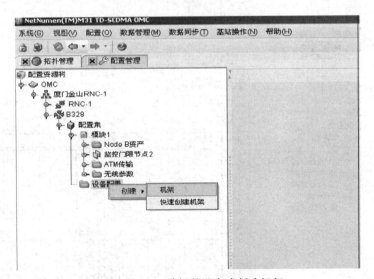

图 3 – 3 – 33　选择普通方式创建机架

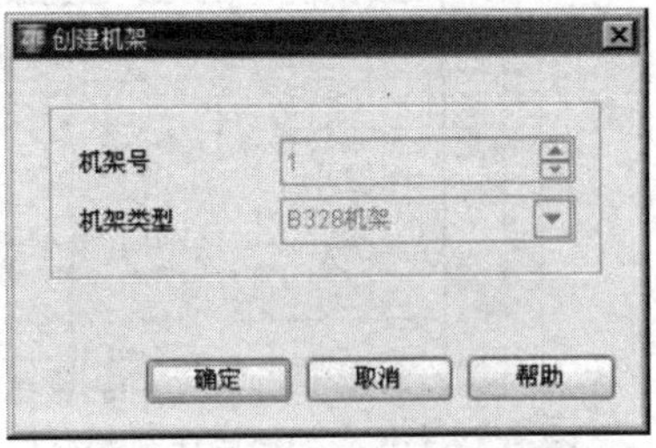

图 3 – 3 – 34　创建机架对话框

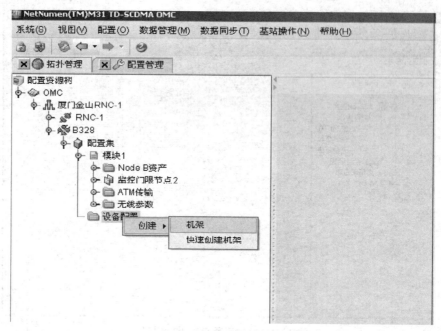

图 3 - 3 - 35　普通方式创建完成机架

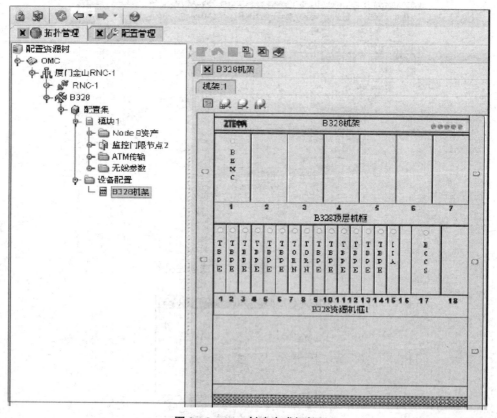

图 3 - 3 - 36　创建完成机架

4. 配置机框

在配置管理页面右侧的机架配置页面，选择机架，点击右键，系统弹出快捷菜单，选择［创建机框］，如图3－3－37所示。

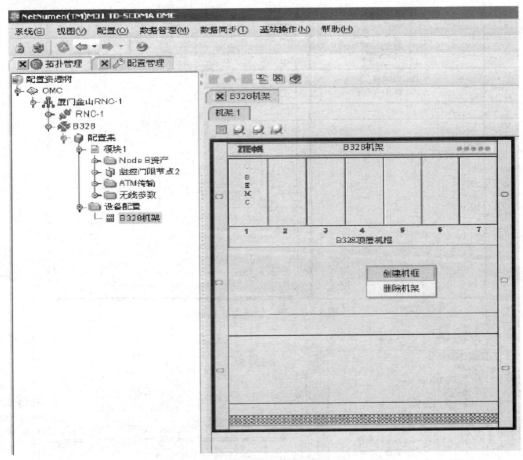

图3－3－37　创建机框

系统弹出创建机框对话框，如图3－3－38所示。

图3－3－38　创建机框对话框

单击＜确定＞按钮，系统完成机框创建，如图3－3－39所示。

5. 配置单板

在配置管理页面右侧的机架配置页面，选择单板位置后，点击右键，系统弹出快捷菜单，选择［创建单板］，如图3－3－40所示。

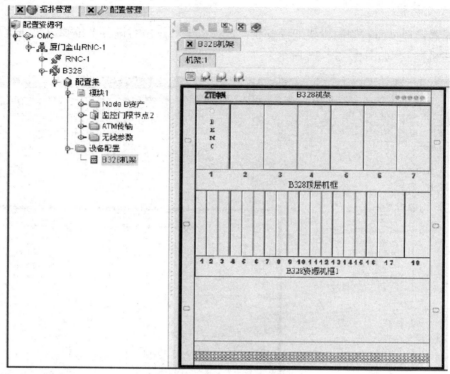

图 3 - 3 - 39　创建完成机框

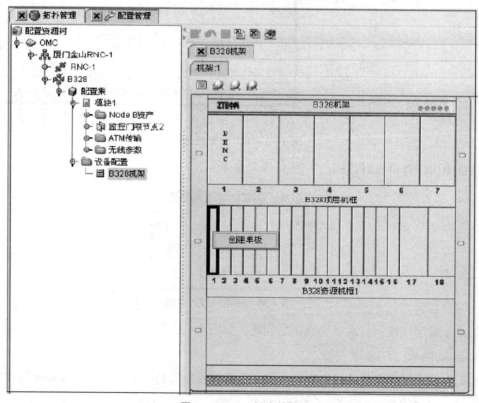

图 3 - 3 - 40　创建单板

系统弹出创建单板对话框，如图 3 - 3 - 41 所示。

单击 < 确定 > 按钮，系统完成创建单板操作，如图 3 - 3 - 42 所示。

6. 其他配置

创建完成单板后，需要完成其他配置。

在 EMU 单板上，需要［子卡维护］配置。

在 IIA 单板上需要［E1 线缆维护］或者［STM - 1 线缆维护］配置，用户根据实际情况，选择配置。

图 3 - 3 - 41　创建单板对话框

在 TORN 单板上，需要［光纤维护］和［光纤上的射频资源］配置。

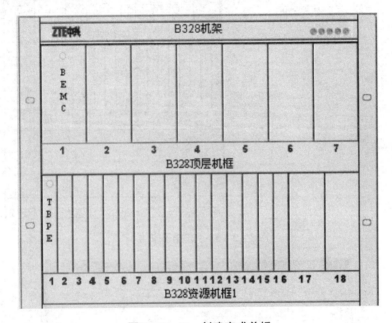

图 3 - 3 - 42　创建完成单板

1）BEMC 单板

在配置管理页面右侧的机架配置页面，选择 BEMC 单板，点击右键，系统弹出快捷对话框，选择［子卡维护］，如图 3 - 3 - 43 所示。

系统弹出子卡操作页面对话框，如图 3 - 3 - 44 所示。

根据设备配置，设置完成后，单击 < 添加 > 按钮，如图 3 - 3 - 45 所示。

配置完成后，单击 < 确定 > 按钮，完成操作。

2）IIA 单板

创建完成单板后，在 IIA 单板上需要配置线缆，线缆类型有两种，一种是 E1 线缆，另一种是 STM1 线缆，用户根据实际情况，选择配置。添加 E1 和 STM - 1 过程类似，本文以 E1 线缆添加为例来说明。

在配置管理页面右侧的机架配置页面，选择 IIA 单板，点击右键，系统弹出快捷对话框，选择［E1 线维护］，如图 3 - 3 - 46 所示。

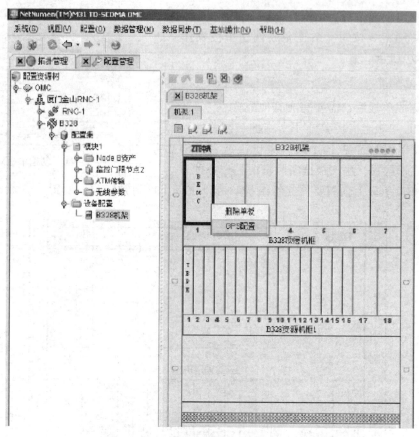

图 3 - 3 - 43 选择子卡维护

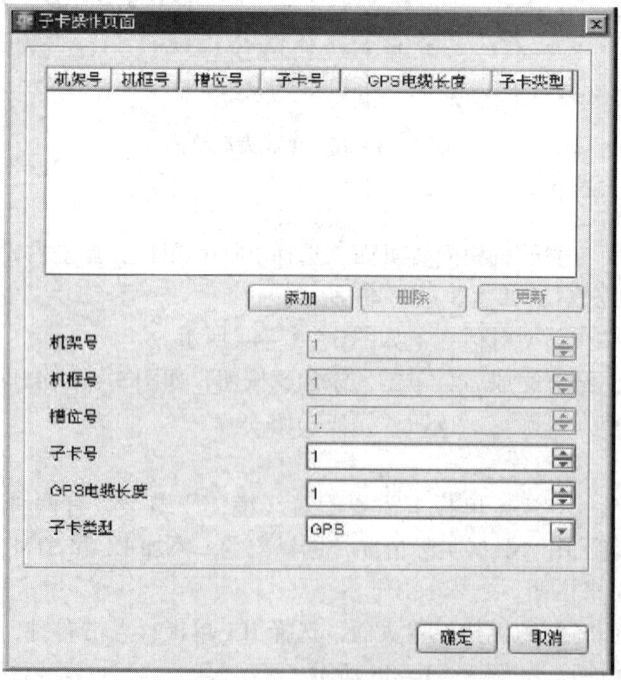

图 3 - 3 - 44 子卡维护操作

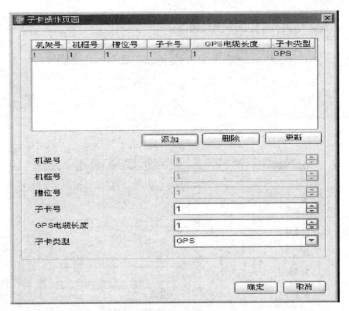

图 3 – 3 – 45　配置子卡

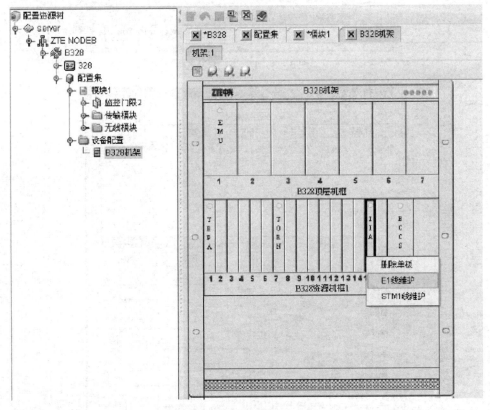

图 3 – 3 – 46　E1 线缆维护

系统弹出 E1 线设置对话框，如图 3 – 3 – 47 所示。

选择［端口号］和［复帧标志］，单击 < 添加 > 按钮，添加设置的 E1 线缆，如图 3 – 3 – 48 所示。

151

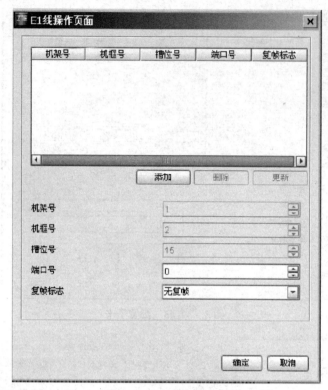

图 3 – 3 – 47   E1 线设置

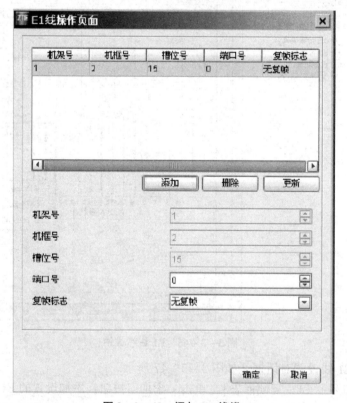

图 3 – 3 – 48   添加 E1 线缆

根据需要，添加结束后，单击＜确定＞按钮，完成操作。

7. 配置 ATM 传输模块

ATM 参数配置的主要任务是完成本 Node B 与 RNC 对接，以及与其他 Node B 级联的信令链路参数的配置工作，主要包括配置承载链路、传输链路和 ATM 路由的配置。

ATM 参数配置中配置对象的包容关系如图 3 – 3 – 49 所示。

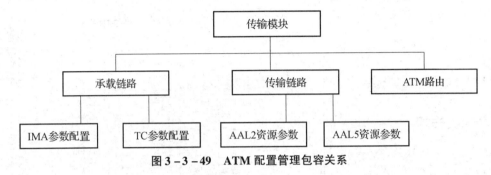

图 3 – 3 – 49　ATM 配置管理包容关系

配置 ATM 参数建议采用以下配置顺序：配置承载链路→配置传输链路→配置 ATM路由。

1）配置承载链路

Node B 和 RNC 之间使用 E1 线进行连接，则 AAL2、AAL5 通路需要建立在承载链路上。

创建承载链路步骤如下：

配置资源树窗口，选择 ATM 传输，点击右键，选择 ［ATM 传输→创建→承载链路］，如图 3 – 3 – 50 所示。

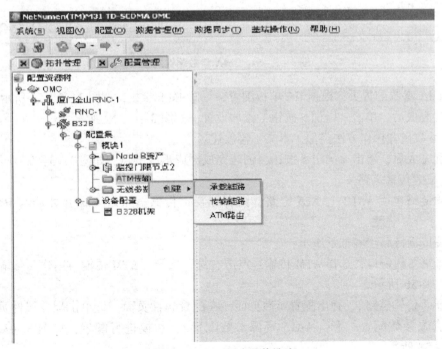

图 3 – 3 – 50　创建承载链路

选择［承载链路］，弹出配置属性页面，在配置属性页面，可单击配置属性页上方的［IMA 参数配置］和［TC 参数配置］，切换进行配置，如图 3 – 3 – 51 和图 3 – 3 – 52 所示。

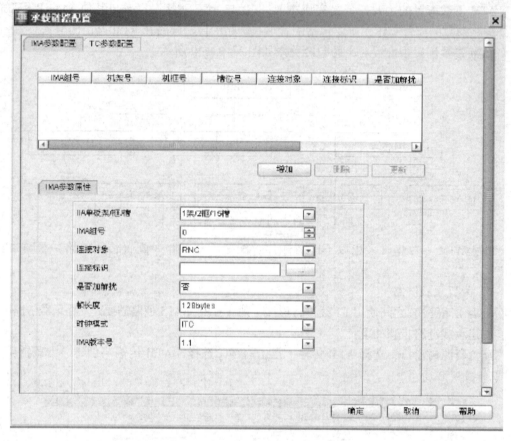

图 3 – 3 – 51　IMA 参数配置属性页

在 IMA 参数配置页，根据 IIA 单板配置，设置 IMA 参数，如图 3 – 3 – 53 所示。

设置完成后，单击 < 增加 > 按钮，添加设置，如图 3 – 3 – 54 所示。

TC 参数设置操作方法类似，本文不再叙述。

设置完成后，单击 < 确定 > 按钮，创建完成对应承载链路，如图 3 – 3 – 55 所示。

2）配置传输链路

传输链路包括 AAL2、AAL5 链路，只有配置了传输链路，Node B 才能与 RNC 完成通信。

创建传输链路步骤如下所示：

配置资源树窗口，选择 ATM 传输，点击右键，选择［ATM 传输→创建→传输链路］，如图 3 – 3 – 56 所示。

选择［传输链路］，弹出配置属性页面，在配置属性页面，可单击配置属性页上方的［AAL2 资源参数配置］和［AAL5 资源参数配置］，切换进行配置，如图 3 – 3 – 57 和图 3 – 3 – 58 所示。

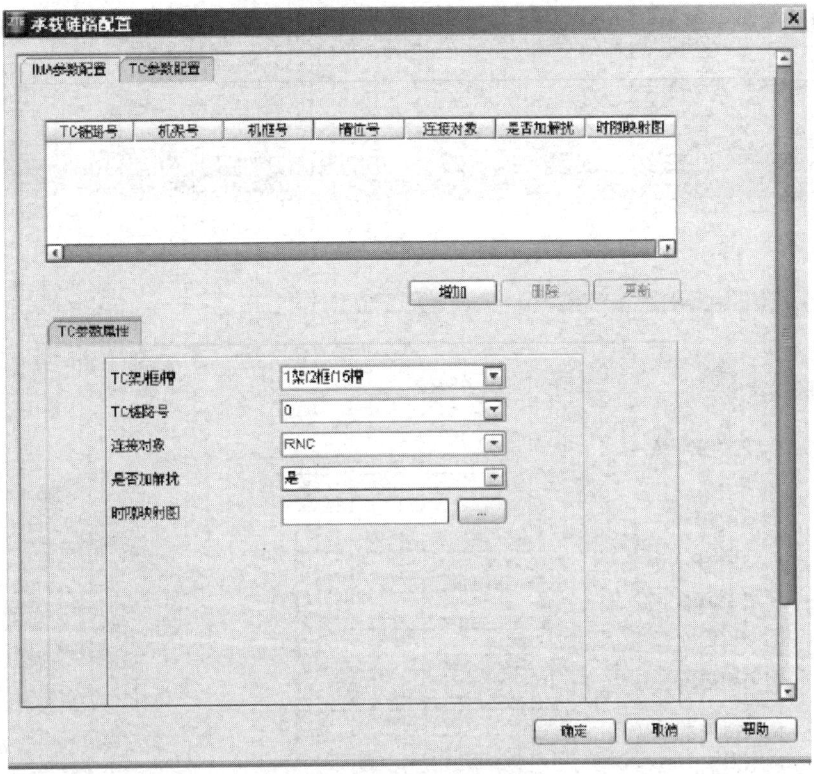

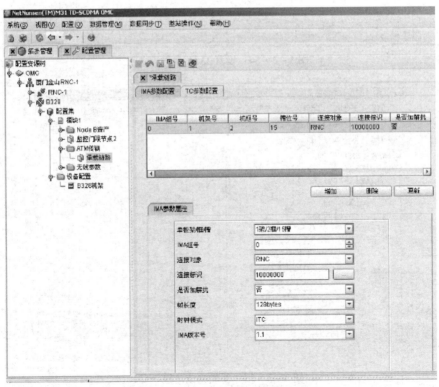

图 3-3-52 TC 参数配置页

图 3-3-53 设置 IMA 参数 (一)

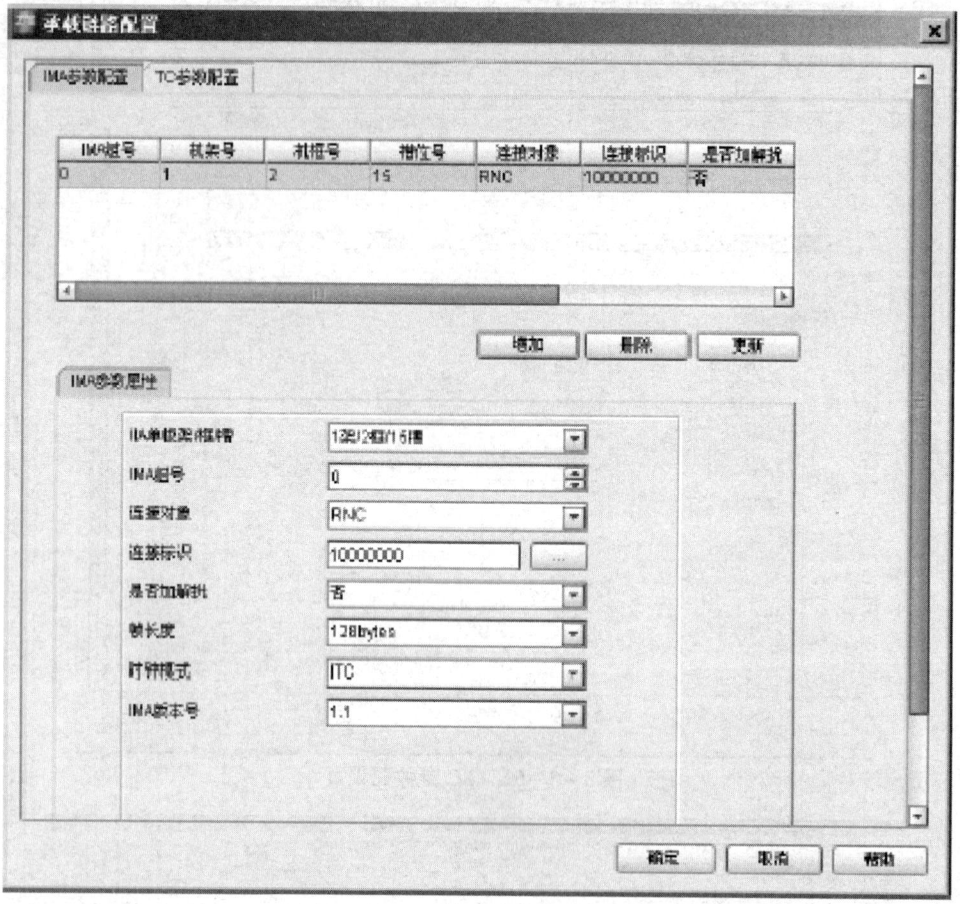

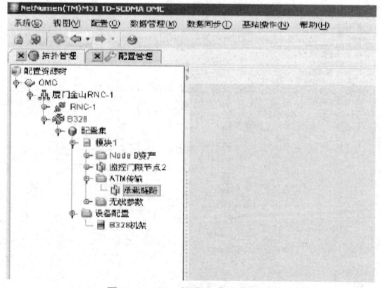

图 3 - 3 - 54　设置 IMA 参数（二）

图 3 - 3 - 55　创建完成承载链路

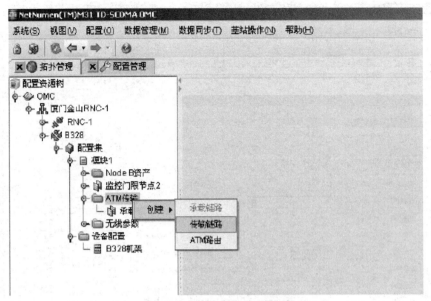

图 3 – 3 – 56　创建传输链路

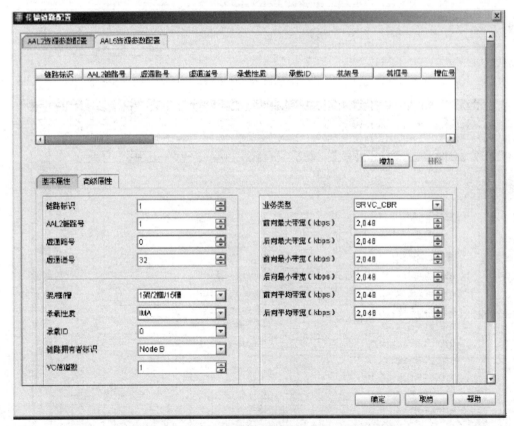

图 3 – 3 – 57　AAL2 资源参数配置属性页（基本属性）

在［AAL2 资源参数配置］和［AAL5 资源参数配置］属性页，可单击左页面的［基本属性］和［高级属性］，切换进行配置，如图 3 – 3 – 59 和图 3 – 3 – 60 所示。

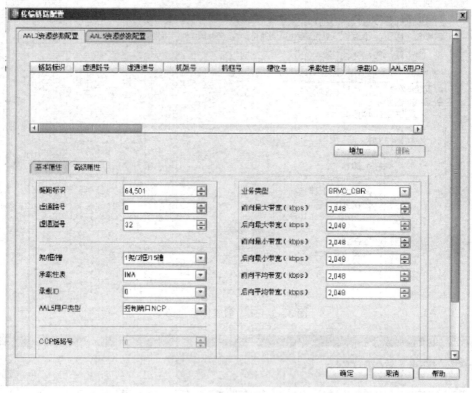

图 3 - 3 - 58　AAL5 资源参数配置属性页（基本属性）

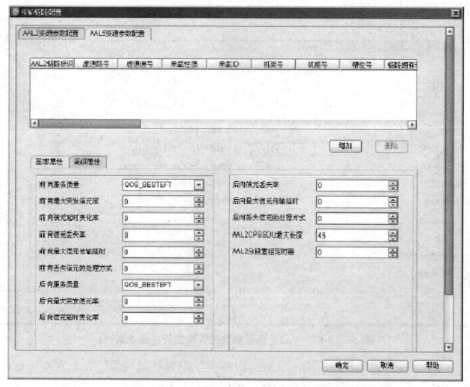

图 3 - 3 - 59　AAL2 资源参数配置属性页（高级属性）

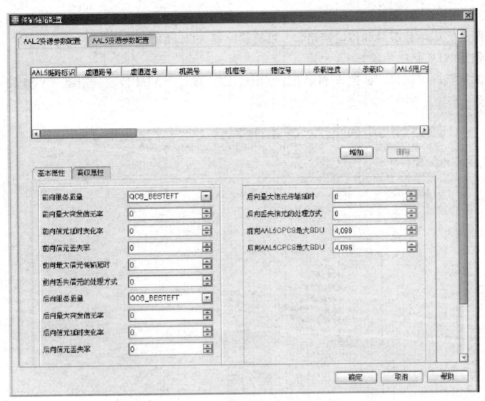

图 3 – 3 – 60　AAL5 资源参数配置属性页（高级属性）

设置完成后，单击 < 确定 > 按钮，创建完成对应传输链路，如图 3 – 3 – 61 所示。

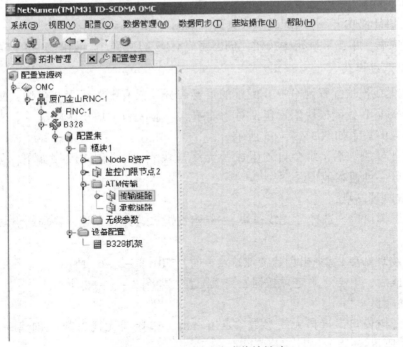

图 3 – 3 – 61　创建完成传输链路

3）配置 ATM 路由

配置完成承载链路和传输链路后，可继续配置 ATM 路由。

创建 ATM 路由步骤如下：

配置资源树窗口，选择 ATM 传输，点击右键，选择［ATM 传输→创建→ATM 路由］，如图 3 – 3 – 62 所示。

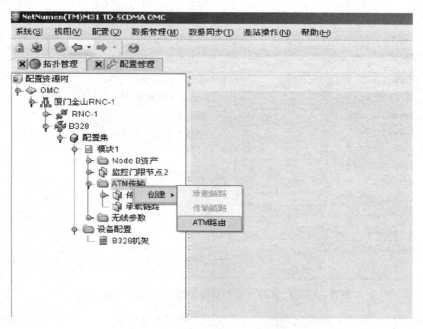

图 3 – 3 – 62　创建 ATM 路由

选择［ATM 路由］，弹出配置属性页面，如图 3 – 3 – 63 所示。

设置完成后，单击＜确定＞按钮，创建完成对应 ATM 路由，如图 3 – 3 – 64 所示。

8. 配置无线模块

Node B 无线模块配置是 OMCB 配置的重要部分，只有配置了无线模块，Node B 才能正常工作。Node B 无线模块配置包括对物理站点、扇区和本地小区的配置。Node B 无线模块配置对象的关系如图 3 – 3 – 65 所示。

在创建［模块］后，统会自动生成［无线模块］，主要创建顺序如下：创建物理站点→创建扇区→创建本地小区。

1）配置物理站点

配置资源树窗口，选择［无线模块］，点击右键，选择［创建→物理站点］，如图 3 – 3 – 66 所示。

选择［物理站点］，弹出创建物理站点页面，如图 3 – 3 – 67 所示。

设置完成后，单击〈确定〉按钮，完成配置，如图 3 – 3 – 68 所示。

2）配置扇区

配置资源树窗口，选择无线参数，点击右键，选择［无线参数→创建→扇区］，如图 3 – 3 – 69 所示。

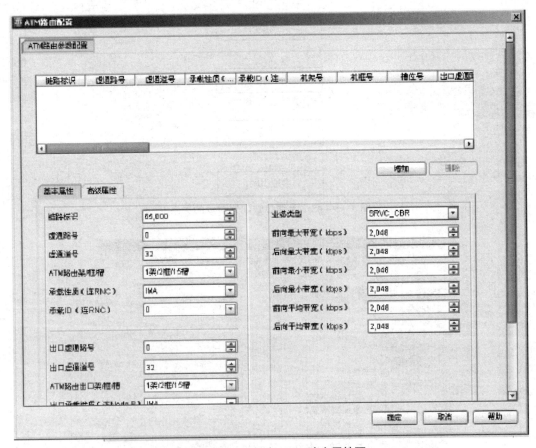

图 3 - 3 - 63　创建 ATM 路由属性页

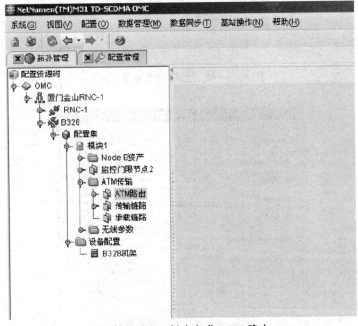

图 3 - 3 - 64　创建完成 ATM 路由

图 3 – 3 – 65　无线参数配置对象的关系

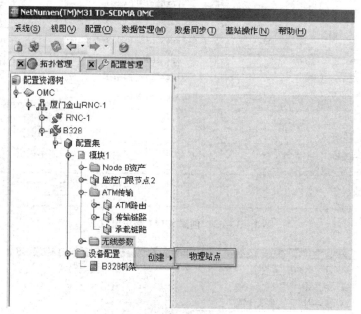

图 3 – 3 – 66　选择创建物理站点

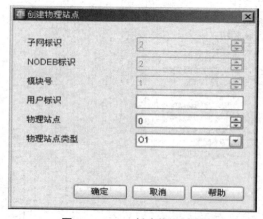

图 3 – 3 – 67　创建物理站点

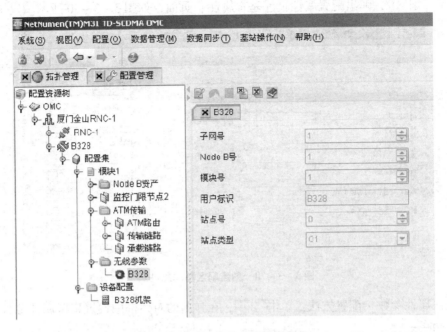

图 3－3－68　配置完成物理站点

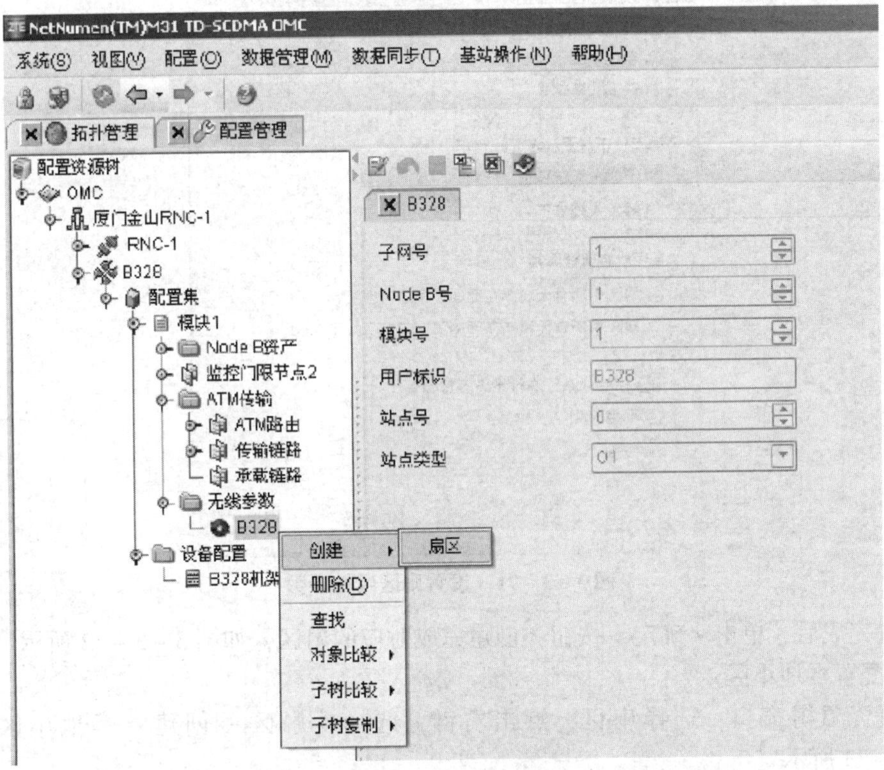

图 3－3－69　创建扇区

选择［扇区］，弹出配置属性页［基本属性］页面，如图 3 - 3 - 70 所示。

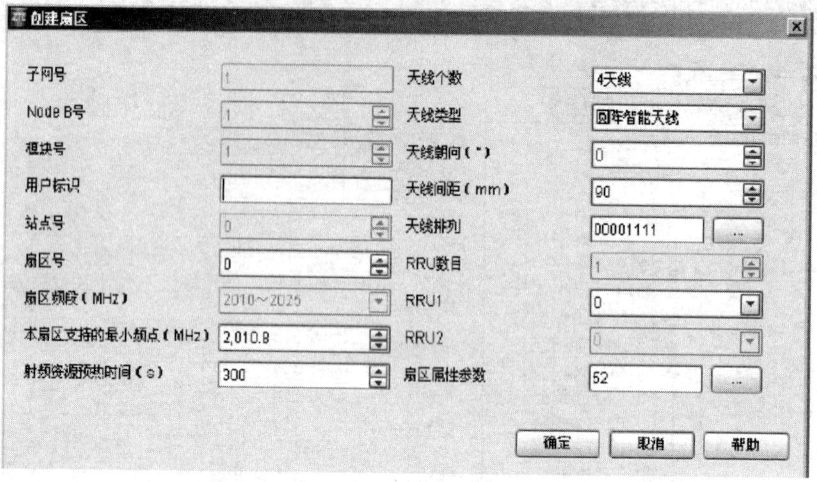

图 3 - 3 - 70　创建扇区基本属性页

［扇区属性参数］配置方法：单击 ［ ... ］，在弹出的对话框中设置扇区属性参数，如图 3 - 3 - 71 所示。

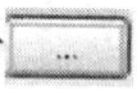

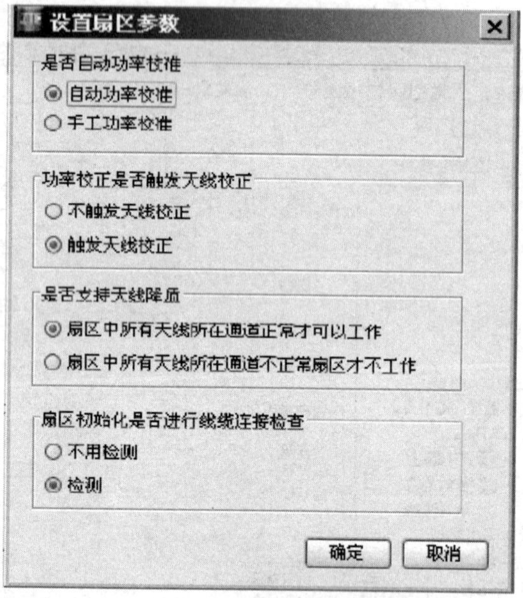

图 3 - 3 - 71　设置扇区属性参数

设置完成后，单击 < 确定 > 按钮，创建完成对应的扇区，如图 3 - 3 - 72 所示。

3）配置本地小区

配置资源树窗口，选择扇区，点击右键，选择［扇区→创建→本地小区］，如图 3 - 3 - 73 所示。

选择［本地小区］，弹出配置属性页［创建本地小区和载波资源］页面，如图 3 - 3 - 74 所示。

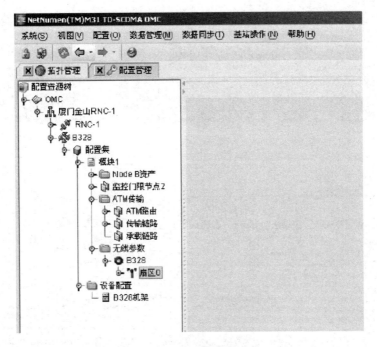

图 3 - 3 - 72　创建完成扇区

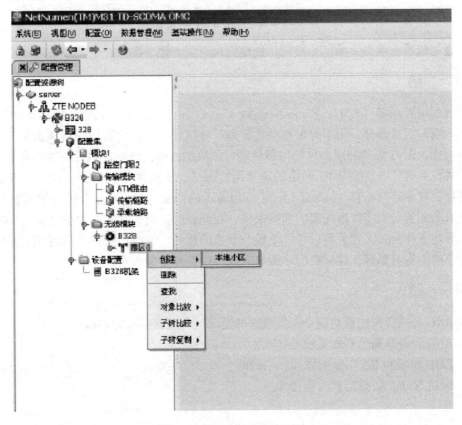

图 3 - 3 - 73　创建本地小区

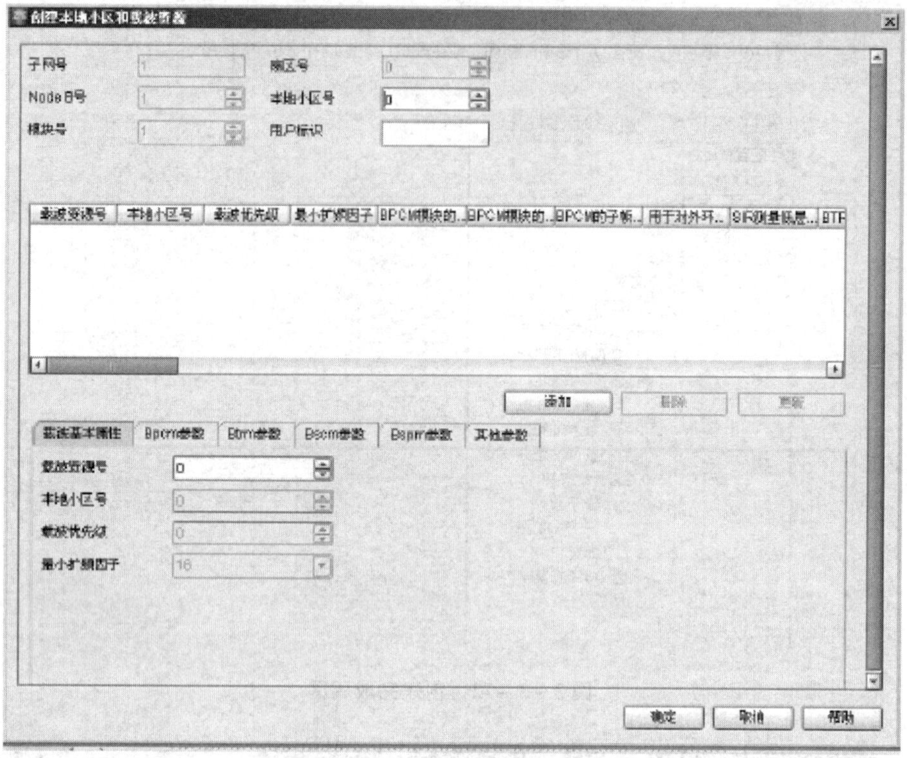

图 3 –3 –74 创建本地小区属性页

设置完成后，单击<确定>按钮，创建完成对应本地小区。

小　结

无线网络控制器（RNC，Radio Network Controller）是新兴 3G 网络的一个关键网元。它是接入网的组成部分，用于提供移动性管理、呼叫处理、链接管理和切换机制。为了实现这些功能，RNC 必须利用出色的可靠性和可预测的性能，以线速执行一整套复杂且要求苛刻的协议处理任务。作为 3G 网络的重要组成部分，无线网络控制器（RNC）是流量汇集、转换、软硬呼叫转移（soft and hard call handoffs）及智能小区和分组处理的重点。

仿真的配置是真实数据配置的前提条件，在配置中，模仿真实的数据能让我们在一个仿真的环境下体验在工程上各设备、单板及参数的意义，熟练仿真操作的流程，理解每个模块操作的内容与原理，这样我们才能更好地将仿真操作融入实践中。

习　题

1. RNC 公共资源配置是整个配置管理的基础，都包含哪些配置操作？
2. RNC 设备开局仿真的流程是什么？
3. EMU 单板和 IIA 单板配置操作一样吗？
4. 简述 NodeB 数据配置内容与命令。

项目 4　4G – LTE 技术

长期演进 LTE（Long Term Evolution）是 3GPP 组织主导的无线通信系统，也称为演进的 UTRAN（Evolved UTRA and UTRAN）的研究项目，其全面支撑高性能数据业务，是 3GPP 为了应对诸如 WiMAX 等竞争技术的挑战以及面向未来的 4G 技术，而制定的 UMTS 技术在无线接入领域的后续发展计划。3GPP 的 LTE 标准在无线接入侧分为 LTE FDD 和 TD – LTE。

认识 4G 网络

LTE 最显著的特点是采用 OFDM（Orthogonal Frequency Division Multiplexing，正交频分复用）技术，并使用 20 MHz 的带宽，同时配合 HSPA + 中已经采用的 MIMO、高阶调制以及增强的 RAKE 接收和干扰抵消技术，以期达到下行 100 Mb/s 和上行 50 Mb/s 的目标。LTE 又分为 TDD 与 FDD 两种双工方式。

与 3G 相比，LTE 的通信速率大幅提高，20 MHz 系统带宽的条件下：下行链路的瞬时峰值数据速率可以达到 100 Mb/s（5 b/s/Hz）（在网络侧 2 发射天线，UE 侧 2 接收天线条件下）；上行链路的瞬时峰值数据速率可以达到 50 Mb/s（2.5 b/s/Hz）（UE 侧单发射天线情况）。带宽灵活配置，能够支持 1.4 MHz、3 MHz、5 MHz、10 MHz、15 MHz、20 MHz 等不同系统带宽，并支持成对（paired）和非成对（unpaired）的频谱分配，系统部署更灵活。能为低速移动（0～15 km/h）的移动用户提供最优的网络性能；能为 15～120 km/h 的移动用户提供高性能的服务；对 120～350 km/h（甚至在某些频段下，可以达到 500 km/h）速率移动的移动用户能够保持蜂窝网络的移动性。支持 3GPP（如 GSM、WCDMA 等）与非 3GPP（如 Wi – Fi、WiMAX 等）多种接入方式，同时支持多模终端的无缝移动。

由于美国高通公司在 3G 时代占据了技术的核心专利，LTE 阵营处心积虑研发 OFDM 以绕开高通主要技术，这肯定会使高通的地位比 3G 时代有所削弱。LTE 是什么意思不仅做技术的人员需要知道，在整个通信领域范围内，了解 LTE 是什么意思对人们对通信行业知识的掌握是十分有益的，可以帮助人们分析技术衍生和发展的趋势。

任务 1　4G 网络建设

情　景

小李是 3G 通信设备厂商技术人员，对于 3G 通信及网络设备很熟悉，但随着 4G 通信设备研发被他所在的公司列为下一阶段产品发展方向，小李决定从 4G 理论专业知识内容开始学习，尽快弄清 4G 设备的网络构架和工作原理。

知识目标

掌握 LTE 网络架构。
掌握 LTE 各个组成部分的功能。

4G 网络接口与标识

能力目标

能深入理解 LTE 的网络架构并熟练绘制出网络架构图。
能深入理解 LTE 网络架构中各组成网元的名称及基本功能并会应用。

4.1.1　全网架构

LTE 采用扁平化的网络结构，整个 LTE 网络分为四个部分，分别为 UE、E – UTRAN、EPC、PDN。如图 4 – 1 – 1 所示。

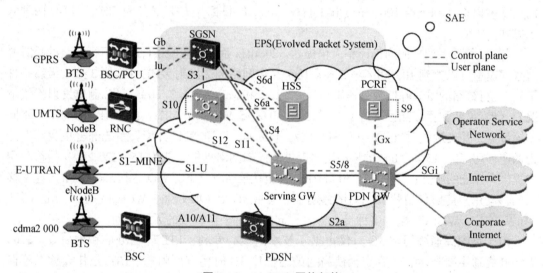

图 4 – 1 – 1　LTE 网络架构

在日常生活中，UE 可以看作是我们的手机终端。而 PDN 可以看作是网络上的服务器，E – UTRAN 可以看作是遍布城市的各个基站（可以是大的铁塔基站，也可以是室内悬挂的只有路由器大小的小基站），而 EPC 可以看作是运营商（中国移动、中国联通、中国电信）的核心网服务器，核心网包括很多服务器，有处理信令的，有处理数据的，还有处理计费策略的等等。

无线接入网 E – UTRAN 部分仅包含 3G 接入网中的 NodeB 网元（3G 的无线接入网元包含控制器（RNC）、基站（NodeB）两部分）。整个 LTE/SAE 系统由核心网（EPC）、基站（eNB）和用户设备（UE）三部分组成，其中 EPC 和 E – UTRAN 两大系统合称 EPS

（Evolved Packet System）。EPS（Evolved Packet System，演进的分组系统）是 3GPP 标准委员会在第 4 代移动通信中提出的概念。可以认为 EPS = UE（User Equipment，用户设备）+ LTE（4G 接入网部分）+ EPC（Evolved Packet Core，演进的分组核心网）。EPS 架构示意如图 4 - 1 - 2 所示。

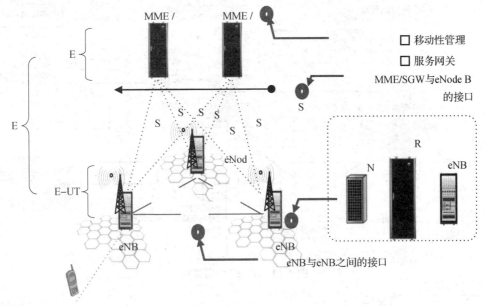

图 4 - 1 - 2　EPS 架构示意

EPC（Evolved Packet Core），负责核心网部分，主要包括 MME、S - GW 和 P - GW 等网元，通过 MME、S - GW 和 P - SW 等控制面节点和用户面节点完成 NAS 信令处理和安全管理、空闲的移动性管理、EPS 承载控制以及移动锚点功能、UE 的 IP 地址分配、分组过滤等功能。MME 主要负责信令处理，包括负责移动性管理、承载管理、用户的鉴权认证、SGW 和 PGW 的选择等功能；S - GW 主要负责用户面处理，负责数据包的路由和转发等功能；P - GW 主要负责管理 3GPP 和 non - 3GPP 间的数据路由等 PDN 网关功能。

E - UTRAN 提供空中接口功能（包含物理层、MAC、RLC、PDCP、RRC 功能）以及小区间的 RRM 功能、RB 控制、连接的移动性控制、无线资源的调度、对 eNB 的测量配置、对空口接入的接纳控制等。

eNB，eNodeB（Evolved Node B，演进型 Node B 简称 eNB），负责无线接入功能，以及 E - UTRAN 的地面接口功能，包括实现无线承载控制、无线许可控制和连接移动性控制；完成上下行的 UE 的动态资源分配（调度）；IP 头压缩及用户数据流加密；UE 附着时的 MME 选择；S - GW 用户数据的路由选择；MME 发起的寻呼和广播消息的调度传输；完成有关移动性配置和调度的测量和测量报告。

UE，User Equipment，包含手机、智能终端、多媒体设备、流媒体设备等。

4.1.2　网元及功能说明

EPC 系统能够支持多种接入技术，即能和现有 3GPP 2/3G 系统进行互通，也能支持 Non - 3GPP 网络（如 WLAN、CDMA、Wimax）的接入。EPC 核心网主要由移动性管理设备（MME）、服务网关（S－GW）、分组数据网关（P－GW）及存储签约信息的 HSS 和策略控制单元（PCRF）等组成，其中 S－GW 和 P－GW 逻辑上分设，物理上可以合设，也可以分设。LTE EPC 网架构如图 4－1－3 所示。

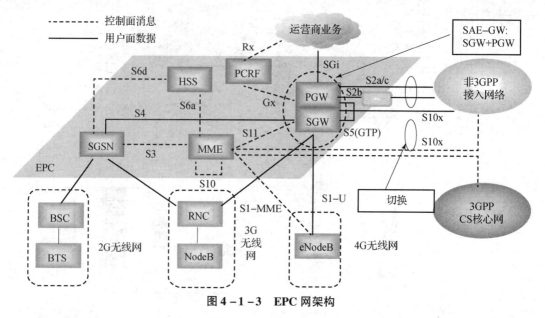

图 4－1－3　EPC 网架构

EPC 主要网元功能如下：

1. MME（Mobility Management Entity，移动管理实体）

MME 为控制面功能实体，临时存储用户数据的服务器，负责管理和存储 UE 相关信息，比如 UE 用户标识、移动性管理状态、用户安全参数，为用户分配临时标识。当 UE 驻扎在该跟踪区域或者该网络时负责对该用户进行鉴权，处理 MME 和 UE 之间的所有非接入层消息。

机房设备认知

2. SGW（Serving Gateway，服务网关）

SGW 为用户面实体，负责用户面数据路由处理，终结处于空闲状态的 UE（用户终端设备）的下行数据，管理和存储 UE 的承载信息，比如 IP 承载业务参数和网络内部路由信息。

3. PGW（PDN Gateway，分组数据网网关）

PGW 负责 UE 接入 PDN 的网关，分配用户 IP 地址，同时是 3GPP 和非 3GPP 接入系统的移动性锚点。用户在同一时刻能够接入多个 PDN GW。

4. HSS（Home Subscriber Server，归属用户服务器）

HSS 存储并管理用户签约数据，包括用户鉴权信息、位置信息及路由信息。

5. PCRF（Policy and Charging Rule Functionality，策略和计费规则功能实体）

PCRF 功能实体主要根据业务信息和用户签约信息以及运营商的配置信息产生控制用户数据传递的 QoS（Quality of Service，服务质量）规则以及计费规则。该功能实体也可以控制接入网中承载的建立和释放。

EPC 架构中各功能实体间的接口协议均采用基于 IP 的协议，部分接口协议是由 2G/3G 分组域标准演进而来的，部分是新增协议，如 MME 与 HSS 间 S6a 接口的 Diameter 协议等。详细介绍可以参考接口与协议部分。

小　结

长期演进 LTE（Long Term Evolution）采用扁平化的网络结构，整个 LTE 网络分为四个部分，分别为 UE、E – UTRAN、EPC、PDN。EPC 系统能够支持多种接入技术，即能和现有 3GPP 2/3G 系统进行互通，也能支持 Non – 3GPP 网络（如 WLAN、CDMA、Wimax）的接入。

习　题

1. 简述 EPC 的功能，其包括哪些网元？
2. 简述 E – UTRAN 的功能，其包括哪些网元？

任务 2　技术变革——4G 的关键技术

情　景

小李是 4G 通信设备厂商研发技术人员，在设计 4G 通信设备过程中，针对数据下载速率提升的技术在实现上始终无法得到有效解决，无论如何都很难大幅度提升速率，小李决定从理论上研究如何解决这个问题。

知识目标

掌握 OFDMA 技术原理及应用。
掌握 MIMO 技术原理及应用。

能力目标

能深入理解 OFDMA 技术的原理，能在实践中活学活用。
能深入理解 MIMO 技术的原理，能在实践中熟练运用 SU – MIMO 和 MU – MIMO 技术。

4G 网络的关键
技术 – OFDMA

4.2.1　OFDMA 技术

在众多无线宽带接入技术中，每种技术标准有不同的性能指标，其中最关键的要属下载速率。这一指标在固定宽带业务中最为明显，在运营商营业厅办理家庭宽带业务时，50 Mb/s、100 Mb/s、200 Mb/s 的宽带价格差异显著，其技术差别在带宽，商家服务提供的就是上网的速率。

下载速率这个指标还要从香农定理公式说起：

$$C = Blb\left(1 + \frac{S}{N}\right)$$

根据上面的香农定理公式，希望宽带的容量 C（下载速率）数值增加，信噪比 S/N 的值提升幅度很小，C 数值增加的关键在于提升信道的带宽 B，也就是获取更多的频谱资源。

为了不断提高下载速率，从 2G 通信系统 GSM 到 3G 通信系统的 WCDMA，带宽已经由 200 kHz 猛增至 5 MHz。到了 LTE 时代，自然也需要跨越式的提升，带宽最大值由 5 MHz 提升到了 20 MHz。但带宽提升的同时，也带来了新的麻烦，那就是高带宽下，使 CDMA 技术实现起来非常复杂，亟待出现新的多址技术与之相匹配。

面对这一困境，3GPP 很积极推动此项改革进程，因为这条技术途径可以免于支付高通公司在 CDMA 上的高额专利费。新的多址技术在 WiMAX 的基础上研发产生，它就是 OFDMA（Orthogonal Frequency Division Multiple Access，正交频分多址）技术。

下面来介绍 OFDMA 的原理，在此之前先从技术背景说起。在移动通信中有种现象叫作多径效应。所谓多径效应，是指信号发射之后，由不同的路径到达终端，终端处于建筑群与障碍物之间，其接收信号的强度，将由各直射波和反射波叠加合成，这会对接收信号造成一定的影响。多径效应如图 4-2-1 所示。

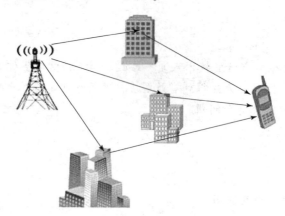

图 4-2-1　多径效应示意

多径效应造成的时间差会造成终端接收信号互相干扰，前一个到达的码元的后端部分会干扰后一个码元的前端部分，即码间干扰（ISI，Inter Symbol Interference），如图 4-2-2 所示。

在相等的带宽、相同的调制方式下，想要传输更多的数据，就需要更高的码片速率，即更短的码元周期。在带宽和调制方式不变的情况下，越高速率就会带来越低的码元周期、越严重的码间串扰，这显然不是我们想看到的。

通过把一个载波分成 N 个子载波，将码元速率降为原来的 $1/N$，这样虽然单个子载波的速率变成了原来的 $1/N$，但是总速率是这 N 个子载波的总和 $N \times 1/N = 1$，其并没有下降。总速率没有下降，但是每个子载波的码元周期却扩展了 N 倍，从而大大提高了抗码间干扰的能力。

带宽分成 N 份分配给 N 个子载波，每个子载波码元速率是原来的 $1/N$，码元周期是原

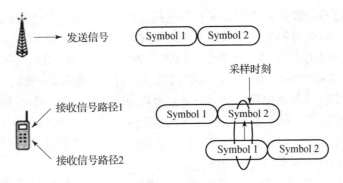

图 4 – 2 – 2　码间干扰示意

来的 N 倍，最后的总速率保持不变，这就是正交频分复用 OFDM 中的 "FDM"，即频分复用。在 OFDM 中，主要是为了解决高带宽带来的码元速率提升、码元周期下降、码间串扰加剧的问题。

为了降低多径效应带来的码间串扰问题，OFDM 将串行的高速率业务通过串并转换（S/P，Serial/Parallel），变成 N 列低速的并行数据。因此码元速率下降了，码元周期就大大扩展了，从而可以有效对抗码间串扰。最后，把这 N 列并行数据调制到 N 个低带宽的子载波上去，就完成了 OFDM 中 "FDM" 的过程。如图 4 – 2 – 3 所示。

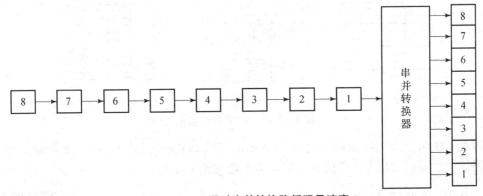

图 4 – 2 – 3　通过串并转换降低码元速率

OFDM 的技术实现路线是将高速数据信号通过串并转换成并行的低速子数据流，通过快速傅里叶反变换（IFFT）调制成若干正交的子载波进行传输，因为这些子载波相互正交，在频域上可以叠加，此外结合分集、空时编码、干扰和信道间干扰抑制以及智能天线技术，最大限度地提高系统性能。如图 4 – 2 – 4 所示。

LTE 帧结构

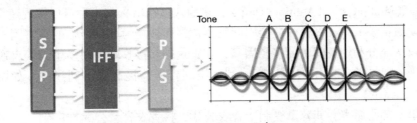

图 4 – 2 – 4　OFDM 示意

OFDM 通过将串行数据变成 *N* 路并行数据的方法虽然实现了扩大码元周期、降低码间串扰的效果，但是降低并不等同于消除。码元周期再宽，由多径效应造成的阴影还是无法消除掉。解决的办法并不是 LTE 的原创，而在 GSM 和 TD – SCDMA 中都屡见不鲜了，这就是在符号之间加入"保护间隔"，在保护间隔这段时间，信号不传输，通过空出一段资源来降低干扰，实际就是用牺牲频谱的效率来提高通信质量。同一个子载波之间码间串扰（ISI）的问题是解决了，但是不同子载波之间就会存在干扰（ICI）。为了解决这个问题，OFDM 通过将后部分的波形前置，形成"循环前缀"的方法来消除这个干扰，其实也就相当于用循环前缀顶替了原来的保护间隔。

LTE 只是在下行使用 OFDMA 多址方式，因为 OFDM 信号的峰均比 PAPR（Peak to Average Power Ratio）比较高，这就需要有一个线性度较高的射频功率放大器。而这种放大器需要比较高的成本，对于基站而言，这不是太大的问题，因为基站的数量相对手机而言毕竟不多，这点成本负担得起，但对于手机而言，就很成问题了。

OFDMA 将传输带宽划分成相互正交的子载波集，通过将不同的子载波集分配给不同的用户，可用资源被灵活地在不同移动终端之间共享，从而实现不同用户之间的多址接入。这可以看成是一种 OFDM + FDMA + TDMA 技术相结合的多址接入方式。如图 4 – 2 – 5 所示。

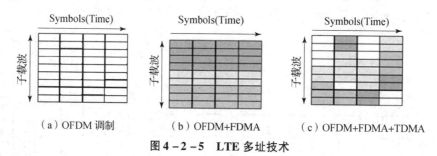

（a）OFDM 调制　　　　（b）OFDM+FDMA　　　　（c）OFDM+FDMA+TDMA

图 4 – 2 – 5　LTE 多址技术

因此 LTE 在上行链路采用的是 SC – FDMA，SC – FDMA 是基于 OFDMA 针对上行链路的改良版，主要的改良点在于降低发射信号的峰均比 PAPR。

4.2.2　MIMO 技术

通信业界围绕多址方式、调制方式进行了一系列改革升级，不断提升上下行的峰值速率，但随着多址方式、调制方式不断革新，提升潜力已经越来越有限了。按照多址和调制的方式革新的技术路线发展，速率的提升依靠不断地提升带宽，但反观频谱资源越来越稀缺，使用频谱换速率的做法是难以为继的。LTE 除了可以通过 OFDMA 提升下行速率外，通过 MIMO（Multiple Input Multiple Output，多输入多输出）技术也可以实现速率提升。

MIMO 多入多出技术

在移动通信领域中，多径效应会引起衰落，因而被视为无线传输的有害因素。而多天线 MIMO 技术充分利用空间中的多径因素，在发送端和接收端采用多个天线，通过空时处理技术实现分集增益或复用增益，充分利用空间资源，提高频谱利用率。如图 4 – 2 – 6 所示。

对于单条链路而言，其容量受制于香农公式，将香农容量公式推广到存在多个并行链路的系统中，并在此理论基础上，BLAST 技术应运而生，BLAST（Bell Labs LayeredSpace – Time）即贝尔实验室分层空时，是贝尔实验室提出的一种能够达到极高数据传输速率的无线通信技术。这种技术在一个带限无线信道内，通过多天线技术充分利用空间复用，使得信道容量随着天线数的增加呈线性增长，有着极高的频谱效率。

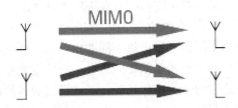

图 4 – 2 – 6　LTE 系统的 MIMO 传输模型

　　BLAST 的工作人员从理论上证明了利用同一个频段传输多个信号的可行性，只要每个信号通过不同的发射天线进行发送，另外在接收端也要用多个天线以及独特的信号处理技术把这些互相干扰的信号分离出来。这样的话，在给定的信道频段上的容量将随天线数量的增加而成比例增加。

　　BLAST 是一种无线通信新技术，利用信道的散射来得到大的增益，利用信号的多径传播来提高系统的性能。贝尔实验室的研究人员已经在实验室里对 BLAST 进行了改进和验证，显示的结果令人感到惊喜，其频谱效率达到了 $20 \sim 40$ b/$(s \cdot Hz)$，而使用传统无线调制技术仅为 $1 \sim 5$ b/$(s \cdot Hz)$。

　　多进多出是一种复杂的天线分集技术。多径效应会影响信号质量，因此传统的天线系统都在如何消除多径效应上动脑筋。而 MIMO 系统正好相反，它利用多径效应来改善通信质量。在 MIMO 系统中，收发双方使用多副可以同时工作的天线进行通信。MIMO 系统通常采用复杂的信号处理技术来显著增强可靠性、传输范围和吞吐量。发射机采用这些技术同时发送多路射频信号，接收机再从这些信号中将数据恢复出来。

　　发射端通过空时映射将要发送的数据信号映射到多根天线上发送出去，接收端将各根天线接收到的信号进行空时译码从而恢复出发射端发送的数据信号。根据空时映射方法的不同，MIMO 技术大致可以分为两类：空间分集和空间复用。空间分集分为接收分集和发射分集。使用分集的优点是容易获得相对稳定的信号，可获得分集处理增益以及提高信噪比。接收分集是多个天线接收来自多个信道的承载同一信息的多个独立的信号副本，由于信号不可能同时处于深陷落情况中，因此在任一时刻，接收方至少可以保证接收到一个强度足够大的信号副本，从而提高了接收信号的信噪比。发射分集是在发射端使用多个发射天线发射相同的信息，在接收端获得比单天线高的信噪比。空间复用是通过在不同的天线上同时发射相互独立的信号来实现 MIMO 系统的高数据率以及高频谱利用率。发射的高速数据流被分成几个并行的低速数据流，在同一个频带从多个天线同时发射出去。由于多径传播，每个发射天线对于接收机产生不同的空间签名，接收机利用这些不同的签名分离出独立的数据流，最后再恢复成原始数据流，这样可以成倍提高数据传输速率。

　　LTE 系统一般在下行采用 SU – MIMO，上行采用 MU – MIMO 下行多天线技术。单用户 MIMO（SU – MIMO）是将一个或多个数据流（称为层）从一个发送阵列发送到单个用户的能力。SU – MIMO 可以增加该用户的吞吐量并增加网络的容量，可以支持的层数（称为等级）取决于无线电信道。为了区分 DL 层，UE 需要至少具有与层数一样多的接收器天线。SU – MIMO 可以通过在相同方向上以不同极化发送不同的层来实现。SU – MIMO 也可以在多径环境中实现，在多径环境中，通过在不同的传播路径上发送不同的层，可以在

AAS（有源天线系统）和 UE 之间存在许多强度相似的无线电传播路径。

多用户 MIMO（MU – MIMO）中，AAS 使用相同的时间和频率资源，同时以不同的波束将不同的层发送给不同的用户，从而增加了网络容量。为了使用 MU – MIMO，系统需要找到两个或多个需要同时发送或接收数据的用户。而且，为了有效地实现 MU – MIMO，用户之间的干扰应保持较低。这可以通过使用具有零位形成的广义波束成形来实现，以便在将一层发送给一个用户时，在其他同时用户的方向上形成零位。MU – MIMO 可实现的容量增益取决于以良好的信噪比（SINR）接收。与 SU – MIMO 一样，总 DL 功率在不同层之间共享，因此，随着同时 MU – MIMO 用户数量的增加，每个用户的功率（以及 SINR）都会降低。另外，随着用户数量的增加，由于用户之间的相互干扰，SINR 将进一步恶化。因此，网络容量通常随着 MIMO 层数的增加而提高，直至用户之间的功率共享和干扰导致增益减小，最终损耗也减小。SU – MIMO 和 MU – MIMO 示意图如图 4 – 2 – 7 所示。

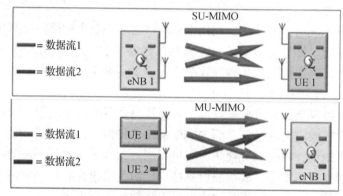

图 4 – 2 – 7　SU – MIMO 和 MU – MIMO 示意

小　结

LTE 通过 OFDMA 和 MIMO 技术实现速率提升。OFDMA 将传输带宽划分成相互正交的子载波集，通过将不同的子载波集分配给不同的用户，可用资源被灵活地在不同移动终端之间共享，从而实现不同用户之间的多址接入。MIMO 技术充分利用空间中的多径因素，在发送端和接收端采用多个天线，通过空时处理技术实现分集增益或复用增益，充分利用空间资源，提高频谱利用率。

习　题

1. 简述 OFDM 技术实现路线。
2. 简述 SU – MIMO 和 MU – MIMO 的区别。

任务3　牛刀小试——设备开局仿真

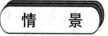
情　景

在万绿市，有三个 4G – LTE 的站点机房站址，机房规划覆盖区域为 W1、W2 和 W3。

根据运营商要求，需要我们对每个站点机房完成 1~3 个小区的 eNB 相关网元组网部署和设备接口连线规划。

知识目标

掌握 4G 基站站点规划与配置流程。

掌握 4G 无线站点设备与数据配置方法。

掌握 4G 核心网设备与数据配置方法。

了解 4G 网络容量与覆盖计算方法。

4G 全网建设——网络
拓扑与容量规划

能力目标

能根据城市情况进行简单的 4G 网络容量与覆盖计算。

能根据相关参数要求进行 4G 接入网与核心网配置与故障排查。

4.3.1　LTE 无线设备开局仿真

根据工程实际情况，我们在进行 4G 全网建设的过程中，通常按着网络规划、设备配置、数据配置、业务调试的步骤进行。所以，在进行 LTE 无线设备开局之前，我们先进行无线网络规划。

1. 无线网络规划

1）无线网络规划流程

无线网络规划主要指通过链路预算、容量估算，给出基站规模和基站配置，以满足覆盖、容量的网络性能指标。

无线网络规划必须要达到这几个方面的要求：第一，保证服务区内最大程度无缝覆盖，科学预测话务分布，合理布局网络，均衡话务量，在有限带宽内提高系统容量，最大程度减少干扰，达到所要求的 QoS；第二，在保证话音业务的同时，满足高速数据业务的需求，达到系统最佳的 QoS；第三，在满足覆盖、容量和服务质量前提下，尽量减少系统设备单元，降低成本。

通常的无线网络规划包括网络建设需求分析、无线环境分析、无线网络规模估算、站点选择、规划仿真、报告输出几个部分，如图 4 – 3 – 1 所示。

● 需求分析：主要是分析网络覆盖区域、网络容量和网络服务质量，这是网络规划要求达到的目标。

● 无线环境分析：包括清频测试和传播模型测试校正，其中清频测试是为了找出当前规划项目准备采用的频段是否存在干扰，并找出干扰方位及强度，从而为当前项目选用合适频点提供参考，也可用于网络优化中问题定位。传播模型测试校正是通过针对规划区的无线传播特性测试，由测试数据进行模型校正后得到规划区的无线传播模型，从而为覆盖预测提供准确的数据基础。

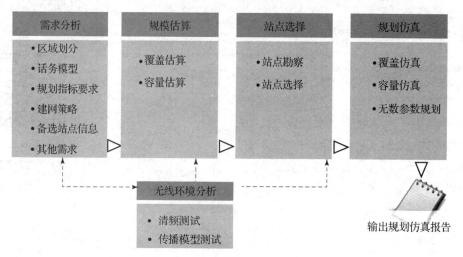

图 4-3-1　无线网络规划内容

● 规模估算：包含覆盖规模估算和容量规模估算，针对规划区的不同区域类型，综合覆盖规模估算和容量规模估算，做出比较准确的网络规模估算。

● 站点选择：根据拓扑结构设计结果，对候选站站点进行勘察和筛选。

● 规划仿真：指验证网络站点布局后的网络的覆盖、容量性能、工程参数和无线参数；

● 规划报告：指输出最终的网络规划报告。

通常，在进行无线网络规划时，需要遵守一定的流程，如图 4-3-2 所示。

2）无线网络规划软件仿真

我们可以通过仿真软件，"分析"这一部分的"网络规模估算"。网络规模估算的目标是给出预测的基站数量和配置。仿真操作分为模型选择、容量估算与覆盖估算三部分，如图 4-3-3 所示。

（1）模型选择。

在仿真软件中，设定了 5 种模型，分别是大型网络密集城区、大型网络一般城区、中型网络密集城区、中型网络一般城区、中小型网络市郊。从任务背景说明中，分析三个城市的地形场景、用户需求应用模式等特点，从模型集中选取适宜当前城市匹配的话务模型，如图 4-3-4 所示。

（2）容量估算。

选取模型后，系统会生成一套该模型对应的系统参数，代入 Step2 的容量估算步骤，根据软件左侧所给话务模型参数，填写到右侧已经内置的公式中，自动计算出结果，最终计算得出容量估算站点数，如图 4-3-5 和图 4-3-6 所示。

（3）覆盖估算

在 Step3 中，系统根据模型选择结果，生成模型对应的小区覆盖半径基准。站型一般包括全向站和三扇区定向站，根据广播信道水平 3 dB 波瓣宽度的不同，常用的定向站又分水平 3 dB 波瓣宽度为 65 度和 90 度两种。结合场景选择适宜部署的站点选型后，获得相应小区覆盖半径，最后根据规划区域面积，计算出满足覆盖的站点数目，如图 4-3-7 所示。

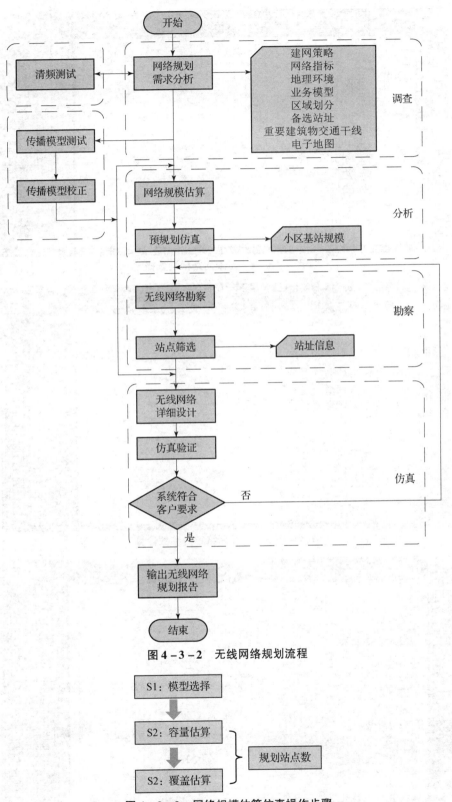

图 4 – 3 – 2　无线网络规划流程

图 4 – 3 – 3　网络规模估算仿真操作步骤

图 4 - 3 - 4　无线网络模型选择

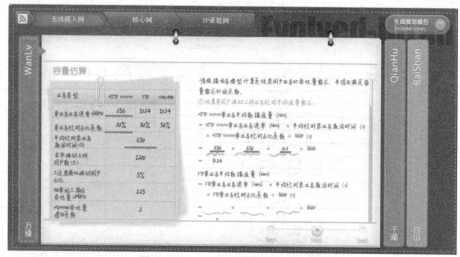

图 4 - 3 - 5　无线网络容量参数计算

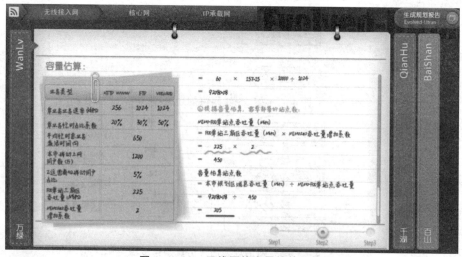

图 4 - 3 - 6　无线网络容量估算结果

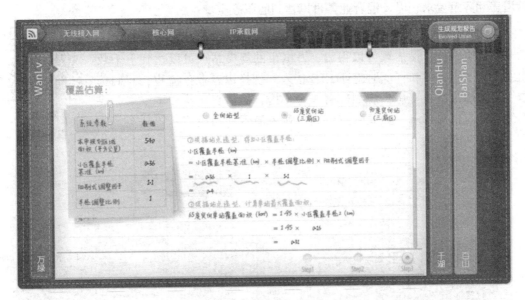

图 4 - 3 - 7　无线网络覆盖估算结果

比较容量估算站点数和覆盖估算站点数，选取数目较大者为最终网络规划的站点数，如图 4 - 3 - 8 所示。

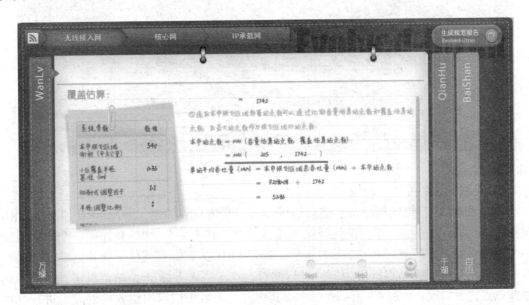

图 4 - 3 - 8　无线网络规模计算结果

覆盖估算和容量估算为大致了解规划区域内的基站规模提供了依据。在覆盖估算和容量估算的结果中，特别是在建网初期，覆盖估算所需的基站数量会大于容量估算所需的基站数量。所以一般情况下，覆盖估算的基站规模就是网络的规模。

网络规模估算之后，就可以大致确定基站的数量和密度，利用专业仿真软件进行网络规模估算结果的验证工作。通过仿真来验证估算的基站数量和密度能否满足规划区对系统的覆盖和容量要求，以及混合业务可以达到的服务质量。

2. 无线网络开通配置

4G 全网建设——
设备配置

从仿真软件容量估算可以得出，万绿市的规模站点可以达到上千数量级。为了更方便和直观地验证 LTE 接入和切换以及业务流程，我们选取一个万绿市站点机房，规划部署 3 个小区，做仿真实验样本，来完成后续的站点机房部署、开局数据配置、业务演示和切换演示等任务，如图 4-3-9 所示。

图 4-3-9　无线网络站点选择

1）无线侧设备配置

BBU 和 RRU 直接支持星形、链形组网模式。在仿真软件中，采用 BBU 加 3 个 RRU 星形组网模式，提供 3 个小区的无线接入覆盖功能。其中一个 RRU 只提供一个小区无线信号覆盖功能，并根据 eNB 制式属性配置，提供 FDD 或 TDD 制式信号服务。

我们以万绿市 A 站点机房为例，进行配置。点击进入万绿市 A 站点机房，可以看到整体站点建设情况，如图 4-3-10 所示。其中，三个箭头指示的位置可以点击进行具体设备安装连线。我们可以进行塔上天馈系统安装及通信站点机房设备的安装，这两部分设备的布放不分先后顺序。

这里，我们点击进入塔上，我们先进行 RRU 的布防。通过鼠标左键点击左侧设备池内的 RRU1、RRU2、RRU3 分别拖拽至塔上相应位置。拖拽完毕，我们可以在设备指示图位置，看到相应设备指示，如图 4-3-11 所示。

图4–3–10 无线网络站点

图4–3–11 无线网络站点天馈系统设备安装

接着，返回塔下的通信机房，打开左侧机柜，拖拽BBU至机柜内。再拖拽一个承载设备小型PTN到另一机柜，如图4–3–12所示。

最后，我们进行设备间的连线。按照接口规划，我们需要完成BBU与RRU间连线、BBU与GPS间连线、BBU与承载设备（PTN）连线、RRU与ANT天线连线，如图4–3–13所示。

图4-3-12 无线网络站点通信机房设备安装

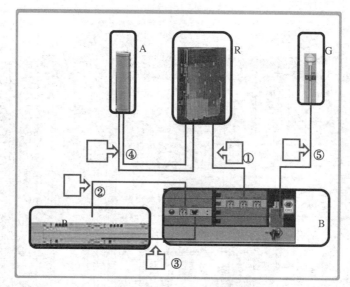

图4-3-13 无线侧设备连线

①—BBU 至 RRU OPT1 光纤；②—BBU 至传输设备光纤；
③—BBU 至传输设备以太网线；④—RRU 射频馈线/跳线；⑤—GPS 馈线

BBU 与 RRU 之间连线：BBU 中 TX0/RX0、TX1/RX1、TX2/TX2 接口采用成对 LC - LC 光纤连接 RRU。BBU 与承载之间连线：BBU 的 TX/RX、EHT0 接口采用成对 LC - LC 光纤或以太网线连接至 PTN。IN 接口采用 GPS 馈线连接至 GPS，如图4-3-14 所示。

接下来，做 RRU 与 ANT 天线之间的连线，在线缆池内选择成对 LC - LC 光纤，连接 OPT1 接口与 BBU，选择天线跳线连接 ANT 与天线如图4-3-15 所示。

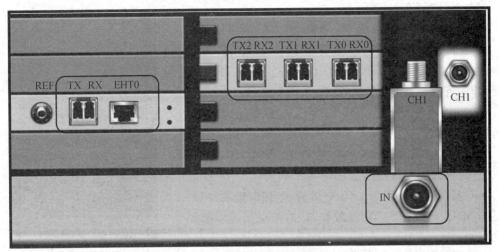

图 4 - 3 - 14　BBU 设备接口

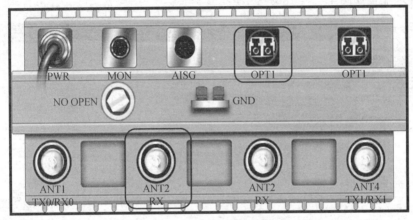

图 4 - 3 - 15　RRU 设备接口

整体连线完成后，如图 4 - 3 - 16 所示。

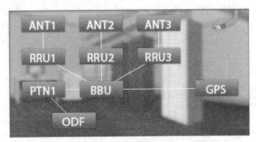

图 4 - 3 - 16　无线网络设备连线

2）无线侧数据配置

进行完硬件设备连接之后，我们需要对设备进行数据写入也就是对设备进行数据配置。

无线侧需要对 BBU、RRU 进行配置及对无线参数进行数据配置。

（1）BBU 配置。

在 eNodeB 分布式系统中，BBU 作为信令协议的主控、传输数据处理以及物理资源调配的控制网元，eNodeB 相关设备属性参数都在 BBU 节点实现，我们需要对 BBU 进行如下配置，如图 4 – 3 – 17 所示。

● 网元管理：配置 eNodeB 的相关网络标识参数，设备属性等参数。

● IP 配置：在 LTE 的全 IP 架构里，配置 eNodeB 网元的 IP 协议的配置属性参数。

● 对接配置：配置与 eNB 对接的 S1 接口地面参数，包括与 MME 对接的 SCTP 参数和与 SGW 对接的静态路由两大类。

● 物理参数：BBU 设备物理接口属性设置。

图 4 – 3 – 17　BBU 配置

网元管理配置如图 4 – 3 – 18 所示。

图 4 – 3 – 18　BBU 网元管理配置

网元管理各参数说明如表 4 – 3 – 1 所示。

表 4 – 3 – 1　网元管理参数说明

参数名称	说明	取值举例
eNodeB 标识	配置 eNode 全局 ID 标识	3
无线制式	配置基站 FDD/TDD 制式属性	LTE FDD

续表

参数名称	说明	取值举例
移动国家码 MCC	3 位数，唯一识别移动用户所属的国家，与核心网数据一致	中国：460
移动网号 MNC	2 ~ 3 位数，用于识别移动客户所属的移动网络，根据核心网规划填写	00

IP 配置如图 4 – 3 – 19 所示，各参数说明如表 4 – 3 – 2 所示。

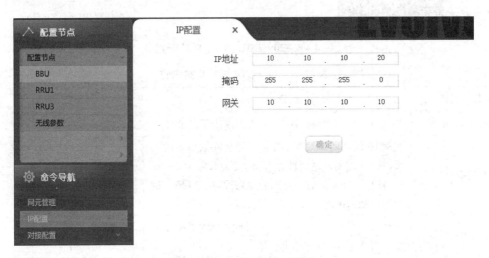

图 4 – 3 – 19　BBU IP 配置

表 4 – 3 – 2　IP 配置参数说明

参数名称	说明	取值举例
IP 地址	基站侧 IP 地址，用于不同业务通道的基站侧唯一本地地址	10. 10. 10. 20
掩码	对应基站侧规划的子网掩码	255. 255. 255. 0
网关	基站侧规划子网第一个网关地址，工程模式需对应承载设备接口地址	10. 10. 10. 10

对接配置内容如下：

SCTP 链路配置为 eNodeB 和 MME 功能之间的接口，也就是 S1 – C 接口。S1 接口控制面是基于 IP 传输的，在 IP 层之上采用的是 SCTP 协议（流控制传输协议），为无线网络层信令消息提供可靠的传输。SCTP 链路配置如图 4 – 3 – 20 所示，各参数说明如表 4 – 3 – 3 所示。

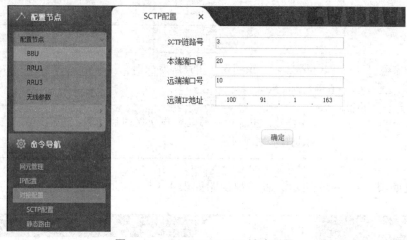

图 4 - 3 - 20　BBU SCTP 链路配置

表 4 - 3 - 3　SCTP 配置参数说明

参数名称	说明	取值举例
SCTP 链路号	SCTP 偶联的链路号，取值范围内用户自定义	3
本端端口号	SCTP 偶联的基站侧本端端口号，在取值范围内可以任意规划。现网推荐为 36412（参考 3GPP TS 36.412），如果局方有自己的规划原则，以局方的规划原则为准	20
远端端口号	SCTP 偶联的远端端口号，对应为 MME 本端地址，需和 MME 规划数据一致	10
远端 IP 地址	SCTP 偶联的远端 MME 业务 IP 地址，与 MME 侧规划数据一致	100.91.1.163

　　S1 - U 链路配置在仿真软件中由静态路由配置实现。S1 - U 是 S1 接口的用户面，是 eNodeB 和 SGW 网关之间的接口，基于 UMTS 网络的 GTP/UDP/IP 协议栈。静态路由配置如图 4 - 3 - 21 所示，各参数说明如表 4 - 3 - 4 所示。

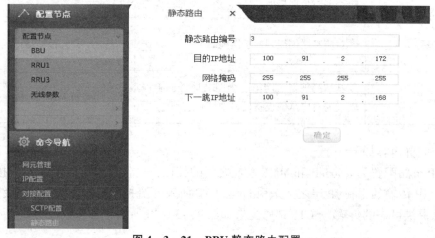

图 4 - 3 - 21　BBU 静态路由配置

表4 – 3 – 4　静态路由配置参数说明

参数名称	说明	取值举例
静态路由编号	编号，用于标识路由	3
目的 IP 地址	S1 – U 报文目的 IP 地址，在本软件中填入 SGW 业务地址	100. 91. 2. 172
网络掩码	IP 地址所对应的子网掩码	255. 255. 255. 255
下一跳 IP 地址	基站发送报文到达目的前所经过第一个网关地址，工程模式需对应承载设备接口地址	100. 91. 2. 168

物理参数配置如图4 – 3 – 22 所示，各参数说明如表4 – 3 – 5 所示。

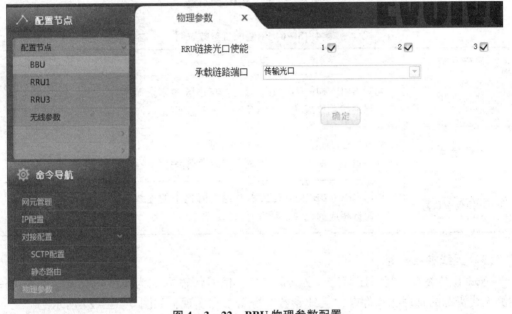

图4 – 3 – 22　BBU 物理参数配置

表4 – 3 – 5　物理参数说明

参数名称	说明	取值举例
RRU 链接光口使能	激活与 RRU 连接的光纤接口，逻辑使能，需要与设备配置中已使用的光纤接口配置一致	勾选 1/2/3
承载链路端口	配置与承载设备间传输优选属性，需与设备配置中所链接的接口属性保持一致	传输光口

（2）射频配置。

配置 RRU 射频模块属性，包括收发能力配置和频段能力，如图 4 - 3 - 23 所示，各参数说明如表 4 - 3 - 6 所示。

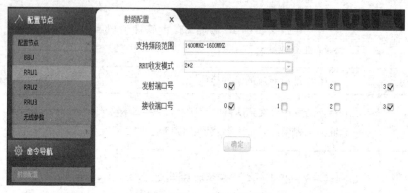

图 4 - 3 - 23　RRU 的配置

表 4 - 3 - 6　射频配置参数说明

参数名称	说明	取值举例
支持频段范围	配置 RRU 频域资源支持能力，与小区频率资源配置、终端拨测终端频率资源配置，三者需匹配	1 400 ~ 1 600 MHz
RRU 收发模式	MIMO 能力配置，目前支持 2 * 2 或 2 * 4，需与下面收发端口数据配置、设备配置中连线清空保持一致	2 * 2
发射/接收端口号	根据 RRU 收发能力配置以及设备配置中的连线情况，勾选相应的无线信号发射/接收端口	勾选 0、3

（3）无线参数配置。

eNodeB 与终端之间的接口定义为 Uu 空口，信号传输方式为无线电信号，eNodeB 基站侧无线资源的管理配置都在"无线参数"配置节点实现，如图 4 - 3 - 24 所示。

图 4 - 3 - 24　无线参数配置

• FDD/TDD 小区配置：根据 BBU - 制式配置，配置本基站本地 3 个小区的 FDD 或 TDD 制式的无线资源属性基本配置。

● FDD/TDD 邻接小区配置：配置需要跟本站所有本地小区产生邻区关系的其他非本站下的小区基本属性信息，所配置的信息需和该小区在其本站下本地 "FDD/TDD 小区配置" 一致。

● 邻接关系表配置：根据切换的源小区和目的小区直接关系，配置本站本地小区之间邻区两两配对关系；配置本站小区和目的小区为非本站小区的配对邻区关系，其中非本站小区必须先在 FDD/TDD 邻接小区配置里有配置小区基本信息。

①小区配置。

根据覆盖需要，配置本基站覆盖区域下 1～3 个扇区的本地无线资源属性配置，点击 " + " 总共可以添加 3 个小区配置。点击 "删除配置" 将删除本小区所有数据表项。每个小区所对应覆盖的物理区域，可参见右下角小地图蓝色高亮区域，如图 4 – 3 – 25 所示，各参数说明如表 4 – 3 – 7 所示。

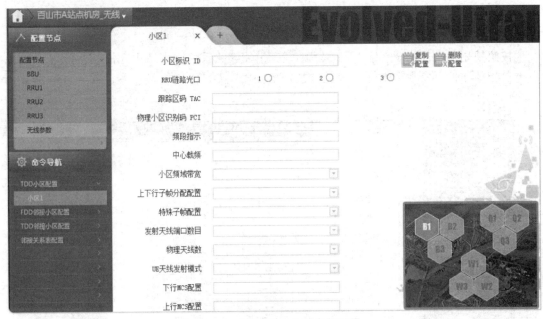

图 4 – 3 – 25　TDD 小区参数配置

表 4 – 3 – 7　小区配置参数说明

参数名称	说明
小区标识 ID	该参数用于标识小区，需保持网元下唯一性
RRU 链路光口	指示该小区与 BBU 上连接 RRU 接口号，从而配置与 RRU 物理设备资源对应关系
跟踪区码 TAC	网络参数，PLMN 内跟踪区域的标识，用于 UE 的位置管理，需在核心网配置相关参数
物理小区识别码 PCI	无线侧资源参数，标识小区的物理层小区标识号

参数名称	说明
频段指示、中心载频、频域带宽	该组参数指示了小区上下行的频域资源配置，用于确定无线物理信道的频域位置和资源分配等，其中中心载频的设置随着"频段指示"的取值而获得不同的频谱范围。该配置需要与 RRU 支持频段范围、终端频率配置匹配
上下行子帧分配配置、特殊子帧配置（TDD）	为 TDD 特有参数，配置上下行子帧时间配比和 TDD 帧结构中特殊子帧配置
描述	为本地小区自定义主观描述

②FDD/TDD 邻接小区配置。

按照规划，物理位置上需要和本站小区产生邻区关系的非本站小区信息，配置到本节点下。相关属性、参数和本站小区的"FDD/TDD 小区配置"属性、参数一致，如图 4 - 3 - 26 所示。

图 4 - 3 - 26　邻接小区参数配置

③邻接关系表配置。

邻接关系的配置为单向切换方向配置，比如本地小区（源小区）选择 A 小区，目的小区为 B 小区，即此邻接关系表示配置 A→B 的切换关系。如果需要配置 B→A 的切换关系，还需要配置 B→A 的邻接关系。邻接关系表配置如图 4 - 3 - 27 所示，各参数说明如表 4 - 3 - 8 所示。

图 4 – 3 – 27　邻接关系表配置

表 4 – 3 – 8　邻接关系表配置参数说明

参数名称	说明
本地小区	选择配置成配对邻区关系的源小区，只能选取本站下本地小区作为源小区
本地小区标识	根据"本地小区"选择，系统自动读取本地小区 ID 标识
本站邻接小区	邻区关系的目的小区选择，系统自动读取本站下除已被选为源小区外的小区，一个源小区根据规划可以和 1 ~ 2 个本站小区配置成邻区关系
FDD/TDD 邻接小区	邻区关系的目的小区选择，目的小区为非本站小区。根据"FDD/TDD 邻接小区"节点的已有配置，系统自动生成列表选择，根据规划可以勾选 1 到多个目的小区分别与"本地小区"（源小区）形成邻区关系

4.3.2　LTE 核心网配置设备开局仿真

登录 4G 全网 APP 的客户端，打开数据配置模块，选择核心网对应的机房，可以看到数据配置界面，如图 4 – 3 – 28 所示。

核心网的总体配置分为以下四步：

➤ 步骤一：本局数据配置

MME 网元作为交换网络的一个交换节点存在，必须和网络中其他节点配合才能完成网络交换功能，因此需针对交换局不同情况，配置各自的局数据。本局数据配置主要包括本局信令面、本局移动数据。

4G 全网建设——核心网设备数据配置

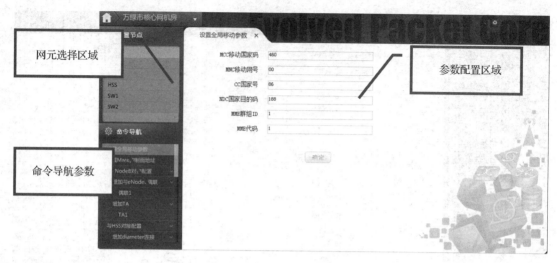

图 4 – 3 – 28   核心网全局移动参数配置

➢ 步骤二：网元对接配置

网元对接配置主要是配置 MME 与 eNodeB、HSS、SGW 以及其他 MME 之间的对接参数。

➢ 步骤三：基本会话配置

基本会话配置主要配置系统中相关业务需要的解析配置，包括 APN 解析、EPC 地址解析和 MME 地址解析。

➢ 步骤四：接口地址及路由配置

地址及路由配置主要是配置各个接口上的 IP 地址以及静态路由。

核心网配置流程说明如表 4 – 3 – 9 所示。

表 4 – 3 – 9   核心网配置流程说明

开通流程	说明	配置命令
本局数据配置	MME 网元作为交换网络的一个交换节点存在，必须和网络中其他节点配合才能完成网络交换功能，因此需针对交换局不同情况，配置各自的局数据。本局数据配置主要包括本局信令面、本局移动数据	设置全局移动参数 设置 MME 控制面地址
网元对接配置	网元对接配置主要是配置 MME 与 eNodeB、HSS、SGW 以及其他 MME 之间的对接参数	与 eNodeB 对接配置 增加与 eNodeB 偶联 增加 TA 与 HSS 对接配置 与 SGW 对接配置

开通流程	说明	配置命令
基本会话配置	基本会话配置主要配置系统中相关业务需要的解析配置，包括 APN 解析、EPC 地址解析和 MME 地址解析	基本会话配置 APN 解析配置 EPC 地址解析配置 MME 地址解析配置
接口地址及路由配置	地址及路由配置主要是配置各个接口上的 IP 地址以及静态路由	接口 IP 配置 路由配置

设置全局移动参数需要根据规划配置本局移动数据，包括国家号、MME 组 ID 号、国家目的码、移动国家码、移动网号等信息。在配置数据之前，应当先完成本局移动数据规划，规划示例参见表 4 – 3 – 10。

表 4 – 3 – 10　核心网全局移动参数配置说明

参数名称	参数说明	取值举例
移动国家码	根据实际填写，如中国的移动国家码为 460	460
移动网号	根据运营商的实际情况填写	00
国家码	根据实际填写，如中国的国家码为 86	86
国家目的码	根据运营商的实际情况填写	188
MME 群组 ID	在网络中标识一个 MME 群组，MME 组 ID 规划需要全网唯一，非 pool 组网的各个 MME 网元的 MMEGI 不可重复	1
MME 代码	MME 代码，在 Group 中能唯一标识一个 MME，根据网络规划确定。当与 2/3G 存在映射关系时，需要基于现网 SGSN 的 NRI 值进行规划，本仿真软件是基于纯 LTE 接入，无须考虑	1

接下来，进行 MME 网元对接配置。MME 控制面地址参数即网元的信令面地址，配置 MME 的控制面地址是配置 MME 与 SGW/PGW 连接时的 S11 口控制面地址，通过此地址寻址到 SGW/PGW 的控制面地址，完成 S11 口控制面信令流的接通。其次，在其他网元上进行 MME 地址解析时也填写这个地址，默认掩码为 255. 255. 255. 255。假设根据规划，MME 控制面地址为 217. 79. 130. 166/32，设置 MME 控制面地址如图 4 – 3 – 29 所示。

MME 通过 SI – MME 接口与 eNodeB 连接。SI – MME 接口用来传送 MME 和 eNodeB 之间的信令和用户数据。MME 通过 SI – MME 接口实现承载管理、上下文管理、切换、寻呼等功能。MME 与 eNodeB 之间采用 SCTP 协议。根据规划，配置 MME 与 eNodeB 对接配置如图 4 – 3 – 30 所示。

图 4-3-29　MME 控制面地址

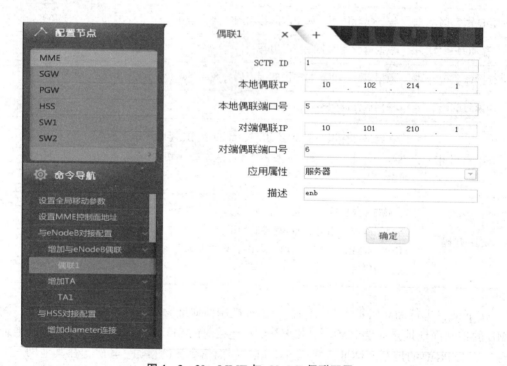

图 4-3-30　MME 与 eNodeB 偶联配置

　　MME 与 eNodeB 对接包括两个步骤。首先，增加与 eNodeB 偶联，包括 MME 配置偶联别名、SCTP 标识、本端 IP 地址和端口、对端 IP 地址和端口。当 MME 与多个 eNodeB 对接时，可以增加多条偶联。然后，增加 TA，MME 按照跟踪区对用户进行移动性管理，需要在 MME 中配置 eNodeB 关联的跟踪区域。

在进行具体数据配置之前，需要对 MME 与 eNodeB 对接的相关数据规划，MME 与 eNodeB 对接数据配置说明如表4－3－11 所示。

表4－3－11 MME 与 eNodeB 对接数据配置说明

参数名称	说明	取值举例
SCTP 标识	用于标识偶联，增加多条时不可重复	1
本地偶联 IP	MME 端的偶联地址，该 IP 用于与远端 eNodeB 建立 SCTP 偶联的端点地址	10. 102. 214. 1
本地偶联端口号	MME 端的端口号	5
对端偶联 IP	eNode 端的偶联地址，与 eNodeB 侧协商一致	10. 101. 210. 1
对端偶联端口号	对端的端口号，与 eNodeB 侧协商一致	6
应用属性	与对端相反，一般 MME 作为服务器端	服务器

增加与 eNodeB 对接的 TA 配置，如图4－3－31 所示，参数说明如表4－3－12 所示。

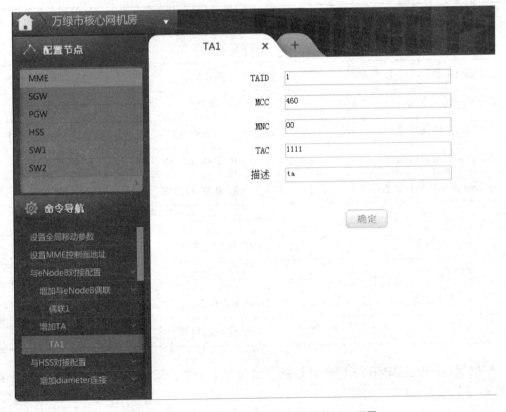

图4－3－31 MME 与 eNodeB 对接的 TA 配置

表 4 – 3 – 12   MME 与 eNodeB 对接的 TA 配置参数说明

参数名称	说明	取值举例
TAID	跟踪区标识，用于标识一个跟踪区	1
MCC	根据实际填写	460
MNC	根据实际填写	00
TAC	跟踪区编码，与无线规划保持一致，增加 MME 覆盖的所有 TAC	1A1B

接下来，进行 MME 与 HSS 的对接配置。MME 通过 S6a 接口与 HSS 连接，实现位置更新、用户数据管理、鉴权信息获取、HSS 重置等功能。MME 与 HSS 之间采用 Diameter 协议。

MME 可以根据用户 IMSI 匹配分析号码，从而寻址到用户归属的 HSS，建立 Diameter 连接实现用户的鉴权、授权等功能。在配置数据之前，应当完成 MME 与 HSS 对接的相关数据规划，数据规划示例参见表 4 – 3 – 13。

表 4 – 3 – 13   MME 与 HSS 对接的配置参数说明

参数名称	说明	取值举例
SCTP 标识	用于标识偶联	1
Diameter 偶联本端 IP	MME 端的偶联地址	217. 79. 130. 162
Diameter 偶联本端端口号	MME 端的端口号	1
Diameter 偶联对端 IP	对端的偶联地址，与 HSS 侧协商一致	217. 79. 130. 170
Diameter 偶联对端端口号	对端的端口号，与 HSS 侧协商一致	2
Diameter 偶联应用属性	与对端相反，一般 MME 作为客户端	客户端
本端主机名	MME 节点主机名	mme. cnnet. cn
本端域名	MME 节点域名	cnnet. cn
对端主机名	HSS 节点主机名	hss. cnnet. cn
对端域名	HSS 节点域名	cnnet. cn
分析号码	可以是一个 IMSI，也可以填写 IMSI 前缀	46 000

根据规划，配置 MME 与 HSS 对接配置包含两个步骤，第一步是增加 Diameter 连接，如图 4 – 3 – 32 所示。

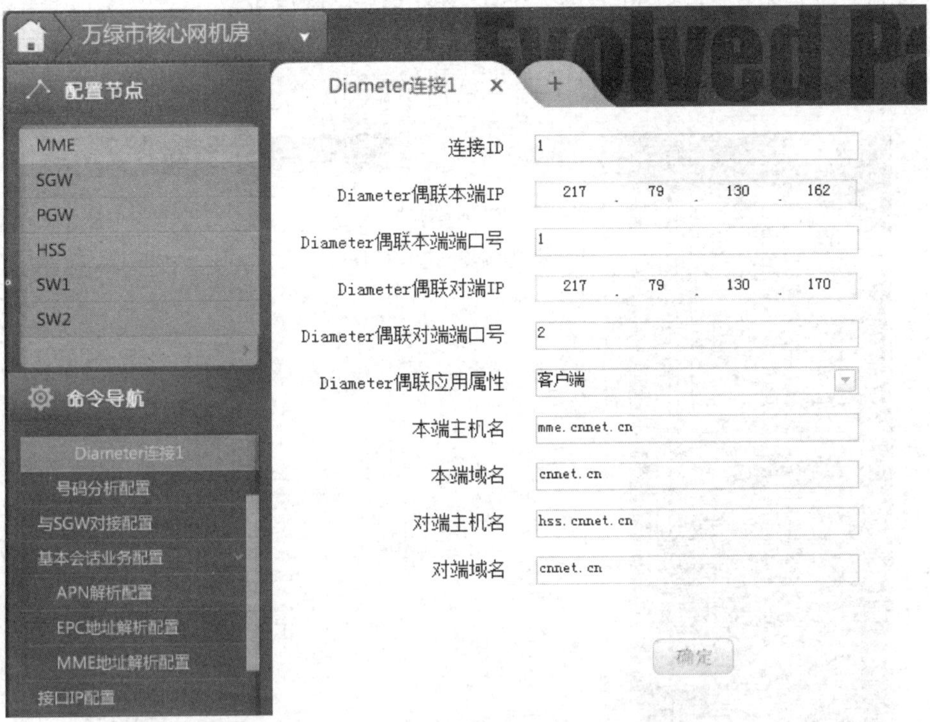

图 4 – 3 – 32   MME 与 Diameter 的连接配置

第二步，增加号码分析，如图 4 – 3 – 33 所示。

图 4 – 3 – 33   号码分析配置

接下来，进行 MME 与 SGW 对接。MME 通过 S11 接口与 SGW 连接，实现基本会话业务。此处的配置须与跟踪区配置中 MME 管理的跟踪区域相对应。例如，MME 管理的 TAID 为 1，与 SGW 对接的配置如图 4 – 3 – 34 所示。

图 4 – 3 – 34　MME 与 SGW 对接配置

用户在进行会话业务时，首先创建默认承载，获取 PDN 地址，然后根据此 PDN 地址进行数据业务。在 EPC 系统中，MME 不直接与 PGW 对接，但是在进行会话业务时，MME 需根据 APN 寻址 PGW，然后解析出需要接入的 SGW 地址。因此，需要在基本会话业务配置中增加对 PGW 地址和 SGW 地址的解析配置。另外，在涉及跨 MME 切换的应用场景下，源 MME 需要发出切换请求消息给目的 MME，因此需要设置到目的 MME 地址的解析。基本会话业务配置的主要步骤如表 4 – 3 – 14 和图 4 – 3 – 35 所示。

表 4 – 3 – 14　MME 与 PGW 对接的配置参数步骤

步骤	操作	操作说明
1	增加 APN 解析配置	设置 PLMN 中 APN 名和 PGW 网元的 IP 地址对应关系。MME 可以由 APN 解析得到 PGW 网元的 IP 地址
2	增加 EPC 地址解析	设置在 PLMN 网络中，SGW 网元与 MME 对接时的 IP 地址对应关系。通过此配置，MME 可以由 TAC 解析得到 SGW 网元的 IP 地址
3	增加 MME 地址解析	通过此配置，MME 可以由 MMEC 和 MMEGI 解析得到 MME 网元的 IP 地址

在配置数据之前，应当完成 MME 基本会话业务配置的数据规划，数据规划示例参见表 4 – 3 – 15。

表 4 – 3 – 15　MME 与 PGW 对接的配置参数说明

参数名称		说明	取值举例
增加 APN 解析	APN	接入点名称，由网络标识和运营商标识组成；APN 名称以 apn. epc. mnc. mcc. 3gppnetwork. org 为后缀，mnc 和 mcc 都是三位 0 ~ 9 的数字，不足三位的，靠前补零	test2. apn. epc. mnc002. mcc460. 3gppnetwork. org
	解析地址	APN 对应的 PGW 的 GTP – C 地址	217. 79. 130. 160
	业务类型	APN 支持的服务类型，这里须选择 x_3gpp_pgw	x_3gpp_pgw
	协议类型	APN 支持的协议类型，这里须选择 x_s5_gtp	x_s5_gtp
增加 EPC 地址 解析	名称	名称须以 apn. epc. mnc. mcc. 3gppnetwork. org 为后缀，mnc 和 mcc 都是三位 0 ~ 9 的数字，不足三位的，靠前补零	tac – lb1B. tac – hb1A. tac. epc. mnc002. mcc 460. 3gppnetwork. org
	解析地址	TAC 对应的 SGW 的 S11 – GTPC 地址	217. 79. 130. 129
	业务类型	APN 支持的服务类型，这里须选择 x_3gpp_sgw	x_3gpp_sgw
	协议类型	APN 支持的协议类型，这里须选择 x_s5_gtp	x_s5_gtp
增加 MME 地址 解析	名称	名称以 apn. epc. mnc. mcc. 3gppnetwork. org 为后缀，mnc 和 mcc 都是三位 0 ~ 9 的数字，不足三位的，靠前补零	mmec1. mmegi1. mme. epc. mnc01. mcc460. 3 gppnetwork. org
	解析地址	MMEC 和 MMEGI 对应的 MME 的控制面地址	100. 91. 1. 161
	业务类型	APN 支持的服务类型，这里须选择 x_3gpp_mme	x_3gpp_mme
	协议类型	APN 支持的协议类型，这里须选择 x_s10	x_s10

MME 通过接口板与外部网络相连接。接口 IP 配置就是将配置的逻辑接口 IP 地址对应到具体的接口板的物理接口上，完成 MME 接口 IP 地址配置，如图 4 – 3 – 36 所示。

最后，MME 需要配置静态路由实现与 SGW、HSS 及 eNodeB 之间的路由联通。具体路由配置需要根据 IP 规划进行配置。根据规划，完成 MME 路由地址配置，如图 4 – 3 – 37 所示。

下面，进行 SGW 开通配置，分为以下三个步骤。

➤ 步骤一：本局数据配置

SGW 网元作为交换网络的一个交换节点存在，必须和网络中其他节点配合才能完成网络交换功能，因此需针对交换局的不同情况，配置各自的局数据。本局数据配置主要配置本局移动数据 PLMN。

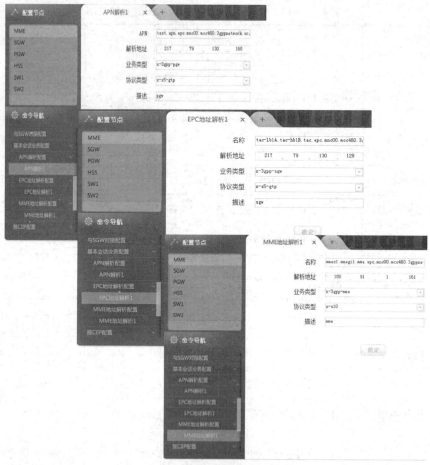

图 4 - 3 - 35　MME 与 PGW 对接配置

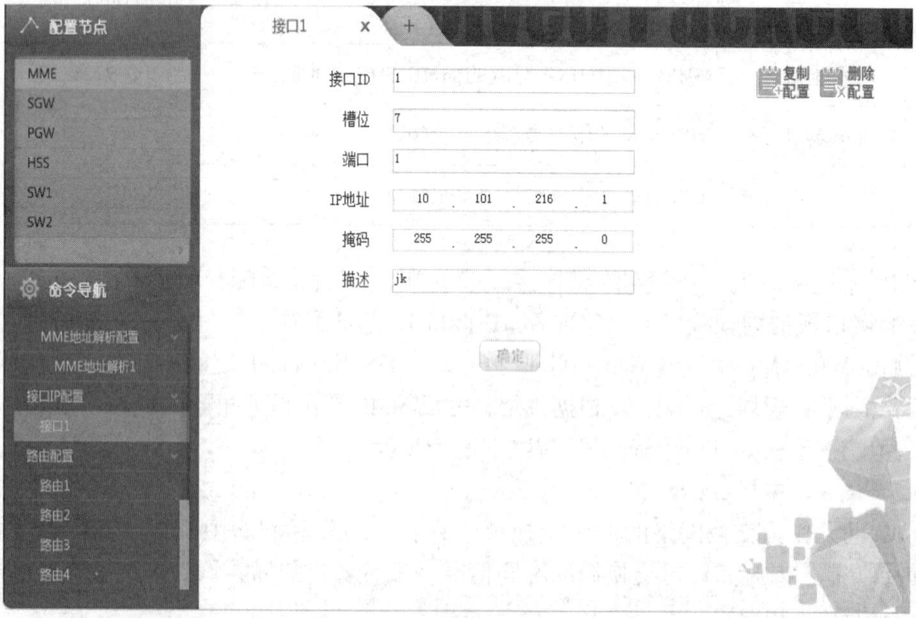

图 4 - 3 - 36　MME 物理接口配置

图 4 – 3 – 37　MME 的路由配置

➤ 步骤二：网元对接配置

网元对接配置主要是配置 SGW 与 eNodeB、MME 和 PGW 之间的对接参数配置。

➤ 步骤三：接口地址及路由配置

地址及路由配置主要是配置各个接口上的 IP 地址以及静态路由。

首先进行 SGW 的本局数据配置，如图 4 – 3 – 38 所示。

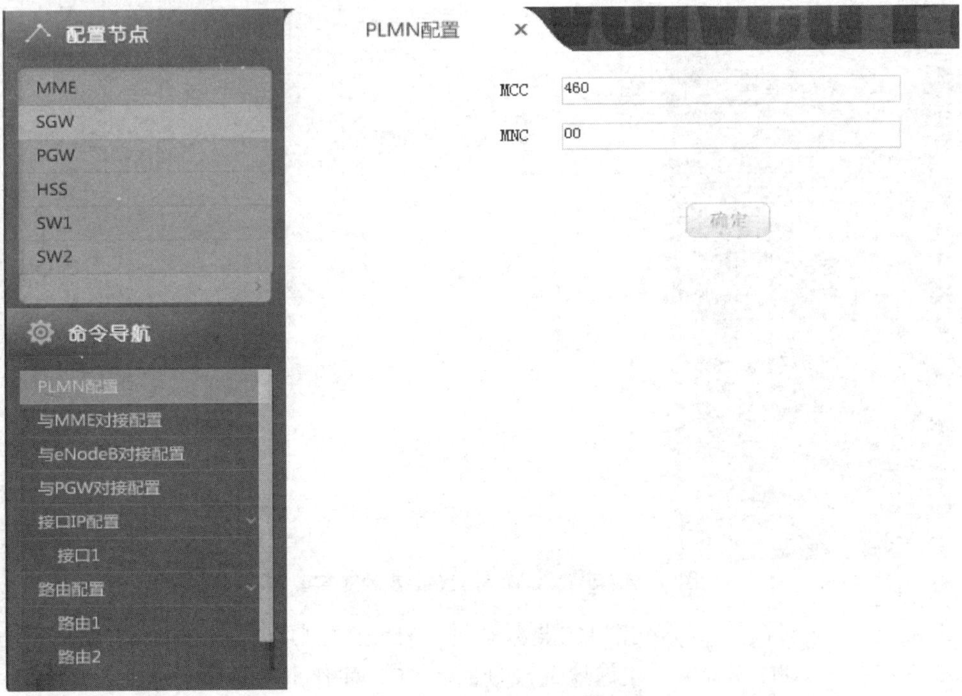

图 4 – 3 – 38　SGW 的 PLMN 配置

根据规划，配置与 MME 对接配置参数，如图 4 - 3 - 39 所示。

图 4 - 3 - 39 SGW 与 MME 的对接配置

根据规划，配置与 eNodeB 对接配置，如图 4 - 3 - 40 所示。

图 4 - 3 - 40 SGW 与 eNodeB 的对接配置

SGW 与 PGW 对接是 S5/S8 接口的业务地址。S5/S8 接口包括控制面和用户面，因此各配置一个地址与 PGW 对接，在做地址规划时，控制面地址和用户面地址设置可以相同也可以不同，如图 4 - 3 - 41 所示。

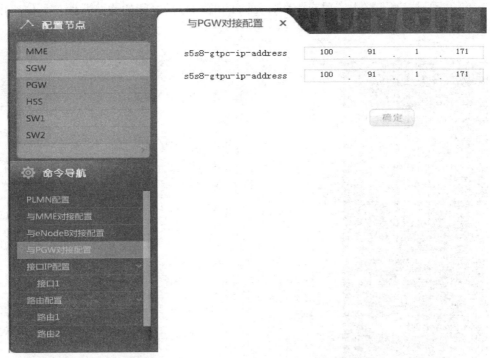

图 4 – 3 – 41　SGW 与 PGW 的对接配置

　　SGW 通过接口板与外部网络相连接。接口 IP 配置就是将配置的逻辑接口 IP 地址对应到具体的接口板的物理接口上，完成 SGW 接口 IP 地址配置，如图 4 – 3 – 42 所示。

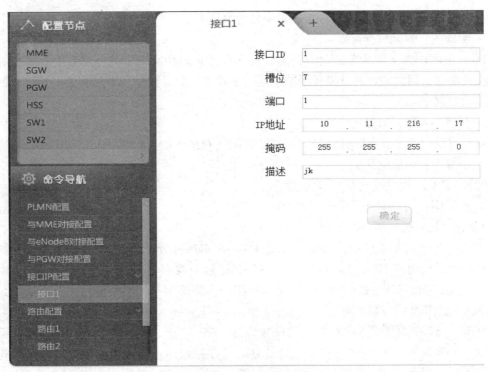

图 4 – 3 – 42　SGW 的接口配置

SGW 需要配置静态路由实现与 MME、eNodeB 及 PGW 之间的路由联通。具体路由配置需要根据 IP 规划进行配置，如图 4 - 3 - 43 所示。

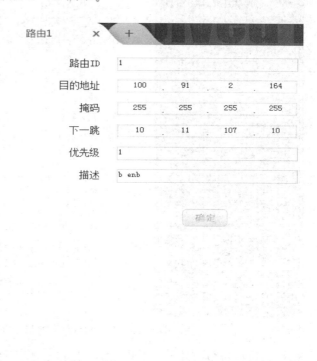

图 4 - 3 - 43　SGW 的路由配置

下面，进行 PGW 开通配置，总体主要分为以下四步。

➤ 步骤一：本局数据配置

PGW 网元作为交换网络的一个交换节点存在，必须和网络中其他节点配合才能完成网络交换功能，因此需针对交换局不同情况，配置各自的局数据。本局数据配置主要配置本局移动数据 PLMN。

➤ 步骤二：网元对接配置

网元对接配置主要是配置 PGW 与 SGW 之间的对接参数。

➤ 步骤三：地址池配置

配置 PGW 本地地址池及 IP 地址段。

➤ 步骤四：接口地址及路由配置

包括接口 IP 配置和路由配置。

首先，进行 PGW 的 PLMN 配置也就是 PGW 在本局配置。当 PGW 收到用户的激活请求消息并解析出用户 IMSI 号码中的 MCC 和 MNC 后，需要与 PGW 所归属的 PLMN 中的 MCC 和 MNC 进行比较，以便区分用户是本地用户、拜访用户还是漫游用户。根据规划配置 PLMN，如图 4 - 3 - 44 所示。

PGW 与 SGW 对接是 S5/S8 接口的业务地址。S5/S8 接口包括控制面和用户面，因此各配置一个地址与 SGW 对接，在做地址规划时，控制面地址和用户面地址设置可以相同也可以不同。根据规划，配置与 SGW 对接配置，如图 4 - 3 - 45 所示。

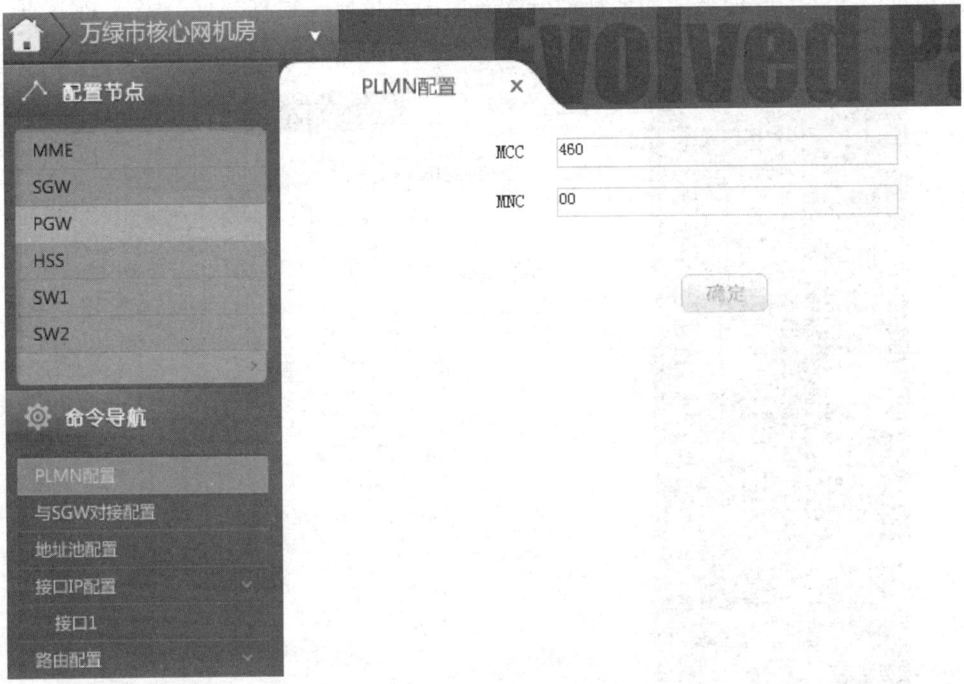

图 4 – 3 – 44　PGW 的 PLMN 配置

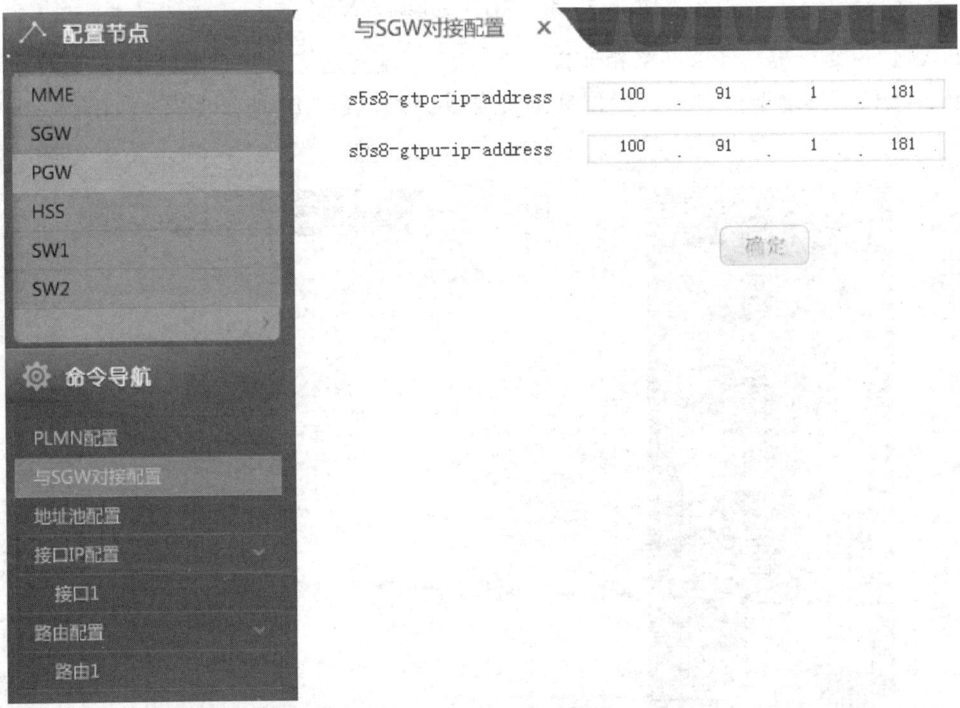

图 4 – 3 – 45　PGW 与 SGW 的对接配置

　　在分组数据网络中，用户必须获得一个 IP 地址才能接入 PDN，一般在现网中 PGW 支持多种为用户分配 IP 地址的方式，包括 PGW 本地分配、AAA 分配和 DHCP 服务器分配，通常采用 PGW 本地分配的方式。当 PGW 采用本地地址池为用户分配 IP 地址时，需要创建本地地址池，并为此种类型的地址池分配对应的地址段。根据规划，完成 PGW 地址池配置，如图 4 - 3 - 46 所示。

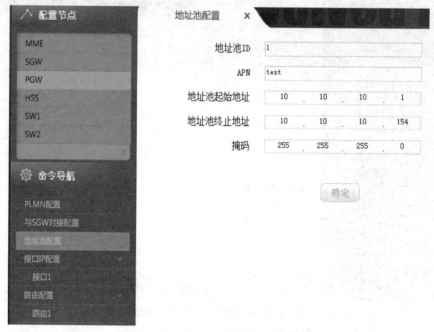

图 4 - 3 - 46　PGW 的地址池配置

PGW 通过接口板与外部网络相连接。接口 IP 配置就是将配置的逻辑接口 IP 地址对应到具体的接口板的物理接口上。根据规划，完成 PGW 接口 IP 地址配置，如图 4 - 3 - 47 所示。

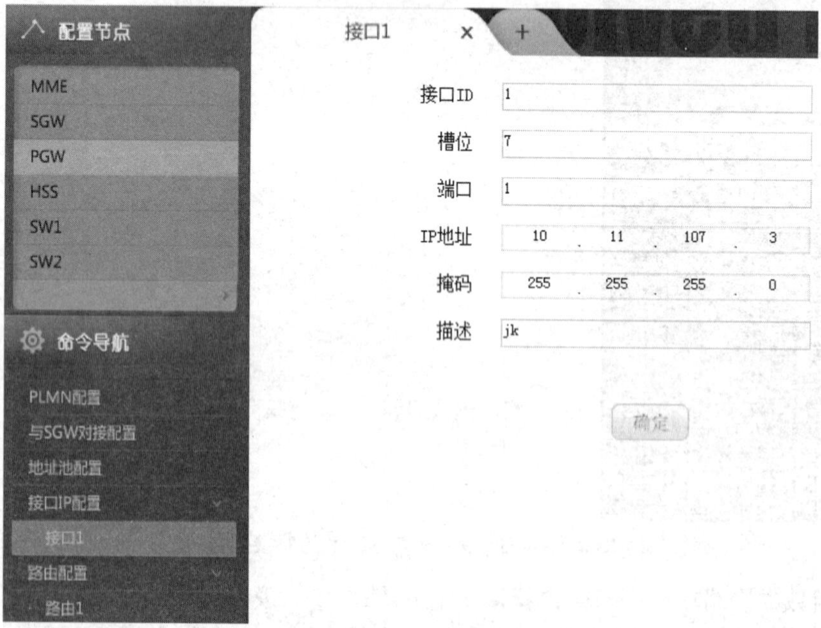

图 4 - 3 - 47　PGW 的接口配置

最后，PGW 需要配置静态路由，实现与 SGW 之间的路由联通。根据规划，完成 PGW 路由配置，如图 4 - 3 - 48 所示。

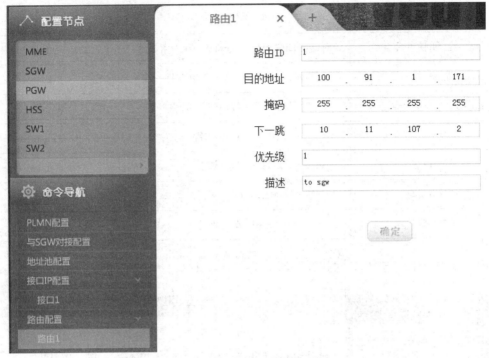

图 4 - 3 - 48　PGW 的路由配置

最后，是 HSS 的开通配置。主要操作分为三步。

➢ 步骤一：网元对接配置

网元对接配置主要是配置 HSS 与 MME 之间的对接参数。

➢ 步骤二：接口地址及路由配置

地址及路由配置主要是配置各个接口上的 IP 地址以及静态路由。

➢ 步骤三：用户签约信息设置

通过此配置进行用户的业务受理、用户信息维护，主要包括签约信息、鉴权信息及用户标识。

首先，进行网元对接配置。与 MME 侧相对应，HSS 通过 S6a 接口与 MME 连接，实现位置更新、用户数据管理、鉴权信息获取、HSS 重置等功能。HSS 与 MME 间采用 Diameter 协议，HSS 侧的协商参数与 MME 侧类似，HSS 需要与 MME 完成 SCTP 层及 Diameter 层的相关参数对接，数据说明规划参见表 4 - 3 - 16。

表 4 - 3 - 16　HSS 与 MME 对接配置说明与规划

参数名称	说明	取值举例
SCTP 标识	用于标识偶联	1
Diameter 偶联本端 IP	HSS 端的偶联地址	217. 79. 130. 170

参数名称	说明	取值举例
Diameter 偶联本端端口号	HSS 端的端口号	2
Diameter 偶联对端 IP	对端的偶联地址，与 MME 侧协商一致	217.79.130.162
Diameter 偶联对端端口号	对端的端口号，与 MME 侧协商一致	1
Diameter 偶联应用属性	与对端相反，一般 HSS 作为服务端	服务器
本端主机名	HSS 节点主机名	hss.cnnet.cn
本端域名	HSS 节点域名	cnnet.cn
对端主机名	MME 节点主机名	mme.cnnet.cn
对端域名	MME 节点域名	cnnet.cn

根据规划，HSS 与 MME 对接配置如图 4 – 3 – 49 所示。

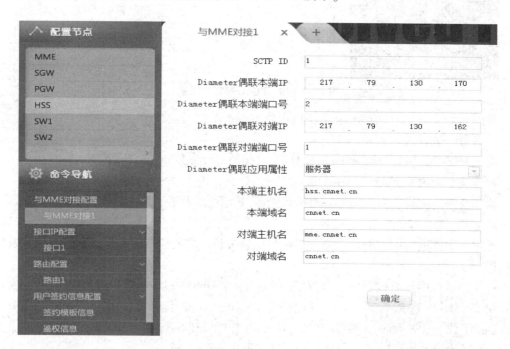

图 4 – 3 – 49　HSS 与 MME 的配置

HSS 通过接口板与外部网络相连接。接口 IP 配置就是将配置的逻辑接口 IP 地址对应到具体的接口板的物理接口上。根据规划，完成 HSS 接口 IP 地址配置，如图 4 – 3 – 50 所示。

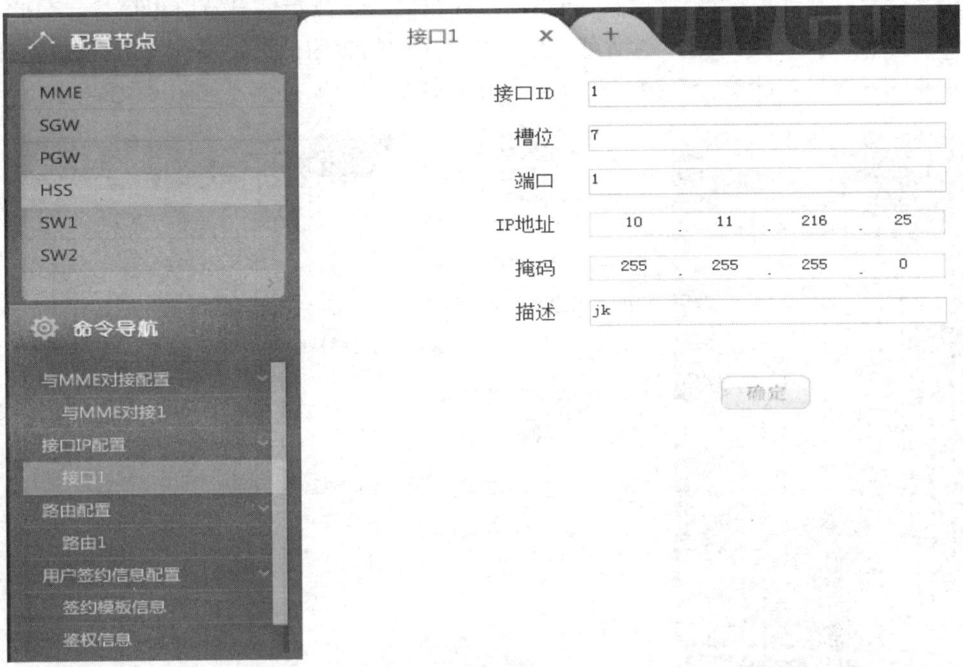

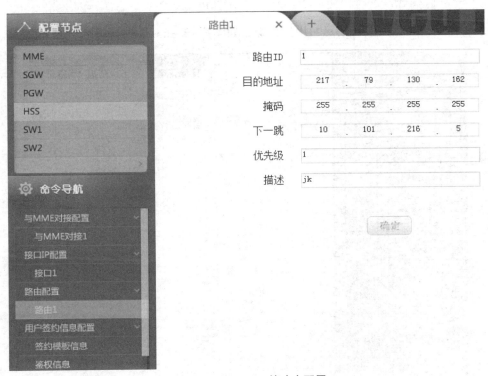

图 4 – 3 – 50   HSS 的接口配置

HSS 需要配置静态路由实现与 MME 之间的路由联通。根据规划，完成 HSS 路由配置，如图 4 – 3 – 51 所示。

图 4 – 3 – 51   HSS 的路由配置

HSS 存储并管理用户签约数据，包括用户鉴权信息、位置信息及路由信息。因此，需要在 HSS 中对所有的签约用户的信息进行签约。用户的签约信息很多，本仿真软件只涉及用户主要的签约参数的设置。根据规划，配置 HSS 的签约模板信息如图 4 - 3 - 52 所示。

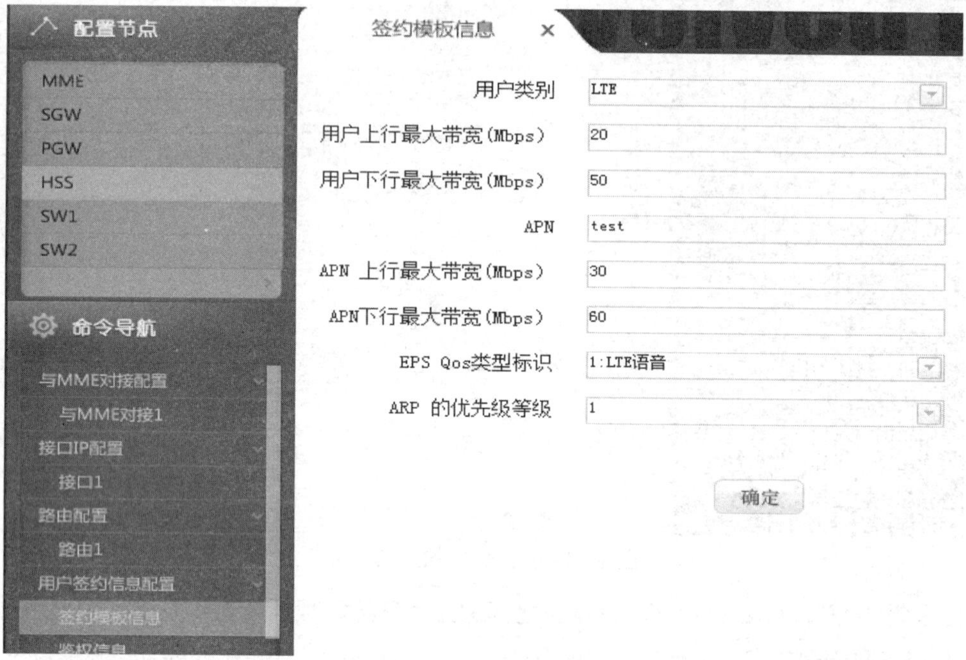

图 4 - 3 - 52 HSS 的签约模板配置

最后，配置 HSS 的鉴权信息与用户标识，如图 4 - 3 - 53 和图 4 - 3 - 54 所示。

图 4 - 3 - 53 HSS 的鉴权信息配置

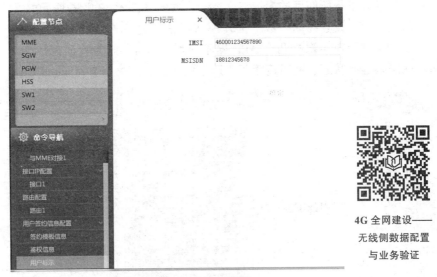

图 4 - 3 - 54　用户标识配置

KI 为用户鉴权键，23 位十六进制数，需要与卡信息保持一致。鉴权算法根据网络实际情况选择，LTE 用户选择 Milenage。

IMSI 是在移动网中唯一识别一个移动用户的号码。MSISDN 是 ITU - T 分配给移动用户的唯一的识别号，也就是通称的手机号码。

4.3.3　LTE 业务验证

我们可以通过模拟终端的业务拨测对系统进行业务验证，利用模拟终端界面中提供的两种 APP（下载和在线视频）的拨测来判断业务处理功能是否正常。在本仿真软件中，它常与"业务观察"工具配合使用。业务验证工具具体界面如下，分为两个区域，即"业务验证小区选择地图"区域和"终端界面"区域，如图 4 - 3 - 55 所示。

图 4 - 3 - 55　业务验证界面

业务验证工具所使用的模拟终端界面主要有如图 4 – 3 – 56 所示的几个主要功能界面。终端配置界面，设置终端参数；工程模式界面，显示终端的网络工程参数；业务拨测界面，提供下载和在线视频两个 APP 程序模拟测试 4G 业务验证，并最终返回三种测试结果：网络未连接状态、网络连接正常速率低状态、速率正常状态，如图 4 – 3 – 57 所示。

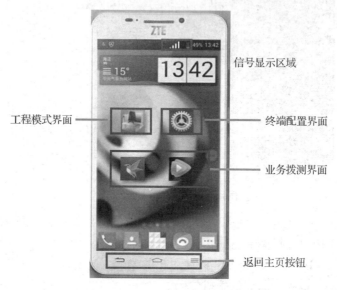

图 4 – 3 – 56   模拟终端界面说明

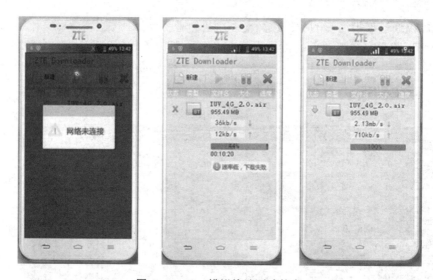

图 4 – 3 – 57   模拟终端测试状态

最终我们通过业务验证来进行 LTE 最终的网络开通情况检测，首先进行终端的参数设置。如图 4 – 3 – 58 所示。

图 4 – 3 – 58　模拟终端参数设置

　　然后，我们进行业务验证。可以单击业务拔测界面的 APP 程序进行验证。如果拔测结果如图 4 – 3 – 59 和图 4 – 3 – 60 所示，证明业务验证成功。

图 4 – 3 – 59　小区 APP 程序验证

　　我们可以通过"切换/漫游"设置小区行动路径，来验证小区间的网络覆盖情况。如图 4 – 3 – 61 所示。

　　至此，我们的 LTE 网络就开通成功了。

图 4 – 3 – 60　小区话音与数据业务验证

图 4 – 3 – 61　小区间切换验证

小　　结

　　LTE 网络的主要架构由无线接入网、传输网、核心网组成。进行网络开通时，需要分别进行。我们主要通过仿真软件进行了无线接入网与核心网的开通。在仿真条件下，我们默认传输网络是连通的，分别开通了无线接入网与核心网，整体的 LTE 网络就开通了。在用仿真软件进行这两部分的开通时，我们需要按着容量规划、设备连接、数据配置、业务验证的顺序进行，最终通过业务验证来测试 LTE 网络是否开通成功。

习　　题

1. 画出 LTE 的网络架构图。
2. MCC 和 MNC 分别代表什么含义，以及中国的 MCC 是多少？

项目 5　5G 技术

北京时间 2018 年 6 月 14 日，通信业迎来历史性的时刻！3GPP 正式完成 5G NR 独立组网（SA）标准。5G NR 非独立组网（NSA）标准已于 2017 年 12 月冻结，至此第一阶段全功能完整版 5G 标准正式出台。3GPP 正式宣布：5G Is Ready！（5G 准备就绪！如图 5 - 0 - 1 所示）现在，符合标准的 5G 设备和网络可以正式启动了！5G 商用正式迈进新阶段！

认识 5G 技术

图 5 - 0 - 1　5G 新纪元

2018 年 12 月 1 日，韩国三大运营商同时宣布：5G 正式商用！全球首个基于 3GPP 标准的 5G 网络正式提供商用服务。

电报、电话到手机，从 1G 到 4G，通信技术为人类和社会带来了无尽的便利和福祉。如今我们正迎来 5G 时代，可 5G 到底是什么？5G 只是更快吗？当然不是。

5G 不再只是从 2G. txt 到 3G. jpg 再到 4G. avi 的网络速率的提升，而是将人与人之间的通信扩展到万物连接，打造全移动和全连接的数字化社会。

4G 改变生活，5G 改变社会。5G 应用不再只是手机，它将面向未来 VR/AR、智慧城市、智慧农业、工业互联网、车联网、无人驾驶、智能家居、智慧医疗、无人机、应急安全等方面。

如果我们把一项技术创新分为四类：渐进式创新、模块创新、架构创新和彻底创新，从 2G 到 4G 是频谱效率和安全性等逐步提升的渐进式创新，也是在维持集中式网络构架下的模块式创新，还是从网络构架向扁平化和分离化演进的构架创新。但到了 5G，除了提供 1G 至 4G 时代的手机业务，还将面向各种新的服务，提供不连续的、崭新的能力，5G 是物联网时代的 ICT 基础设施，因而这对于移动通信是一次彻底的创新，如图 5 - 0 - 2 所示。

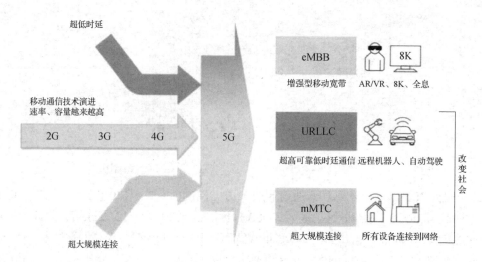

图 5-0-2　5G 改变社会

　　5G 是一场融合创新，5G 超高速上网和万物互联将产生呈指数级上升的海量数据，这些数据需要云存储和云计算，并通过大数据分析和人工智能产出价值。

　　与此同时，为了面向未来多样化和差异化的 5G 服务，一场基于虚拟化、云化的 ICT 融合技术革命正在推动着网络重构与转型。为了灵活应对智慧城市、车联网、物联网等多样化服务，使能网络切片，核心网基于云原生构架设计；面临毫秒级时延、海量数据存储与计算等挑战，应运而生的是云化的 C - RAN 构架和实时的移动边缘计算（MEC）引入。从核心网到接入网，未来 5G 网络将分布式部署巨量的计算和存储于云基础设施之中，核心数据中心和分布式云数据中心构成网络拓扑的关键节点。5G 意味着生态合作，业务创新，并向 B2B2X 商业模式转型，如图 5 - 0 - 3 所示。

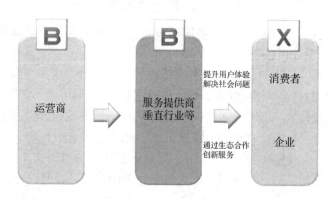

图 5-0-3　5G 生态合作

　　这是一场由海量数据引发的从量变到质变的数据革命，是一场由技术创新推动社会进步的革命，因此，5G 需要广泛与各行业、垂直领域合作，共同激发创新，从而持续为社会创造价值，如图 5 - 0 - 4 所示。

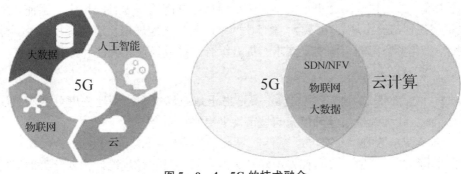

图 5 - 0 - 4　5G 的技术融合

任务 1　智慧城市建设

情　　景

随着"互联网 +""智慧城市""宽带中国"等战略的落地和实施，移动通信已经成为信息驱动世界级城市（群）创新发展的根本要求，而移动通信技术是社会智能化的重要载体之一。无线通信基础设施如何与城市规划相结合，实现资源合理分配的重要性日渐提升。江城市属三线城市，面积 2.5 万平方千米，人口 400 万。中心城市四面环山，三面环水，乌拉江呈倒"S"形穿城而过，平均海拔 196 米。江城市根据发展趋势要求，开始大规模地部署 5G 网络，打造智慧城市。

知识目标

掌握 5G 城市规划重点。
掌握 5G 无线网络关键性能指标。
掌握 5G 典型应用场景及特点。
了解 5G 网络架构。

5G NSA 非独立组网

能力目标

能根据城市情况进行简单的 5G 智慧城市规划。
能根据相关应用场合进行合理的 5G 网络架构。

5G 的组网选项
与 SA 组网

5.1.1　城市规划

现代化城市发展中，传统通信运营商建设短板正在不断暴露，如基站建设不合理、通信建设程序不完善、塔形塔位与城市环境缺少衔接、通信基站建设缺少前瞻性等，5G 通信时代的来临，致使这些问题更加突出，传统通信运营商的压力日渐增大。因而，如何将5G无线网络规划与城市规划相结合，将5G网络同城乡土地规划、道路规划以及其他规划良好衔接，细化各空间的资源建设要求，提升综合效益成为业界关注和探索的焦点。

1. 城市规划的新常态

面对5G时代的来临，城市规划应主要考虑土地布局规划、用地密度分区和组团区域密度三大方面，让无线通信基础设施与城市规划更好地结合。

1）土地布局的规划

在城市土地的规划中，应当首先做好区域内全部组团的有效统计，划分为旧城区与新城区两大块，同时细化分析区域单元中的各项功能定位。其中旧城区应当重点突出文化保护、居民居住的功能，新城区则主要负责居住、文体活动等重要功能。

2）用地密度区分

将某市的主城区按照功能不同划分成不同单元，结合城市的总体性规划，划分市区的用地密度区域，具体为密集市区、普通市区、市郊区、乡镇、农村以及限建区6类。

密集市区：这类区域为城市功能中心的集聚区，随着城市化进程的深入推进，这部分区域的基础建设已经完备，功能更加突出和集中，是城市的主要集聚地，并发展成为该城市的功能核心区域。

市郊区：包括防护绿地、街头绿地、公共设施用地、仓储用地、货运交通枢纽、城市工业用地等。

乡镇：这一区域与城市的功能区并不衔接，其功能也只是为本镇提供服务，处于规划区的外围。

农村：乡村区域依然以农业生产为主要功能，不参与城市规划。

3）组团区域密度

根据组团密度的紧急情况、人口数量、通信用户的发展态势、未来经济发展情况、人口增长数量的预测等要素，对组团的区域密度进行划分，将旧城区划分到密集市区中，新城区划分到普通市区中。

针对以上城市划分情况，规划者应对各区域的通信需求做出精准预测，并确定基站的建设规模、具体位置、设施投入等，定量规划通信的基础性设施，并对设施建设进行合理指导和规划，以保障通信事业的持续性发展。

4）城市规划的新常态

城市规划是基于城市的地理环境、人文条件、经济发展状况等客观条件制订适宜城市整体发展的计划，并对城市的空间布局、土地利用、基础设施建设等进行综合部署和统筹安排的综合性的工作。近年来，因信息通信在经济活动中的地位逐年提升，信息通信基础设施的规划建设也已逐步纳入城市规划之中，其在城市规划中的重要性不言而喻。5G时代的到来，将真正实现"万物互联"，缔造出规模空前的经济效益，成为城市经济发展的主要驱动力，所以在城市规划中需要进一步提升信息通信基础设施规划的重要性和前瞻性。

2. 5G无线网络规划的重点

为适应现代城市发展需要，5G无线网络规划应重点考虑移动通信的需求预测、链路预算分析结果、社会与经济效益三大方面。

1）移动通信的需求预测

通信预测的基础是人口数量，用户的规模同人口数量密不可分，因此在对 5G 网络做出规划时，应当首先考虑到该区域内人口数量及其增长态势。使用普及率方法预测具体人口数，并根据电话普及率和移动运营商的市场规模数据预测用户规模。

同时，通过移动电话的普及率做出预测基础，考虑到该区域在规划期间内通信的发展态势，一人可能拥有多部手机的情况，还需要考虑用户需求的变化、移动通信技术、用户所选择的运营商、通信资费的调整、数据用户的增加等因素以做出具体预测。

值得注意的是，由于用户的移动特点，各区域间人口的流动、漫游，因此在预测用户时，还需要考虑到用户移动特点所造成的冗余度。

2）链路预算分析结果

基站建设中，关于覆盖规划范围这一问题，需充分考虑到传播中各项路径所出现的损耗、链路覆盖与平衡等要素，确定每一基站最大限度的覆盖面，并基于此估算出区域内覆盖的最小基站数。准确计算基站覆盖面需使用链路计算这一方法。城市的快节奏发展，使得城市建筑、组团用户的分布存在一定变化，因此需根据不同规划时期来灵活设置网络结构，除了需满足用户的需求容量外，还需要实现区域普通覆盖的功能。5G 无线网络的规划目标是，根据不同运营商的频段、制式，结合所计算出的链路预算，充分考虑到区域覆盖深度与广度，合理确定各基站之间的间距。

3）社会与经济效益

通过合理规划，城市新增多个站点，大幅度节省了租赁面积和实际用地面积。由于 5G 无线网络与城市规划一同进行，因此也减少了基础设施的相关建设，减少了建设用地，大大节省了成本支出。

3. 5G 独有的网络特点

自 4G 网络规划引入异构网络概念以来，整个移动通信网络呈现出多制式融合的大趋势，5G 无线网络的加入将使移动通信网络成为一个超密集的集约型异构网络，站址资源更加紧张，网络部署将更加困难。所以在 5G 无线网络规划的各个阶段，不能完全照搬 4G 无线网络规划的思路，应结合 5G 高频率、高容量、更小覆盖半径的技术特点，摸索出 5G 无线网络规划的特殊模型。

在网络规划前期，考虑 5G 网络的高容量特点，容量将不再是 5G 规划的瓶颈，而以最少站址解决最多连接的问题将是 5G 规划的重中之重，所以需要将网络进行切片化，传统覆盖场景再细分为子场景，有针对性地进行网络规划，并以商务办公区、密集住宅区、高铁、地铁等大连接场景为网络规划建设重点，做到高度集约化，提高社会与经济效益。

同时，随着 5G 网络发展壮大，连接数与日俱增，中期的网络规划方向将以密集城市的广度覆盖和特殊子场景的深度覆盖为主，在重点考虑业务预测和覆盖规划的同时，容量规划也应提上日程。后期的网络规划应结合当地 5G 网络的发展状况，在继续优化网络结构和补盲的同时，从技术、效益等多方面考虑，适当进行网络覆盖的地理性延伸。

4. 5G 网络与城市规划的深度匹配

5G 制式工作频段更高，基站覆盖半径更小，用于覆盖的基站数量将更多更密集，在网络规划和建设时更应注重与城市规划各场景和功能区域的深度匹配与结合。

1）城市重大基础设施

城市重大基础设施是城市社会经济发展、人居环境改善、公共服务提升和城市安全运转的基本保障，而移动通信网络则是以上发展目标的重要驱动力。5G 网络规划应紧跟各地城市规划和重大基础建设步伐，网络规划应考虑远期需求，5G 站址、配套设施要同步纳入城市规划，结合基础设施场景与风貌，与其他信息通信设施共建共享，使其功能完备，环境和谐。

2）新建住宅小区及商住楼

5G 基站频率高，基站覆盖范围小，住宅小区及商住楼周边塔站将难以保证优质的网络覆盖质量，在 4G 网络建设时大量使用的小基站将广泛应用于 5G 网络中。小基站体积小，安装方便，可满足密集组网、快速建设等需求。开发商在楼宇建筑设计时应考虑预留 5G 小基站部署所需的管道、电力和设备承载设施，网络运营商共享资源，按需建设，既不破坏建筑原有风貌，又能实现 5G 网络优质覆盖；同时，考虑到 5G 网络作为移动互联网和物联网的主要承载体，其发展地位逐渐提高，建议相关部门能够予以法律保护。

3）城市街区、广场等

此类场景即要充分考虑到现有网络站址的利用，又要考虑新建站址规划，新建站址的选址和协调一直以来都是网络规划与建设的瓶颈，而与城市规划协调同步，与社会公共资源的共建共享将是 5G 网络规划的重点。

5G 网络规划应重点考虑现有社会公共资源和已纳入城市规划的社会公共资源的充分利用。对于现有社会公共资源，很多城市已经从政策上鼓励社会公共资源的开放，网络规划应以最大化利用为主要原则，以改造和替换为总体思路，对于已纳入城市规划的社会公共资源，网络规划时应充分考虑其在城市规划中的功能，采用多杆合一、共建共享的规划思路，整合信息设施功能，减少建设用地，提升城市形象和社会经济效益。

在积极开展城市规划和建设的过程中，必须充分考虑到 5G 无线网络的规划建设，为提升城市的信息化水平而努力，统筹考虑当前以及将来通信网络的情况，结合城市总体规划、通信用户规模、城市信息设施的建设等，制订出移动基站的改造和升级方案。

5. 5G 无线网络关键性能指标

根据对 5G 典型覆盖场景的分析，5G 移动通信系统首先需要在移动性、时延性、接入速率等方面较 3G/4G 网络有显著的提升。其次，在流量密度、连接数密度、能源效率等指标方面，也提出来新的要求，具体性能如下。

1）移动性

移动性是历代移动通信系统重要的性能指标，指在满足一定系统性能的前提下，通信双方最大相对移动速度。5G 移动通信系统需要支持飞机、高速公路、城市地铁等超高速移动场景，同时也需要支持数据采集、工业控制低速移动或非移动场景。因此，5G 移动通信系统的设计需要支持更广泛的移动性。

2）时延

时延采用 OTT 或 RTT 来衡量，前者是指发送端到接收端接收数据之间的间隔，后者是指发送端到发送端数据从发送到确认的时间间隔。在 4G 时代，网络架构扁平化设计大大提升了系统时延性能。在 5G 时代，车辆通信、工业控制、增强现实等业务应用场景，对时延提出了更高的要求，最低空口时延要求达到了 1 ms。在网络架构设计中，时延与网络拓扑结构、网络负荷、业务模型、传输资源等因素密切相关。

3）用户感知速率

5G 时代将构建以用户为中心的移动生态信息系统，首次将用户感知速率作为网络性能指标。用户感知速率是指单位时间内用户获得 MAC 层用户面数据传送量。实际网络应用中，用户感知速率受到众多因素的影响，包括网络覆盖环境、网络负荷、用户规模和分布范围、用户位置、业务应用等因素，一般采用期望平均值和统计方法进行评估分析。

4）峰值速率

峰值速率是指用户可以获得的最大业务速率，相比 4G 网络，5G 移动通信系统将进一步提升峰值速率，可以达到数十 Gb/s。

5）连接数密度

在 5G 时代存在大量物联网应用需求，网络要求具备超千亿设备连接能力。连接数密度是指单位面积内可以支持的在线设备总和，是衡量 5G 移动网络对海量规模终端设备的支持能力的重要指标，一般不低于十万/平方千米。

6）流量密度

流量密度是单位面积内的总流量数，是衡量移动网络在一定区域范围内的数据传输能力。在 5G 时代需要支持一定局部区域的超高数据传输，网络架构应该支持每平方公里能提供数十 Tb/s 的流量。在实际网络中，流量密度与多个因素相关，包括网络拓扑结构、用户分布、业务模型等因素。

7）能源效率

能源效率是指每消耗单位能量可以传送的数据量。在移动通信系统中，能源消耗主要指基站和移动终端的发送功率，以及整个移动通信系统设备所消耗的功率。在 5G 移动通信系统架构设计中，为了降低功率消耗，采取了一系列新型接入技术，如低功率基站、D2D 技术、流量均衡技术、移动中继等。

5.1.2　无线网络规划

是什么制约了移动通信网络的能力？两大速度：光的速度和人的速度。要克服光的速度的限制，就需要引入移动边缘计算，减少光纤传输距离，降低时延。要克服人的速度的限制，就得引入 SDN/NFV、人工智能等技术，以实现网络运维自动化，并加快业务开发上线速度，提升竞争力。基于此，5G 网络构架将发生翻天覆地的变化。

移动通信系统从 1G 发展到 4G，现有网络是一个 2G/3G/4G 共存，包含多种无线制式的复杂网络。5G 接入网将会是一个满足多场景的多层异构网络，能够容纳已广泛应用的各种无线接入技术和 5G 新空口多种接入技术。5G 网线网络架构将具有更加灵活的网络拓扑，以及更智能高效的资源协同能力。

1. 5G 网络典型覆盖场景

为了满足"互联网 +"业务快速发展需求，5G 无线通信网络不再是仅仅解决人与人的通信问题，而是包含了人和机器、机器和机器之间通信的生态信息系统。根据 5G 网络业务特点，5G 典型覆盖场景包括室外广域覆盖、室内热点覆盖、低功耗数据采集、低时延物联网控制。

1）室外广域覆盖

室外广域覆盖是移动通信系统最基本的覆盖方式，即为移动用户提供连续的、无缝的移动业务，以用户的移动性和业务的连续性作为基本目标。该种场景在5G网络中最大的挑战在于为用户提供100 Mb/s以上无线速率如何保证大范围的连续覆盖，这要求无线基站的站间距更小，需要建设更多的5G基站。

2）室内热点覆盖

室内热点覆盖主要指在城市区域高档写字楼、星际酒店、大型商务娱乐场所等，提供高速数据传输速率和大流量密度。该种场景在5G中的挑战主要在于如何在较小的区域内为众多用户提供高速的数据速率。

5G 的无线接入网

3）低功耗数据采集

低功耗数据采集是4G向5G演进新拓展的场景，主要是基于大数据、云计算、智慧城市、智能农业、智慧水务、森林防火等以传感和数据采集为目标的应用需求。在该种应用场景下，需要接入的设备终端数量众多、分布范围广泛，但对数据的传输速率要求不高，主要是小数据包发送，发射功率也较低，对其他终端的干扰较小。

4）低时延物联网控制

低时延物联网控制也是5G新拓展的场景，主要基于工业4.0的应用需求，如无人驾驶汽车、无人工厂等。在该场景下业务应用对时延和可靠性要求很高。

2. 5G无线网络架构设计原则

传统的移动通信无线接入网络架构秉承着高度一致的网络架构设计原则，包括集中核心域提供控制与管理、分散无线域提供移动接入，用户面与控制面紧密耦合、网元实体与网元功能高度耦合。在5G时代，随着各种新的业务和应用场景出现，传统网络架构在灵活性和适应性方面就显得不足。根据5G业务典型覆盖场景和关键性能指标分析，5G无线接入网架构应是具有高度的灵活性、扩展能力和定制能力的新型移动接入网架构，实现网络资源灵活调配和网络功能灵活部署，达到兼顾功能、成本、能耗的综合目标。

5G无线网络架构设计需遵循以下几点原则。

（1）高度的智能性。

实现承载和控制相分离，支持用户面和控制面独立扩展和演进，基于集中控制功能，实现多种无线网络覆盖场景下的无线网络智能优化和高效管理。

（2）网元和架构配置的灵活性。

物理节点和网络功能解耦，重点关注网络功能的设计，物理网元配置则可灵活采取多种手段，根据网络应用场景进行灵活配置。

（3）建设和运维成本的高效性。

5G网络建设和运维成本是一个庞大的数目，只有在成本方面具有高效性的设计方案才能得到商用，成本目标是5G无线网络架构设计首要考虑目标。

根据5G无线网络架构设计原则，在实际5G无线网络架构设计过程中，需要依次考虑5G无线逻辑架构、5G无线部署架构两个层面。5G无线逻辑架构是指根据业务应用特性和需求，灵活选取网络功能集合，明确无线网络功能模块之间的逻辑关系和接口设计。5G无线部署架构是指从5G无线逻辑架构到物理网络节点的映射实现。

3. 5G无线网络架构设计方案

4G网络的峰值速度达到100 Mb/s/50 Mb/s，时延在50～100 ms，这决定了在5G时代，4G 网络依然是移动互联网业务的主要承载者。由于无线频谱资源非常有限，留给 5G 的频谱资源并不具备优势，未来 5G 无线网络将集中解决室内热点覆盖、低时延物联网控制、低功耗数据采集等特定业务应用场景。传统的 3G/4G 网络仍将是承载移动通信语音和大多数数据业务的骨干网络，5G 网络和 4G 网络将共同构建未来移动通信网络。未来 5G 无线网络架构是一个多拓扑形态、多层次类型、动态变化的网络，具有连接形态多样化、平台多样化、承载方式多样化、拓扑结构多样化等特点。

1）连接形态多样化

在 5G 无线网络架构中，无线设备节点连接形态将兼容多种形式，包括链状连接，如中继通信、RRU 基站级联；网状连接，如基站设备之间的连接；伞状连接，如一个 BBU 与多个 RRU 之间的连接；点对点连接，如基站与物联网关之间的连接、D2D 直通终端之间的连接等。

5G 的核心网

2）平台多样化

在 5G 无线网络架构中，将增加各种新型网关、终端，设备平台能力将更加多样化。根据功能的不同，5G 无线设备包括 BBU + RRU 分布式基站、室外一体化基站、室内微基站、承载用户和控制功能的各种网关设备等。根据设备平台能力的不同，包括专业平台设备和虚拟化平台设备。根据功率的不同，包括大功率的 BBU + RRU 分布式基站、低功率的微基站、RRU 视频模块，超低功率的物联网传感节点、智能终端等。根据距离用户远近的不同，包括智能终端、聚合网关、无源天线、有源天线、小功率微基站、射频拉远 RRU、BBU 资源池基站等。

3）承载方式的多样化

在 5G 无线网络架构中，传输承载技术更加多样化，不同的传输承载技术将用在不同的网络场景中。根据承载介质的不同，传输承载包括无线承载和有线承载。无线承载技术具有应用灵活、成本较低、建设周期短等优点，但也存在带宽有限、干扰较大等缺点。有线承载技术具有稳定性好、带宽充足等优点，但也存在建设成本高、建设周期长等不足。在 5G 无线网络架构设计方案中，往往会综合考虑多种承载技术。

4）拓扑结构多样化

随着 5G 无线接入网络采用的频段向更高的频段发展，以及多种新型接入技术的商用、低功率即插即用基站的部署，5G 无线网络架构将呈现出更高的灵活性，在同一地点的不同时间段表现出较大差异的网络架构和节点间的层级关系。

综上分析，我们提出了一个 5G 无线接入网架构设计方案，如图 5 - 1 - 1 所示。

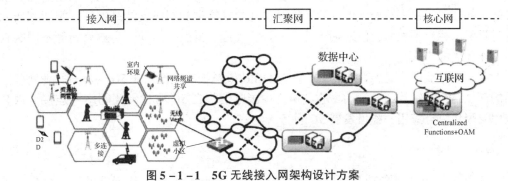

图 5 - 1 - 1　5G 无线接入网架构设计方案

4. 结论

5G 无线接入网络架构设计需要综合考虑业务应用属性、网络功能时延要求、特殊业务属性等。热点业务只在局部热点范围部署，尽量贴近于基站部署；本地业务相关功能尽量贴近本地接入网部署；全局业务则需从全程全网角度统筹考虑。对无线网络时延敏感的功能主要集中在 L1 和 L2 层中，建议尽量贴近于用户侧节点部署；对无线网络时延不敏感的功能主要指 L3 层，可依据需求部署于接入高层节点或汇聚中间层节点。对于物联网应用业务，大规模传感节点的信息上报将消耗大量的系统信令资源，导致网络资源利用率不高，系统信令负荷过重，在实际网络部署设计中，可以考虑将一部分用户面和控制面功能下沉到静态网关或临时网关中，由静态网关或临时网关进行周期性测量信息收集，然后统一发送给网络侧服务器。

5.1.3　典型应用场景

5G 的愿景与需求，是为了应对未来爆炸性的移动数据流量增长、海量的设备连接、不断涌现的各类新业务和应用场景，同时与行业深度融合，满足垂直行业终端互联的多样化需求，实现真正的"万物互联"，构建社会经济数字化转型的基石。

5G 的三大典型
应用场景

ITU 为 5G 定义了 eMBB（增强移动宽带）、mMTC（大连接物联网）、URLLC（低时延高可靠）三大应用场景。实际上不同行业往往在多个关键指标上存在差异化要求，因而 5G 系统还需支持可靠性、时延、吞吐量、定位、计费、安全和可用性的定制组合。万物互联也带来更高的安全风险，5G 应能够为多样化的应用场景提供差异化安全服务，保护用户隐私，并支持提供开放的安全能力。

eMBB 典型应用包括超高清视频、虚拟现实、增强现实等。这类场景首先对带宽要求极高，关键的性能指标包括 100 Mb/s 用户体验速率（热点场景可达 1 Gb/s）、数十 Gb/s 峰值速率、每平方千米数十 Tb/s 的流量密度、每小时 500 km 以上的移动性等。其次，涉及交互类操作的应用还对时延敏感，例如，虚拟现实沉浸体验对时延要求在十毫秒量级。

URLLC 典型应用包括工业控制、无人机控制、智能驾驶控制等。这类场景聚焦对时延极其敏感的业务，高可靠性也是其基本要求。自动驾驶实时监测等要求毫秒级的时延，汽车生产、工业机器设备加工制造时延要求为十毫秒级，可用性要求接近 100%。

mMTC 典型应用包括智慧城市、智能家居等。这类应用对连接密度要求较高，同时呈现行业多样性和差异化。智慧城市中的抄表应用要求终端低成本低功耗，网络支持海量连接的小数据包；视频监控不仅部署密度高，还要求终端和网络支持高速率；智能家居业务对时延要求相对不敏感，但终端可能需要适应高温、低温、震动、高速旋转等不同家具电器工作环境的变化。

移动视频业务将是 5G 时代个人用户 ARPU 值增长的关键，而 5G 与垂直行业物联网应用的深度结合是运营商最大的增收契机。中国电信将在 5G 时代围绕网络 + 连接 + 内容 + 应用，聚焦重点应用，积极发展 5G 业务。

小　　结

面向 5G，我国通信业各界紧锣密鼓的筹备工作已然开始：从标准的讨论制定，到产品研发和部署，再到设备性能功能的测试，一切都为了5G腾飞。

截至2018年8月23日，已正式确定，三大运营商的第一批5G网络覆盖城市，总共有19个。

中国移动5座城市：杭州、上海、广州、苏州、武汉。

中国电信6座城市：雄安、深圳、上海、苏州、成都、兰州。

中国联通16座城市：北京、雄安、沈阳、天津、青岛、南京、上海、杭州、福州、深圳、郑州、成都、重庆、武汉、贵阳、广州。

5G网络开通后，"万物互联"的目标将会实现。从手机到汽车、家电、医疗设备、公共服务设施等，都将成为网络终端。人工智能也将使用5G传输数据，实现更多价值。

习　题

1. 5G无线网络规划的重点是什么？
2. 5G网络典型覆盖场景有哪些？
3. 5G无线网络架构设计原则是什么？
4. ITU为5G定义的三种典型应用场景及特点是什么？

任务2　VR下的世界杯足球赛

情　景

江城市已部署完成5G网络，成为新型智慧城市。身在江城的小明，也体会到了5G对生活方方面面的改变，江城市属于世界杯赛事的11个部署了5G试验区的城市之一。小明是一个十足的球迷，他正期待着世界杯的到来。他没有办法飞到俄罗斯亲临现场，他正想着用VR感受一下世界杯赛场。

知识目标

掌握5G新型无线技术的特点。

掌握5G大规模MIMO应用场景。

了解5G毫米波频段范围。

了解5G信道编码。

能力目标

能根据城市情况辨析5G大规模天线使用场景。

能根据相关应用场合客观分析毫米波优缺点。

5.2.1　eMBB 下的网络应用

2018 年 6 月，最激动人心的事无非是 5G R15 标准完成和俄罗斯世界杯开赛。当 5G 遇上世界杯，这预示着一场足球产业的数字化转型拉开序幕。

据说，俄罗斯世界杯耗资 140 亿美元，堪称"史上最贵的世界杯"。信息通信在体育赛事中扮演着重要的角色，本次世界杯上到底亮相了哪些技术和应用呢？

众所周知，足球场现场容纳几万人，连接用户最集中，通信密度最高，一旦进球后，可能有上万人同时并发通信，与家人朋友分享喜悦，这对网络容量是一次极大的挑战。

eMBB（Enhanced Mobile Broadband），增强移动宽带，是指在现有移动宽带业务场景的基础上，对于用户体验等性能的进一步提升。

eMBB 典型应用包括超高清视频、虚拟现实、增强现实等。这类场景首先对带宽要求极高，关键的性能指标包括 100 Mb/s 用户体验速率（热点场景可达 1 Gb/s）、数十 Gb/s 峰值速率、每平方千米数十 Tb/s 的流量密度、每小时 500 km 以上的移动性等。其次，涉及交互类操作的应用还对时延敏感，例如，虚拟现实沉浸体验对时延要求在十毫秒量级。

为了保障通信，俄罗斯运营商在 11 个比赛场地部署了大量的 Massive MIMO 天线，这是目前欧洲最大规模的 Massive MIMO 部署，如图 5 - 2 - 1 所示。

图 5 - 2 - 1　欧洲最大规模的 Massive MIMO 部署

Massive MIMO 是 5G 的关键技术之一，目前也部署于 4G 网络中。Massive MIMO 在基站侧部署大规模天线阵列，通过波束赋形和波束控制技术，用相同的时频资源同时服务多个现场观赛的用户，从而大幅提升容量。

1. 高速率、低时延的 VAR 系统

俄罗斯世界杯首次采用了 VAR，即视频助理裁判系统。

在法国队和澳大利亚队的比赛中，下半场法国前锋格里兹曼接博格巴直塞后在澳大利亚队禁区内与澳大利亚右后卫里斯登接触后倒地，当值主裁判第一时间并未判罚点球。这时，所有球员走到场边，与喀山体育场内四万多名观众通过现场的大屏幕共同观看了争议场景的回放以及 VAR 的裁决结果，主裁判库尼亚据此判给了法国队点球，如图 5 - 2 - 2 所示。

图 5-2-2　世界杯上的新明星

　　VAR 是除了场上主裁判、两位助理裁判和第四裁判外，新引入的一整套辅助判罚系统。一旦主裁判有任何疑虑，就可请求 VAR 协助，VAR 通过视频回放，向主裁判提供参考，协助主裁判纠正错判、漏判等。

　　VAR 是一个怎样的系统呢？

　　VAR 系统在赛场周围架设了 35 台 8K 高清摄像机，并通过光纤和无线网络连接到总控室，如图 5-2-3 所示。大家在观看球赛时，会看到裁判有时把手放在耳边，这就可能是在跟 VAR 沟通，这个信息沟通过程是通过无线网络传播的。

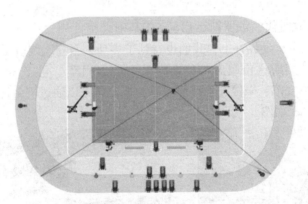

图 5-2-3　VAR 部署

　　值得一提的是，VAR 的总控室并非设置在赛场，而是集中在莫斯科的一间办公室，显然，它需要可靠的、高速率的、低时延的通信网络来实现远距离实时传输，如图 5-2-4 所示。

　　2. 5G VR 体验

　　俄罗斯最大的运营商 MegaFon 在举行本次世界杯赛事的 11 个城市部署了 5G 试验区，让体验者通过 5G VR 观看赛事，如图 5-2-5 所示。

图 5-2-4　VAR 总控室

图 5 – 2 – 5　5G VR 体验

　　他们在每个足球场上安装多个 360°高清摄像头，4K 视频通过 5G 基站传输到试验区的 5G CPE 终端，如图 5 – 2 – 6 所示，再通过 WiFi 网络分发给多个 VR 头盔，让戴上 VR 头盔的体验者沉浸式观看比赛，如亲临现场一般。5G VR 被认为是 5G 杀手锏应用之一，其体现了 5G 网络高速率、低时延服务。

　　3. 丰富的物联网应用

　　面向 5G 万物互联时代，俄罗斯已启动 5G 基础设施计划，希望通过未来网络为市民提供创新的服务。在本次世界杯上，我们也看到了多项创新物联网应用。

　　远程移动车辆是莫斯科市政府与莫斯科最大的出租车公司 Yandex 的合作计划，当 Yandex 出租车停车不规范，未停在停车位内时，该公司可以通过网络远程遥控车辆，使之正确地停在停车位内，如图 5 – 2 – 7 所示。

图 5 – 2 – 6　体验区的 CPE 终端

图 5 – 2 – 7　远程移动车辆

　　EPTS，即电子追踪系统，其通过球场内的追踪摄像机、球员球衣上的带有 GPS 的 MEMS 记录心率等收集数据，将数据实时传送给球队的分析师和医疗团队，分析师和医疗团队通过平板电脑实时了解和统计球员的位置、传球、速度、身体状况等数据。

　　俄罗斯世界杯采用阿迪达斯的全新比赛用球 Telstar 18，Telstar 18 内嵌 NFC 芯片，当带有 NFC 功能的智能手机与 Telstar 18 连接后，可读取关于比赛的各种资讯与数据，球员还可以将数据上传，与全世界的足球爱好者一起分享，如图 5 - 2 - 8 所示。

图 5 - 2 - 8　　Telstar 18 智慧足球

5.2.2　5G 新技术的选择

5G 的关键技术

通过先进的新型技术实现强劲的移动宽带的应用。

1. 先进的新型无线技术

5G 演进的同时，LTE 本身也还在不断进化（比如最近实现的千兆级 4G +），5G 不可避免地要利用目前用在 4G LTE 上的先进技术，如载波聚合、MIMO、非共享频谱等。这包括如下成熟的通信技术。

1）大规模 MIMO

针对宽带无线接入的需求，目前欧盟、中国、日本、美国等均启动了第五代移动通信系统的需求与关键技术研究。从 2G、3G 到 4G，每一代系统的更新，都伴随着新技术的更新，这都是为了解决当时最主要的需求。5G 时代，小区越来越密集，对容量、耗能和业务的需求越来越高。

提升网络吞吐量的主要手段包括，提升点到点链路的传输速率、扩展频谱资源、高密度部署的异构网络。对于高速发展的数据流量和用户对带宽的需求，4G 蜂窝网络的多天线技术（8 端口 MU - MIMO、CoMP）很难满足。在基站端采用超大规模天线阵列（比如数百个天线或更多）可带来很多的性能优势，这种基站采用大规模天线阵列的 MU - MIMO，被称为大规模天线阵列系统（Large Scale Antenna System，或称为 Massive MIMO），如图 5 - 2 - 9 和图 5 - 2 - 10 所示。

图 5 - 2 - 9　大规模天线阵列

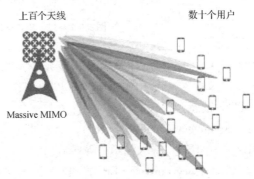

图 5 - 2 - 10　天线阵列覆盖用户

更多的天线也意味着占用更多的空间，要在空间有限的设备中容纳进更多天线显然不现实，只能在基站端叠加更多 MIMO。从目前的理论来看，5G NR 可以在基站端使用最多256 根天线，而通过大线的二维排布，可以实现 3D 波束成型，从而提高信道容量和覆盖。

天线集中配置的 Massive MIMO 主要应用场景有城区覆盖、无线回传、郊区覆盖、局部热点。其中城区覆盖分为宏覆盖和微覆盖（如高层写字楼）两种。无线回传主要解决基站之间的数据传输问题，特别是宏站与 Small Cell 之间的数据传输问题，郊区覆盖主要解决偏远地区的无线传输问题，局部热点主要针对大型赛事、演唱会、商场、露天集会、交通枢纽等用户密度高的区域。

考虑到天线尺寸、安装等实际问题，分布式天线也有用武之地，重点需要考虑天线之间的协作机制及信令传输问题。大规模天线未来主要应用场景可以从室外宏覆盖、高层覆盖、室内覆盖这三种主要场景划分，如图 5 - 2 - 11 所示。

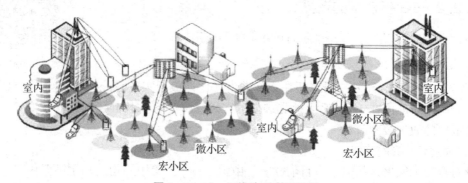

图 5 - 2 - 11　天线阵列应用场景

2）毫米波

通常将 30 ~ 300 GHz 的频域（波长为 1 ~ 10 mm）的电磁波称毫米波，如图 5 - 2 - 12 所示。

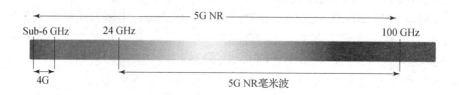

图 5 - 2 - 12　5G 毫米波频段范围

根据 $C = \lambda \cdot f$ 公式，电磁波速度 $C = 3 \times 10^8$ m/s，若波长 $\lambda = 10^{-3} \sim 10^{-4}$ m，则频率 $f = 3 \times 10^{11} \sim 3 \times 10^{12}$ Hz = 30 ~ 300 GHz。

3GPP 目前指定了两大频率范围：

（1）Frequency range 1（FR1），就是我们通常讲的 6 GHz 以下频段，频率范围为450 MHz ~ 6.0 GHz，最大信道带宽 100 MHz。

（2）Frequency range 2（FR2），就是毫米波频段，频率范围为 24.25 ~ 52.6 GHz，最大信道带宽 400 MHz。

全新 5G 技术正首次将频率大于 24 GHz 的频段（通常称为毫米波）应用于移动宽带

通信。大量可用的高频段频谱可提供极致数据传输速度和容量，这将重塑移动体验。但毫米波的利用并非易事，使用毫米波频段传输更容易造成路径受阻与损耗（信号衍射能力有限）。通常情况下，毫米波频段传输的信号甚至无法穿透墙体，此外，它还面临着波形和能量消耗等问题。

3）频谱共享

用共享频谱和非授权频谱，可将5G扩展到多个维度，实现更大容量、使用更多频谱、支持新的部署场景。这不仅将使拥有授权频谱的移动运营商受益，而且会为没有授权频谱的厂商创造机会，如有线运营商、企业和物联网垂直行业，使他们能够充分利用5G NR技术。5G NR原生地支持所有频谱类型，并通过前向兼容灵活地利用全新的频谱共享模式，如图5-2-13所示。

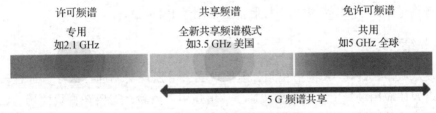

图5-2-13 5G频谱共享范围

图5-2-14中的图（a）为通过动态频谱聚合实现极致带宽，图（b）为增强的本地宽带体验，图（c）为物联网垂直行业。图5-2-15中的图（a）为固定的频谱分配，导致频谱资源完全控制，部分加载，图（b）为频谱无须协调的共享，可得到更高峰值速率和频谱利用率。图（c）为频谱协调的共享，可提高频谱效率。

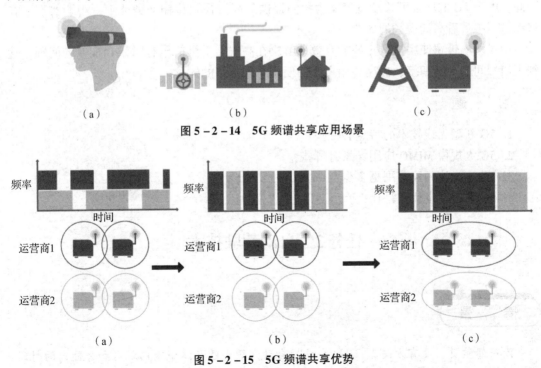

（a）　　　　　　　　（b）　　　　　　　　（c）

图5-2-14 5G频谱共享应用场景

（a）　　　　　　　　（b）　　　　　　　　（c）

图5-2-15 5G频谱共享优势

2. 先进的信道编码设计

信道编码的效果是有极限的，即香农定理所指出的编码极限。在 GSM 系统中，采用了卷积以及交织等信道编码方式，离编码极限还有一段距离。到了 WCDMA 系统，引入了 Turbo 编码，实现了性能的大跃进，非常接近了编码极限。由于 Turbo 编码性能优异，因此 LTE 系统中也继续沿用。

目前 LTE 网络的编码还不足以应对未来的数据传输需求，因此迫切需要一种更高效的信道编码设计，以提高数据传输速率，并利用更大的编码信息块契合移动宽带流量配置，同时，还要继续提高现有信道编码技术（如 LTE Turbo）的性能极限。到了 5G 系统，引入了 LDPC 以及 Polar 编码，可以更接近编码极限。LDPC 的传输效率远超 LTE Turbo，且易平行化的解码设计，能以低复杂度和低时延，扩展达到更高的传输速率。在 5G 的 R15 规范中，业务信道采用了 LDPC 编码，控制信道采用了 Polar 编码。

小 结

为了使江城市百姓在 4K 高清视频、虚拟现实、增强现实、远程医疗、远程教育、外场支援等多媒体应用场景上，实现无线通信、增强用户体验，需要在百货商场、医院、车站等用户密度大的区域增强通信能力，实现无缝的用户体验，江城市开始了第五代移动通信的增强型移动宽带的建设。

超高清视频的优点在于能够对现实场景有最细致和逼真的还原，4G 的传输速率（平均 40 Mb/s）不足以满足 4K（最低要求 18 ~ 24 Mb/s）或者 8K（超过 135 Mb/s）超高清视频的传输需求，而 5G 的传输速率可高达 1 Gb/s，理论上能够提供良好的网络承载能力。因此，由于 5G 的增强型移动宽带能为我们提供超高清视频传输业务能力，小明实现了在移动过程中观看高清视频的愿望。

增强移动带宽使用情景正好能有效地解决在高铁上手机信号有时候会很差的问题，达到了信号间的无缝衔接，提高了用户小明使用无线网络的体验。

习 题

1. 5G 新型无线技术的特点有哪些？
2. 5G 大规模 MIMO 应用场景有哪些？
3. 5G 毫米波频段范围是多少？
4. 5G 频谱共享优点是什么？

任务 3 自动驾驶技术

情 景

没有驾驶员，没有方向盘，"阿波龙"自动驾驶小巴在江城市内社区和公园内的封闭、半封闭道路上，沿着固定路线巡游。通过车联网、人机交互技术，"阿波龙"不仅能听懂乘客指令，还能看懂乘客手势。"阿波龙"拥有毫米波雷达、摄像头等传感器，能够精确识别路面的交通线、车辆及行人，足够保证安全性。美国公布的无人驾驶车祸统计信息显示，无人驾驶车祸率比有人驾驶低很多，因此无人驾驶是未来发展的趋势。

"阿波龙"车身长4.3米，宽2米，共8个座位，核载14人（含6个站位）。车门关闭后，用户只要说出"小度小度，我要唱歌"或者"小度小度，我要看电影"等语音指令，即可唤起相应功能，使智能驾舱变身可看电影、玩游戏、K歌、办公的移动多功能空间，如图5-3-1所示。

图5-3-1　自动驾驶小巴"阿波龙"

知识目标

了解5G URLLC下的网络应用场景。

掌握5G设备到设备技术的意义。

掌握5G移动边缘计算的技术特征。

了解5G软件定义网络架构。

能力目标

能根据城市情况辨析5G无人驾驶使用场景

能根据相关应用场合分析5G移动边缘计算的优点。

5.3.1　车载无线终端的选择

随着国内车联网逐步渗透，消费者对汽车安全性、操作便利性、娱乐等方面提出越来越高的要求，引发车载无线终端市场需求加大，基于移动通信技术、内置移动通信模块的车载终端出货量快速增长，产品形态不断丰富，应用智能化发展，集成通话、导航、社交等多种功能。

1. 国内车载无线终端市场规模加速增长

截至2018年6月底，国内车载无线终端出货量471万部，同比增长161.8%。其中

2G、3G、4G 产品出货量分别为 124 万部、50 万部和 296 万部，占比分别为 26.4%、10.6% 和 62.9%。

2. T-BOX 设备占据半数份额，智能云镜市场增长趋势明显

2018 年上半年，T-Box 设备出货量 247 万部，同比增长 103.6%，在同期车载无线终端出货量中占比 52.4%，但随着车载无线终端产品多样化发展，T-Box 设备出货量份额 2017 年有所下降。智能云镜因功能多、能联网、操作便利、互动性强等特点，激发市场需求，增长趋势明显，2018 年上半年出货量 77 万部，同比增长 213.7%，占比 16.4%。

3. 新产品形态多样化，智能化发展

2018 年新上市车载无线终端产品既包括轿车、客车、货车通用设备，也包括面向某种车型的专用终端，如物流车辆北斗兼容终端等；既包括集成度较高的 T-Box 设备、智能云镜、车载机器人，也包括专注与特定功能的产品，如行车记录仪、车载导航、ETC 智能终端、OBD 设备、夜视仪等。

随着车联网的推进，消费者对车载无线终端智能化要求越来越高，搭载操作系统的车载无线终端大量上市，来满足当前"互联网+"应用推广的需要，实现行车安全监控管理、运营管理、服务质量管理、智能集中调度管理等智能化服务。5G 智联车公共平台报告披露，2018 年上半年，搭载操作系统的新款智能车载无线终端 26 款，占同期新上市机型数量的 37.7%。

智能车载终端的应用随着当前技术的发展而不断丰富，从早期的系统监测和数据记录，发展为集导航、娱乐、社交等功能于一体的产品形态，更有部分车载无线终端借助当前人工智能的发展，实现语音操控，提升驾车过程中的安全性和操作的便利性。

4. 车载无线终端市场吸引众多科技型公司加入

车载无线终端的生产厂商既包括汽车配件和汽车整机企业、电子和信息技术领域的科技型公司，也包括互联网/物联网企业。2018 年上半年，车载终端产品厂商有 60 余家，其中新进企业 19 家。新进企业全部为科技型公司，重点面向后装市场，生产行车记录仪、OBD 盒子、智能云镜等产品。

5.3.2 5G-URLLC 下的网络应用

超高可靠低时延类通信（uRLLC）的使用情景对延迟时间、性能可靠性等要求极高，且此类情景也是为机器到机器（M2M）的实时通信而设计的。

（1）无人驾驶。

自动驾驶已经应用在了特定的区域，而无人驾驶是自动驾驶的高级阶段，需要的延迟性更低，为了保证用户的安全，传输时延需低至 1 ms，且需要具有超强的可靠性。5G 的到来，能真正地实现无人驾驶。

（2）远程医疗手术。

若想在城市与偏远山村之间实现远程医疗，需要在短时间内处理大量的数据，且为了防止误诊，网络的传输质量要足够高和足够可靠，网络延迟要足够低。

（3）工业自动化控制。

工业自动化控制是智能制造中的基础环节，核心在于闭环控制系统，系统通信的时延要达到毫秒级才能实现精确地控制，同时要保证极高的可靠性。若发生传输错误或时延过长，则会造成巨大的经济损失。

5G 新技术的选择：

1. 设备到设备通信

D2D（Device – to – Device）指设备到设备。这是一种基于蜂窝系统的近距离数据直接传输技术。设备到设备通信会话的数据直接在终端之间进行传输，不需要通过基站转发，而相关的控制信令，如会话的建立、维持、无线资源分配以及计费、鉴权、识别、移动性管理等仍由蜂窝网络负责。

蜂窝网络引入 D2D 通信，可以提高资源利用率和网络容量，减轻基站负担，降低端到端的传输时延，提升频谱效率，降低终端发射功率。当无线通信基础设施损坏，或者在无线网络的覆盖盲区，终端可借助 D2D 实现端到端通信甚至接入蜂窝网络。在 5G 网络中，既可以在授权频段部署 D2D 通信，也可在非授权频段部署，如图 5 – 3 – 2 所示。

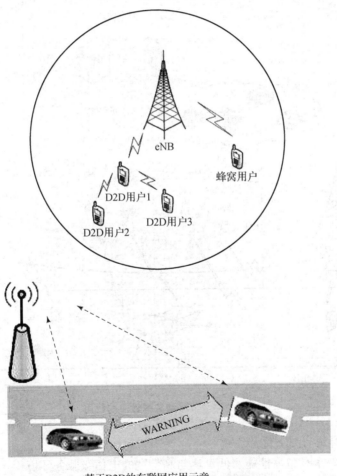

基于D2D的车联网应用示意

图 5 – 3 – 2　设备到设备的通信

2. 边缘计算

移动边缘计算（Mobile Edge Computing，MEC）是一个"硬件 + 软件"的系统，可利用无线接入网络就近提供电信用户 IT 所需的服务和云端计算功能，如图 5 - 3 - 3 和图 5 - 3 - 4 所示。

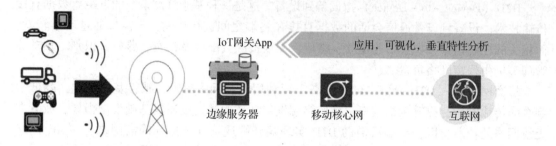

图 5 - 3 - 3 移动边缘计算系统

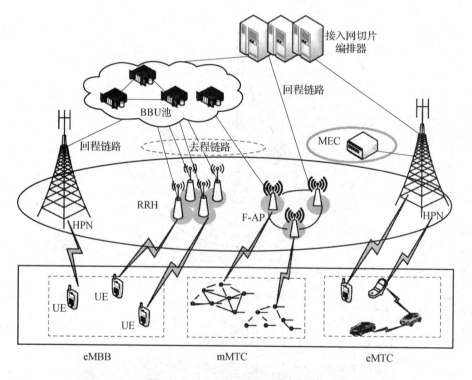

图 5 - 3 - 4 移动边缘计算的应用

移动边缘计算具有以下优势。

（1）创造出一个具备高性能、低延迟与高带宽的电信级服务环境。

（2）加速网络中各项内容、服务及应用的快速下载。

（3）让消费者享有不间断的高质量网络体验。

（4）减少网络操作和服务交付的时延。

移动边缘计算的技术特征主要包括"邻近性、低时延、高宽带和位置认知"，在车联网中，业务控制和数据传输实时性要求高，如果数据分析和逻辑控制全部集中在较远的云端完成，将难以满足业务的实时性要求。

多因素推动移动边缘计算加速发展，一是 5G 的三大应用场景和小于 1 ms 的时延指标，决定了 5G 业务的终结点不可能都在核心网后端的云平台，因此移动边缘计算的发展具有必要性。二是物联网的核心是让万物互联，而随着连接数的快速增长，一方面意味着海量数据的产生，另一方面物联网设备往往还需要智能计算，而移动边缘计算可以通过更靠近边缘的数据处理能力，帮助物联网更好地实现物与物之间的传感、交互和控制。三是 SDN 将助力移动边缘计算的发展。例如，SDN 的架构能够让网络灵活互换使用云计算和边缘计算的资源，满足敏捷和动态系统需求，为用户提供最佳的服务。

3. 软件定义网络和网络虚拟化

传统 EPC 网络的耦合主要体现在两个方面：

（1）控制平面和用户平面的耦合；

（2）硬件和软件的耦合。

这两方面的耦合带来三个方面的限制：

（1）这样的传统架构为运营商部署网络带来成本和时间上的挑战；

（2）随着终端类型和数量以及服务类型越来越多，很难为这个"庞然大物"拓展新的功能和服务，并且无法高效地分配资源；

（3）降低用户服务质量体验（QoS）。

SDN 技术是一种将网络设备的控制平面与转发平面分离，并将控制平面集中实现的软件可编程的新型网络体系架构。SDN 采取了集中式的控制平面和分布式的转发平面，两个平面相互分离，控制平面利用控制 - 转发通信接口对转发平面上的网络设备进行集中控制，并向上提供灵活的可编程能力。由于具备这种"天赋"，SDN 自然而然地成为 EPC 控制面和用户面耦合问题的"克星"。

NFV 技术将网络功能整合到行业标准的服务器、交换机和存储硬件上，并且提供优化的虚拟化数据平面，可通过服务器上运行的软件让管理员取代传统物理网络设备。通过使用 NFV 可以减少甚至移除现有网络中部署的中间件，它能够让单一的物理平台运行于不同的应用程序，用户和租户可以通过多版本和多租户使用网络功能，从而促进软件网络环境中的新网络功能和服务的创新，NFV 适用于任何数据平面和控制平面功能、固定或移动网络，也适合需要实现可伸缩性的自动化管理和配置。

以上对 SDN 和 NFV 的简单介绍可以大致概括为 SDN 技术是针对 EPC 控制平面与用户平面耦合问题而提出的解决方案，将用户平面和控制平面解耦可以使部署用户平面功能变得更灵活，可以将用户平面功能部署在离用户无线接入网更近的地方，从而提高用户服务质量体验，比如降低时延。NFV 技术是针对 EPC 软件与硬件严重耦合问题提出的解决方案，它使运营商可以在那些通用的服务器、交换机和存储设备上部署网络功能，极大地降低时间和成本。SDN 和 NFV 技术催生了 5G 核心网架构，如图 5 - 3 - 5 所示。

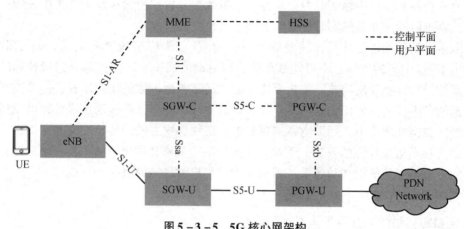

图 5 – 3 – 5 5G 核心网架构

小　　结

车联网是什么？车联网是利用车载电子传感装置，通过移动通信技术、汽车导航系统、智能终端设备与信息网络平台，使车与路、车与车、车与人、车与城市之间实时联网，实现信息互联互通，从而对车、人、物、路、位置等进行有效的智能监控、调度、管理的网络系统。

**5G 全网建设
设备配置**

无人驾驶的前期必然是以车联网作为基础。未来车辆在进行无人驾驶时便需要通过车联网进行信息通信，在这个过程当中，需要进行海量、实时的数据交换。

5G 网络可以将端到端的通信时延控制在 10 毫秒内，这对于保证车辆在高速行驶中的安全来说至关重要。此外，在流量峰值和连接数密度方面，5G 技术能够以超过每秒 10GB 的传输速度和 $106~\text{km}^2$ 的连接数密度来满足未来车联网环境的车辆与人、交通基础设施之间的通信需求。

车联网的目的是拥有 V2X 的通信能力，即实现车与人、车与车、车与路测设施、车与网络的通信。实现 V2X 之后，当人们开车上路时，车辆通过信号可以提前告知车主路况和环境信息，比如即将经过路口时，不需要依赖驾驶员的观察，车辆自动就能感应到路口是否会有其他车辆通过；再比如，当远处的信号灯做出变化时，可通过信号灯与车辆的通信告知车辆，而不需要目视。

因此低时延和高速的传输速度是 5G 的两大优势，而这也会推动无人驾驶和车联网的进一步发展。

习　　题

1. 简述 5G 设备到设备技术的含义。
2. 简述 5G 移动边缘计算的技术特征。
3. 简述 5G 核心网网络架构。

任务 4　智慧农业系统建设

智慧江城将打造一批智能农业、智能工业、智能物流等智慧产业，而 5G 万物互联的能力，使得参与整个社会运行的万事万物具备了可感知的能力，高密度的海量物联网可以帮助现代产业向更高级的智慧产业升级。小明通过智能农业系统，对自家的菜园布设了监控土壤湿度和化学成分的专业传感器，实现了自动灌溉、施肥等活动。

江城市政府通过大规模物联网的建设实现了智慧城市的部署，对于照明、安全、能源、公用事业、物理基础设施环境监控和交通运输出行等市政管理实现了智慧管理监控，实现了更及时的交通方面的车流管理、景区的人流预警等管理，大大提高了管理城市的效率。

知识目标

掌握 5G 超密集异构网络的特点。

掌握 5G 自组织网络的功能。

了解 5G 使用网络切片的原因。

了解 5G 使用内容分发网络的原因。

能力目标

能根据 5G – mMTC 网络的应用场景分析 5G 大规模物联网的特点。

能根据 5G 网络切片应用分析专网的缺点。

5.4.1　mMTC 下的网络结构

1. 超密集异构网络

5G 网络是一个超复杂的网络，在 2G 时代，几万个基站就可以做全国的网络覆盖，但是到了 4G 中国的 4G 网络基站超过 500 万个。而 5G 需要做到每平方公里支持 100 万个设备，这个网络必须非常密集，需要大量的小基站来进行支撑。同样一个网络中，不同的终端需要不同的速率、功耗，也会使用不同的频率，对于 QoS 的要求也不同。这样的情况下，网络很容易造成相互之间的干扰。5G 网络需要采取一系列措施来保障系统性能：不同业务在网络中的实现、各种节点间的协调方案、网络的选择以及节能配置方法等。如图 5 – 4 – 1 所示。

图 5 – 4 – 1　超密集无线异构网络

　　在超密集无线异构网络中，多种无线接入技术共存，大、小基站多层覆盖，既有负责基础覆盖的在传统蜂窝网络中所使用的宏基站，也有承担热点覆盖的低功率小基站。为了解决容量挑战，为用户提供极致化的业务体验，未来实际部署的超密集无线异构网络会远远超出现网的布设密度和规模。在无线网络宏基站的覆盖区域中，各种无线传输技术的各类低功率节点的部署密度将达到现有站点部署密度的 10 倍以上，站点之间的距离将降至 10 m 甚至更小，支持高达 25 000 个用户/km²，甚至将来激活用户数和站点数的比例达到 1∶1，即每个激活的用户都将有一个服务节点。

　　在超密集网络中，密集地部署使得小区边界数量剧增，小区形状也不规则，用户可能会频繁复杂地切换。为了满足移动性需求，这就需要新的切换算法。

　　总之，一个复杂的、密集的、异构的、大容量的、多用户的网络，需要平衡、保持稳定、减少干扰，这需要不断完善算法来解决这些问题。

　　2．网络的自组织

　　自组织的网络（SON）是 5G 的重要技术，这就是网络部署阶段的自规划和自配置，网络维护阶段的自优化和自愈合。自配置即新增网络节点的配置可实现即插即用，具有低成本、安装简易等优点。自规划的目的是动态进行网络规划并执行，同时满足系统的容量扩展、业务监测或优化结果等方面的需求。自愈合指系统能自动检测问题、定位问题和排除故障，大大减少维护成本并避免对网络质量和用户体验的影响，如图 5 – 4 – 2 所示。

　　在越来越复杂的 5G 网络中，通过对大量关键性能指标（KPIs）和网络配置参数以及功能实体的智能管理，一方面可以降低网络运营商的网络运行开销，另一方面可以提高网络性能。在传统的移动通信网络中，网络部署、运维等基本依靠人工的方式，需要投入大量的人力，给运营商带来巨大的运行成本。从 5G 的网络结构中不难看出，各种无线接入技术和各种覆盖能力的网络节点之间的关系错综复杂，网络的部署、运营、维护将成为一个极具挑战性的工作。SON 可以看成是对传统的靠人工管理的网络管理系统（Operation Administration and Maintenance，OAM）的自动化升级。SON 对 OAM 的功能和架构有较大影响，SON 使得运营商在进行网络规划、网络配置及网络优化时具有更高的自动化程度。

　　SON 技术应用于移动通信网络时，其优势体现在网络效率和维护方面，同时减少了运营商的支出和运营成本投入。由于现有的 SON 技术都是从各自网络的角度出发的，自部署、自配置、自优化和自愈合等操作具有独立性和封闭性，在多网络之间缺乏协作。

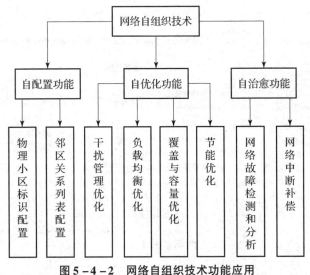

图 5 – 4 – 2　网络自组织技术功能应用

3. 网络切片

从以往的移动网络到目前 4G 网络，移动网络主要服务移动手机，一般来说只为手机做一些优化。然而在 5G 时代，移动网络需要服务各种类型和需求的设备。大家提的比较多的应用场景包括移动宽带、大规模物联网、任务关键的物联网，他们都需要不同类型的网络，在移动性、计费、安全、策略控制、延时、可靠性等方面有各不相同的要求。

例如，一个大规模物联网服务连接固定传感器测量温度、湿度、降雨量等，不需要移动网络中那些主要服务手机的切换、位置更新等特性。另外像自动驾驶以及远程控制机器人等任务关键的物联网服务需要几毫秒的端到端延时，这就和移动宽带业务大不相同。

这是不是意味着我们需要为每一个服务建设一个专用网络呢？例如，一个服务 5G 手机，一个服务 5G 大规模物联网，再有一个服务 5G 任务关键的物联网。其实不需要，因为我们可以通过网络切片技术在一个独立的物理网络上切分出多个逻辑的网络，这是一个非常节省成本的做法。如图 5 – 4 – 3 所示。

运营商把物理网络切分成多个虚拟网络，每个网络适应不同的服务需求，这可以通过时延、带宽、安全性、可靠性来划分不同的网络，以适应不同的场景。通过网络切片技术在一个独立的物理网络上切分出多个逻辑网络，从而避免了为每一个服务建设一个专用的物理网络，这样可以大大节省部署的成本。

在同一个 5G 网络上，通过技术电信运营商会把网络切片为智能交通、无人机、智慧医疗、智能家居以及工业控制等多个不同的网络，将其开放给不同的运营者，这样一个切片的网络在带宽、可靠性能力上也有不同的保障，计费体系、管理体系也不同。在切片的网络中，各个业务提供商，不是如 4G 一样，都使用一样的网络、一样的服务，5G 切片网络，可以向用户提供不一样的网络、不同的管理、不同的服务、不同的计费，让用户更好地使用 5G 网络。

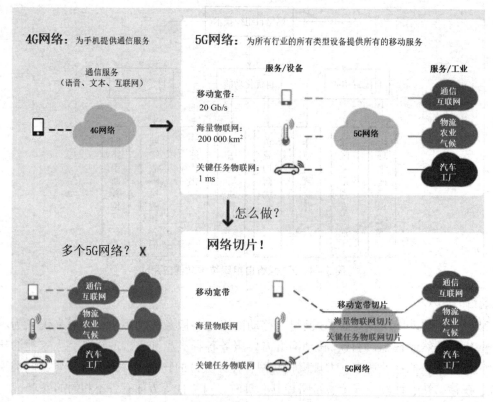

图 5-4-3 网络切片的使用

4. 内容分发网络

CDN 的全称是 Content Delivery Network，即内容分发网络。其基本思路是尽可能避开互联网上有可能影响数据传输速度和稳定性的瓶颈和环节，使内容传输得更快、更稳定。

在 5G 网络中，会存在大量复杂业务，尤其是一些音频、视频业务大量出现，某些业务会出现瞬时爆炸性的增长，这会影响用户的体验与感受。这就需要对网络进行改造，让网络适应内容爆发性增长的需要。

内容分发网络是在传统网络中添加新的层次，即智能虚拟网络。CDN 系统综合考虑各节点连接状态、负载情况以及用户距离等信息，通过将相关内容分发至靠近用户的 CDN 代理服务器上，实现用户就近获取所需的信息，使得网络拥塞状况得以缓解，缩短响应时间，提高响应速度。

源服务器只需要将内容发给各个代理服务器，便于用户从就近的带宽充足的代理服务器上获取内容，降低网络时延并提高用户体验。CDN 技术的优势正是为用户快速地提供信息服务，同时有助于解决网络拥塞问题。CDN 技术成为 5G 必备的关键技术之一。

5.4.2 NB-Iot 的终端选择

5G 的发展，不仅需要较大的传输速率，并且还需要比现今大数倍的连接数，全球将走入万物皆联网的时代。3GPP 首先提出机器对机器（M2M）/机器类型通讯（Machine Type Communication，MTC），其设计的目标主要有更低的设备成本、更低的功耗、更大的覆盖率和支援大量的设备连线，因为其功耗和建置成本还是过高，对于需要更低功耗及更大量的连结数的应用来说，其还是不能成为可使用的技术，因此 3GPP 在 R13 提出一种更低传输资料量、更低的设备成本、更广覆盖率的技术，称作 NB – IoT（Narrowband – Internet of Thing），其最大的传输资料量为 200 kb/s，频宽也降至 200 kHz，并且其覆盖率可再提升数倍，因此各主流电信营运商无不极力支持此技术。

1. NB – IoT 抢进物联网蓝海

物联网已发展多年，各式的应用及技术都相继被提出，如 LoRa 和 SIGFOX，也都强调低功耗以及大覆盖率的需求，但由于 LoRa 及 SIGFOX 使用非授权频谱，因此不管任何人皆可使用此频段，也形成许多不可控制的干扰问题，这变成在使用上非常不可靠，因此全球各大电信营运商倾向支持 3GPP 所提出的 NB – IoT 技术，由于其使用授权频段，并且可以在原本的蜂巢式网络设备上快速部署 NB – IoT 的建置，对营运商而言便可以节省布建成本以及快速整合原有长程演进计划（LTE）网络，因此可以预见未来 NB – IoT 将成为全球主流电信商所推行的方向。

NB – IoT 为低功耗广域网络（Low Power Wide Area，LPWA）的技术，其特点是极低的功耗和极大的覆盖率及庞大的连接数，其装置覆盖范围可以提升 20 dB，并且电池寿命可以超过 10 年，每个 NB – IoT 载波最多可支援二十万个连接，而且根据容量需求，可以透过增加更多载波来扩大规模，使单一基地台便能支援数百万个物联网连接。

NB – IoT 的设计目标，一为提升涵盖率，可以借由降低编码率（Coding Rate）来提升讯号的可靠性，进而使讯号强度微弱时，依旧能够正确解调，达到提高覆盖率的目的，另外为大幅提升电池使用周期，其发送的能量最大为 23 dBm，约为 200 毫瓦（mW）；二为降低终端的复杂度，因此其调变上使用恒定包络（Constant Envelope）的方式，可以使功率放大器（Power Amplifier，PA）运作于饱和区间，让传送端有更好的使用效率，在实体层设计上，也可以简化部分元件，使复杂度降低；三为减少系统频宽，其频宽设计在 200 kHz，因为在物联网上不需要这么高的传输速率，所以便不需要这么大的频谱，在使用上也能够更弹性地分配；四要大幅提升系统容量，使得大量的终端能够同时连接，其中一种方法为可以使子载波区间更小，使得在频谱资源分配上能够更有弹性，切出更多子载波分配给更多的终端。

2. NB – IoT 在频谱上的三种布建方式

第一种为单独布建（Standalone），此种布建方式为使用独立的或全球移动通信系统（GSM）的频谱，彼此不会互相干扰，是最单纯的布建方式，但需要一段自己的频谱。

5G 全网建设无线数据配置与业务调试

第二种是使用保护频段（Guard Band）来布建，利用 LTE 频谱边缘保护频段，讯号强度较弱的部分布建，优点是不需要一段自己的频谱，缺点是可能发生与 LTE 系统干扰的问题。

第三种是在现行运作频段内布建（In Band），使用的频谱则选择在低频段上，像是 700 MHz、800 MHz、900 MHz 等，因为在低频段能有更广的覆盖率，并且有较好的传波特性，对于室内环境可以有更深的渗透率。

部署情境如图 5 – 4 – 4 所示。

图 5 – 4 – 4　NB – IoT 频谱布建

**5G 全网建设核心
网数据配置**

　　然而，目前 3GPP 所提出的 NB – IoT 也包含各项不同的技术，目前主要可分为两个方向，一为由诺基亚（Nokia）、爱立信（Ericsson）和英特尔（Intel）等阵营支持的 NB – LTE（Narrowband – LTE），二为由华为和 Vodafone 支持的 NB – CIoT（Narrowband – Cellular IoT）。两种技术对于营运商最大的差别在于在现有的 LTE 环境中，有多少可以重新使用于物联网的应用中。

　　NB – LTE 几乎可与目前现行的 LTE 设备相容，但 NB – CIoT 可以说是一个重新设计的技术，须要建构新的晶片，但其在涵盖率有更大的提升，设备成本也有所降低。

　　最终的 NB – IoT 的版本可能是从这两个版本中选择一个，也可能是两种技术尽量融合成一个版本，但是有几项技术原则必须存在，包括：NB – IoT 要同时支援 Standalone、Guard Band 及 In Band 三种布建方式；使用 180 kHz 的频宽；在下行链路使用 OFDMA 系统；在上链使用 GMSK 或 SC – FDMA 系统；在 L2 以上的技术与通信规范，要尽量与原有 LTE 系统重用。

　　3. NB – IoT 势在必行

　　未来将进入万物联网的时代，各种后端应用将相继产生，如何使这些应用彻底地实现，以及运营商如何在这当中有所作为，NB – IoT 无疑是一个必须推行的技术，由于 SIGFOX 或 LoRa 使用免授权频段，对于资料可靠性和安全性是一大考量，重要的是营运商如何在其中获取利益也是须要考量的部分；而 NB – IoT 由既有的 LTE 网络架构，再更新其部分设备元件，便能够快速地打入物联网市场，对于未来一日千里的通信发展及需求，建置及部署的速度无疑是非常关键的考量，并且 NB – IoT 使用的是授权频段，对于资料的安全性及可靠度有大大的提升，且可以减少许多不必要的干扰问题。

小　　结

　　大规模物联网（mMTC）的使用情景特点是连接设备的数量巨大，但每个设备所需要传输的数据量较少，且时延性要求较低，除了智能农业，还有以下应用场景。

　　（1）智能家居。

　　智能家居类产品种类众多，而每个产品传输的数据量较小，且对时延要求不是特别敏感，5G 的大规模机器类通信情景正好满足此类型应用场景。

　　（2）环境监测。

　　环境监测是低功耗（设备耗电较少）大连接的应用场景之一，通常使用传感器进行数据采集，且传感器种类多样，同时对传输时延和传输速率不敏感，能够满足超高的连接密度。

（3）智慧城市。

智慧城市是公认的 5G 的重要应用场景之一，能够被连接的物体多种多样，包括交通设施、空气、水、电表等，需要承载超过百万的连接设备，且各连接设备需要传输的数据量较小。

习　题

1. 5G 超密集异构网络的特点及问题是什么？
2. 5G 自组织网络技术功能应用是什么？
3. 5G 使用网络切片的原因是什么？
4. 5G 使用内容分发网络的原因是什么？

任务 5　5G 的室内覆盖

情　景

业务驱动网络的建设，更大带宽、更低时延和更多连接是 5G 网络最主要的特征。吉日南商场是江城市商圈内客流量最大的场所，需要做 5G 室内分布的深覆盖，以实现无缝连接无线网络，给电子商务提供有力支撑。

为了获取更多带宽，室内 5G 引入了更高的频段 C – Band 和毫米波，更高的频率意味着更大的传输及穿透损耗，采用传统的 4G 建网方式会导致室内覆盖不足。

传统室分的多数无源器件无法支持 3.5GHz 以上的高频段，即使是支持传输 3.5GHz 的馈线，也会带来更多的损耗，产生更高的成本。

5G 时代海量的有源网络设备，会对运维和系统的能耗管理带来新的挑战。

知识目标

掌握 5G 室内数字化网络部署的特点。
掌握 5G 室内数字化网络的关键技术。
了解 5G 室内数字化网络的节能技术。

能力目标

能根据 5G 室内数字化网络部署分析 5G 室内分布的难点。
能根据 5G 室内数字化网络部署分析 5G 室内分布技术。

5G 基站安装施工指南

5.5.1　5G 室内数字化网络部署

5G 时代的业务挑战推动了室内覆盖数字化网络的新发展思路，从频谱结构规划覆盖层和容量层，从产品架构考虑 4G 到 5G 的演进，从场景需求研发多频多模多形态产品、从数字化方向拓展运维新思路，从网络价值意义上探索新的增值业务模式。

1. 室内 5G 构建覆盖/容量分层网

5G 时代初期，网络将分层组网，底层以 Sub3G 为主，作为 2/3/4G 长期存在的打底层，解决语音覆盖和基础链路数据接入；体验层引入 C – Band，作为空口新频谱接入。

当前基于 Sub3G 频段的数字化室分系统已经证明能够提供连续基础覆盖，虽然 3.5 GHz 和 4.8 GHz 空中传播损耗和穿透损耗高于 Sub3G 频段，但通过提升发送功率和 4T4R 技术，同样可以实现连续覆盖，且 3.5 GHz 和 4.8 GHz 高于 100 MHz 大带宽能够大幅提升空口吞吐率和边缘用户体验速率。在克服毫米波频段对传播遮挡敏感这一难点的基础上，其吉赫兹超大带宽可以用于超热点吸收容量，也可以用于超高带宽超低时延类新业务使能的场景，如智能制造。

5G 时代中后期，综合考虑频谱资源和电波传播特性，建议使用 3.5 GHz 和 4.8 GHz 频段连续组网，用于 5G 基础覆盖和容量层；毫米波频谱用于热点区域的业务吸收。

2. 数字化室分易于演进

数字化室分的头端有源，传输使用网线/光纤，从容量演进、可视管理、易部署等方面讲，其架构更容易支持 5G 演进。当前新建 4G 场景建议预埋 Cat6A 网线或者光电混合缆，未来即可通过新增 C – Band 头端或者直接替换 C – Band 和 Sub3G 集成头端的方式，做到线不动，点不增，确保二次改造工程量最低，保障工程可实施落地，向 5G 平滑演进。

3. 多产品解决多样化场景

从演进的历史经验和平滑需求看，3G、4G 和 5G 网络会在今后的相当一段时间内并存，这要求室内数字化产品需要具备多频多模的能力，比如用于 5G 网络叠加的 C – band 独立模块，支持新建场景的 C – band + Sub 3G 集成模块以及将来的毫米波模块等。

从具体产品形态看，为降低演进成本，在某些亟须降低前期投入以及二次进场成本的特殊场景，宜要求部署的 4G 模块支持后续跟 5G 模块的级联；另外，室内场景多样化，数字化头端需要根据不同场景需求，支持外置天线和内置天线等不同形态，满足室内 100% 场景需求。

4. 小型化一体化便于灵活部署

5G 的室内网络密集部署将成为常态，同时随着频段和模式的增加，需要集成度更高、功率更高的数字化头端。另外，需要充分考虑不同场景的特点和入场难度，要求设备具备小型化、快速部署的特点，以满足不同场景业务的要求，并降低综合部署成本。

5. 数字化实现端到端管控

数字化室分系统的天然特性之一是端到端有源，这是实现端到端管控的基础。

能够实时诊断室分网络海量头端和其他网元设备的工作状态，是数字化管控的第一步；第二步是根据检测到的网元设备的工作状态，实现对不同网元的控制操作，如调整功率，开关射频等；最后，数字化室分网络还能够自动根据周边信道条件和用户密度自优化网络资源分配，在网络出现故障时自动诊断和愈合，最大化减少人工介入以降低运维成本，从而大大节省运营商的 OPEX，保护客户网络投资。

6. 灵活化适配业务与场景

为满足不同场景业务对频段和模式的需求，室内数字化网络要能够灵活支持 3G/4G/NB‑IoT/C‑band 和毫米波等频段；同时，对于未来两年内有扩容需求的场景，要具备软件扩容能力，避免二次进场，造成建网成本的增加；对于有潮汐效应的业务模型场景，则要求网络具备 AI 运维能力，要能够根据业务变化灵活调整区域容量，降低综合布网成本。

7. 室内网络使能增值业务

室内数字化网络能力开放是在渐进发展过程逐步实现的，针对当前已经涌现的能力开放需求，有必要以蜂窝网络为基础逐步实现能力的开放，尤其根据当前的业务发展需要推动定位及位置信息服务、业务本地化两项项典型服务的实现。

当前的室内数字化网络能够在高精度定位（Location Based Service，LBS）方面达到 5~7 m 定位精度，未来的 5G 数字化网络能够有效地提升室内定位精度，达到亚米级水平。面向 5G 业务演进，高精度室内定位会成为网络的基础能力，大量当前不能满足的物联网 LBS 应用将逐渐变成现实，在交通枢纽、大型场馆、展会、特定老幼人群、医院、校园和公共场所等规模应用。

另外，业务本地化将会是 5G 一个非常重要的关键技术，通过将能力下沉到网络边缘，在靠近移动用户的位置上，提供 IT 的服务、环境和云计算能力，能够满足低时延、高宽带的业务需求。

5.5.2　5G 室内数字化网络的关键技术

1. 多频多模

随着 3GPP 通信协议的发展，NR 制式及新的无线频段的引进，多数运营商拥有多个制式多个无线频段，叠加室内组网建设的约束，需要在同一个点位同一模块支持多频多模的能力支持不同的业务场景应用，如同一个模块能够支持 NR + LTE + UMTS + NB 四模并发。

2. 多天线

在无线频谱资源一定的前提下，采用多根发射天线和多根接受 MIMO 技术，利用空间自由度，最大限度地提高无线链路传输的可靠性和频谱效率，可以获得更广的覆盖和更优质的用户体验。4×4MIMO 是 5G 室内建网的标准。

室内数字化室分 4×4MIMO 网络，4 个发射通道，发射的总功率相当于 2 天线的 2 倍，因此可以获得 3 dB 的功率增益。采用多天线技术后，4 个天线同时经历深衰落的概率大大降低，合并接收信号的信噪比波动变得平稳，从而改善了接收信号质量。利用空间信道衰落的独立性，下行 4 个空间信道的维数（相同时频资源上传送 4 个并行的数据流），上行了 2 个空间信道的维数，获得空间复用增益，峰值速率提升 100%。

若出现 8R 的终端（比如一些固定接入设备，如 CPE），可以在不增加新增硬件成本条件下，利用两个 4T4RpRRU 覆盖的交叠区向下行虚拟 8×8MIMO 演进。

3. 灵活容量升级

运营商经常会面临在同一场景下不同时段不同的容量的需求，如果进行密集部署，反而会带来投资浪费、干扰加重等问题，如果采用基于数字化的小区分裂技术，可以根据用户活动习惯自适应调整小区数量，以适应不同大小的容量需求，做到精准覆盖、有效覆盖。一个典型的场景就是食堂，我们可以在工作时间减少小区数量，节约 CAPEX，减少干扰，在吃饭时间进行小区分裂，增大系统需求，满足大数据流量的需求。

4. MEC

MEC 和室内数字化网络的具体应用场景结合主要是室内高精度定位和业务本地化。从架构上讲，都需要在室内 RAN 侧新增一套 MEC 网元，来配合实现相关业务。

（1）室内高精度定位。传统的 DAS 小区级定位范围是 50 m 到 100 m 范围，而数字化室分系统的定位精度为 5 ~ 7 m，未来的 5G 数字化网络定位精度能够提升到亚米级水平。新型数字化室分支持场强三角定位、TDOA 定位（Time Difference Of Arrival）以及指纹定位。

（2）业务本地化。业务本地划分为业务内容本地化和业务处理本地化。通过本地网关的只能路由转发，业务本地化既可以服务于面向人的企业、校园、景区、游乐园、大型商业等用户业务热点场景，也可以服务于面向物的公共基础设施中视频监控等大宽带无线传输场景。

5. 网络切片

网络切片，即"5G 切片"，支持一个特定的连接类型的通信服务，并为这个服务提供控制面和用户面特定的处理方法。为了达到这个目的，5G 切片由一组 5G 网络功能和特定的 RAT 设置共同组成，以便支持特定的用例或商业模式。

5G 切片是端到端的，包括应用、网络、无线以及终端；无线包括 UE、NG – RAN、5GC 各相关网元节点。5G 切片并不是所有切片包含相同的，或者所有的网络功能。5G 切片为对应的业务仅仅提供必要的网络处理，从而减少资源消耗。5G 切片可以嵌套，切片中可以进一步划分自切片。5G 切片概念背后的灵活性，是扩大现有业务和创建新业务的一个关键的驱动力。通过合适的 API，可以允许第三方实体控制切片的某些方面，以提供量身定制的服务。

6. AI 运维

AI 运维的前提是室内数字化网络可视可管，其次是网管能够识别业务模型，进行业务分析，给出操作建议或者完成相应网络优化操作，更甚一步，通过积累的业务模型，进行机器自学习，灵活根据不同业务场景做出不同的判断和操作。

当前数字化室分网络实现 AI 运维的主要方法是基于话务模型和潮汐特征（室分特点）的室内话务预测，自动调整室内拓扑和头端的功率参数，来达到优化局部网络的目的，提升 5G 网络运维管理效率。

5.5.3 5G 室内数字化网络的节能设计

运营商在 5G 时代的别是 5G 发展初期会更加注重基站主设备的节能降耗，以平衡与日俱增的 Opex 压力。室内数字化网络相比传统的模拟器件，可以将节能管理精细化到各个射频头端。在室内话务分布不平衡的特征下，能够将节能关断等调度指令细化到业务室闲的端头，达到最大化节电效果的目的。所以节能省电方面，5G 室内网络除了采用与宏站相同的一些关载波、关通道等节能技术外，借助数字化技术可以进行节能特性创新。

1. NR 载波智能关断

5G 制式作为热点吸收层，在闲时低负载状态下，动态关断 NR 载波，保留 3G/4G 载波作为基础覆盖。闲时剩余的少量用户利用 3G/4G 网络仍然能够享受到比较高速率的业务体验，同时网络设备能耗得到了节省。

2. 射频通道智能关断

室内 2T2R、4T4R 等场景下，在闲时低负载状态动态关断部分发射通道和接收通道，NR 载波回退为 1T1R、2T2R. 关断的射频通道相关器件耗能降低，能够带来一定的节电效果。剩余的少量用户的 5G 体验会受到一定影响，如峰值速率。

3. NR 符号关断

5G 制式的空口结构与 4G 一样，包含符号的概念。室内 5G 网络在进一步挖掘节能降耗空间的前提下，可引入符号关断的概念。与传统宏站的 LTE 符号关断节能不同，室内设备的头端需要在空闲符号的时间维度内关闭除功效之外的更多器件，如中频和数字部分，以获得更多的节电效果。

4. 射频头端互助休眠节能

室内数字化网络可以将节能调度从载波级别精细化到头端，在运营商的策略为需要保持整个站点 5G 制式的基础覆盖时，非忙时间段可利用头端之间的临近覆盖关系，来达成既保留 5G 覆盖又能节电的目的。

5G 载波的宽带在 100 M 以上，5G 网络初期的容量需求较少，在大部分非忙时间内基本上用不到这么大的宽带。所以在闲时低负载状态，通过休眠或关闭部分头端以节省耗电，同时缩窄剩余头端的 NR 载波的工作带宽以提升 RS 功率，弥补覆盖空洞。上述技术既保证了运营商 5G 制式的室内基本覆盖，又降低了室内网络的耗能。

小　结

与前几代技术相比，5G 网络的能力有了飞跃式的发展。

5G 的超大宽带、超低时延、超高可靠性、超多连接、超高业务扩展性以及超高精度室内位置能力等，将有力支撑未来 AR/VR、超高清视频、智能制造、智能医疗等新生室内业务。5G 将深刻影响和改变人类的社会，极大实现生产力的提升。

室内的 5G 网络建设，将会面临高频组网、网络容量弹性、网络冗余、网络可视、高效运营等多方面的挑战。

数字化室分具备天线头端有源化、传输网线/光纤 IT 化、运维可视化等明显的特征因素，而传统的 DAS 非数字化网络架构已越来越不适应未来的发展需求，无法支持 5G 高频和多 T 多 R，因此，面向 5G 演进，建议立足当前的网络，深化推进室内数字化产业，夯实 4G 体验，提前预埋 5G 演进能力，在 5G 时代来临之际，构建领先的室内移动网络。

习　题

1. 实现 5G 室内网络分布后与以往室内网络分布相比有何新特点？
2. 5G 室内数字化网络部署的新的增值业务模式有哪些？
3. 5G 室内数字化网络部署的关键技术有哪些？
4. 5G 室内网络的节能特性创新是什么？

附录 I 英文缩略语

缩略	英文	中文
5G	Fifth – generation	第五代移动通信技术
ICT	Information and Communication Technology	信息和通信技术
MEC	Mobile Edge Computing	移动边缘计算
ITU	International Telecommunication Union	国际电信联盟
eMBB	Enhance Mobile Broadband	增强移动宽带
mMTC	Massive Machine Type of Communication	大连接物联网
URLLC	Ultra Reliable & Low Latency Communication	低时延高可靠
VR	Virtual Reality	虚拟实境
Massive MIMO	Massive Multiple – Input Multiple – Output	大规模多入多出天线
D2D	Device – to – Device	设备到设备
SDN	Software Defined Network	软件定义网络
NFV	Network Function Virtualization	网络功能虚拟化
V2X	vehicle to everything	车对外界的信息交换
SON	Self – Organizing Network	自组织网络
CDN	Content Delivery Network	内容分发网络
NB – IoT	Narrowband – Internet of Thing	窄带物联网
LPWA	Low Power Wide Area	低功耗广域网络

附录 II　关于 5G 的热点问题

1. 问：什么是 5G？

答：5G 是第 5 代移动通信网络，其作用将远超前几代网络。

5G 将提升移动网络的作用，不仅让人与人之间互联，更让机器、物体和终端之间互联互控。它将实现更高水平的性能和效率，赋予新的用户体验和连接新的行业。5G 将提供高达数 Gb/s 的峰值速率、超低延迟、巨大容量以及更加统一的用户体验。

2. 问：移动网络还包括哪几代？

答：其他几代移动网络包括 1G、2G、3G 和 4G。

1G 传输模拟语音。

2G 引入了数字语音（如 CDMA）。

3G 带来了移动数据（如 CDMA2000）。

4G LTE 开创了移动互联网时代。

3. 问：5G 有哪些优势？

答：5G 是一种新型网络，这个创新平台不仅可以提升目前的移动宽带服务，还可以将移动网络扩展，支持海量终端和服务，以及连接新的行业，并且性能更佳、效率更高且成本更低。5G 将重新定义众多提供互联服务的行业，包括从零售到教育、从交通运输到娱乐以及其间的所有行业。我们认为 5G 技术所带来的变革不亚于汽车和电力。

4. 问：您认为 5G 将带来哪些服务和使用案例？

答：整体而言，5G 使用案例可大致分为三类主要的互联服务。

增强型移动宽带：5G 不仅能让我们的智能手机更出色，还可以带来全新的沉浸式体验，如虚拟现实和增强现实，拥有更统一的数据传输速率、更低的延迟和更低的单位成本。

关键业务型服务：5G 将启用新服务，通过非常可靠/可用的低延迟链路来革新各行各业，如关键基础设施、汽车和医疗程序的远程控制。

海量物联网：5G 将通过降低数据传输速率、能耗和移动性来提供极其精简/低成本的解决方案，无缝连接大量嵌入式传感器，几乎适用于万事万物。

灵活支持目前尚未知晓的未来服务是 5G 的标志性能力之一，也是一种前向兼容设计。

5. 问：5G 有多快？

答：根据 IMT-2020 要求，5G 的峰值数据传输速率预计可高达 20 Gb/s。但 5G 的意义并不局限于"快"。除更快的峰值数据传输速率外，5G 将通过扩展至新的频谱，比如毫米波（mmWave）来提供更大的网络容量。5G 还将显著降低延迟，从而实现更快的即时响应，并将提供更为一致的整体用户体验，让用户在移动途中也能持续享受高数据传输速率。此外，新的 5G NR（New Radio）移动网络将通过千兆级 LTE 覆盖基础来备份，从而提供无处不在的千兆级连接性能。

6. 问：5G 技术的关键区别是什么？

答：5G 将通过 5G NR（New Radio）空中接口设计和 5G NextGen 核心网络带来大量技术创新。

新的 5G NR 空中接口催生了很多基础性无线发明，最重要的 5 项分别是：

（1）通过 2 倍子载波间隔扩展实现可扩展的 OFDM 参数配置；

（2）灵活、动态、独立的 TDD 子帧设计；

（3）先进灵活的 LDPC 信道编码；

（4）先进的大规模 MIMO 天线技术；

（5）先进的频谱共享技术。

7. 问：5G 的运作方式是怎样的？

答：类似于 4G LTE，5G 也是以 OFDM 为基础的，根据同样的移动联网原则运作。然而，新的 5G NR（New Radio）空中接口将进一步增强 OFDM，从而提供更大的灵活性和可扩展性。与 4G LTE 相比，5G 不仅可以提供更快、更好的移动宽带服务，还可以拓展至新的服务领域，如关键任务通信和连接大规模的 IoT。很多新的 5G NR 空中接口设计技术都可以做到这一点，如新的独立 TDD 子帧设计。

8. 问：5G 商用两年来，我国 5G 的发展现状如何？

答：我国 5G 技术创新不断突破，网络建设快速推进，融合应用日趋活跃，产业生态稳步壮大，初步形成了系统性优势。在网络方面，我们以中国速度建设起全球规模最大的 5G 网络，5G 基站 96.1 万个，占全球 70% 以上；在市场方面，截至 2021 年 6 月底，5G 终端连接数超过 3.65 亿，占全球 80%，5G 用户渗透率达到 17.8%；在应用方面，全国 5G 应用创新案例超过 1 万个，数量和创新性均处于全球第一梯队，全国已有超过 600 个三甲医院开展 5G＋急诊急救、远程诊断、健康管理等应用；全国"5G＋工业互联网"项目超过 1 500 个，138 个钢铁企业、194 个电力企业、175 个矿山、89 个港口实现 5G 应用商用落地。

9. 问：目前，全球 5G 网络部署得怎么样了？

答：在全球各地的 5G 建设方面，亚太地区的投入速度和力度都在全球前列，其次是北美以及 EMEA（欧洲、中东、非洲合称）。截至 2021 年 5 月底，全球 133 个国家/地区的 443 家电信运营商对 5G 进行了投资，其中 70 个国家/地区的 169 家运营商已经推出了 5G 商用服务。据 GSMA 预测，到 2025 年年底，全球 5G 连接数将达到 18 亿个，占移动连接总数的 20% 以上，届时，全球 40% 的人口将生活在 5G 网络的覆盖中。

10. 问：谁在研究 5G？

答：3GPP 在推动 5G 研发，该标准化机构还监督了 3G UMTS（包括 HSPA）和 4G

LTE 标准的制定。3GPP 由跨越整个移动生态系统的众多企业组成，所有成员都是 5G 研发的参与者。从基础设施供应商和组件/设备生产商，到移动网络运营商和垂直服务提供商，覆盖所有环节。我们预计 5G 的影响将远超以往数代网络。全新 5G 网络的发展要求将从传统的移动网络参与者扩展至汽车等产业。因此，3GPP 预计将迎来一大批跨越各行各业的新成员。3GPP 成员必须密切合作才能使 5G 成为现实。

11. 问：4G 和 5G 有什么区别？

答：

（1）5G 是一个统一平台，功能比 4G 更强大。

4G LTE 着重于提供比 3G 更快的移动宽带服务，5G 则致力于搭建一个功能更强大的统一平台，不仅将提升移动宽带体验，还将为关键任务通信和大规模 IoT 等新服务提供支持。5G 还将以原生方式支持所有频谱类型（许可、共享和免许可）和频段（低频段、中频段和高频段）、大量部署模型（从传统大型基站到热点），以及新的互联方式（比如端到端和多跳网）。

（2）5G 使用的频谱优于 4G。

从低于 1 GHz 的低频段到 1 GHz 至 6 GHz 的中频段，再到被称为毫米波的高频段，5G 还将充分利用各种可用频谱管理范式和频段中的每一个频谱。

（3）5G 的速度比 4G 更快。

5G 将在 4G 的基础上显著提速，达到 20 Gb/s 的峰值数据传输速率和超过 100 Mb/s 的平均数据传输速率。

（4）5G 的网络容量比 4G 更大。

5G 的流量容量和网络效率将提高 100 倍。

（5）5G 的延迟比 4G 更低。

5G 的延迟将大幅下降，以提供更即时的实时访问，端到端延迟降低至 1 ms。

12. 问：什么是 5G Wi-Fi？

答：5G Wi-Fi 是不存在的。

5G 是 3GPP 定义的新一代移动通信技术，3GPP 是一个标准化机构，还监督过 3G UMTS（包括 HSPA）和 4G LTE 标准的制定。

Wi-Fi 由 IEEE 定义和进行标准化规范，并由 Wi-Fi Alliance 进行推广和认证，而非 3GPP。

由于 5G 可与 4G 和 Wi-Fi 搭配使用，因此 5G 用户将能够无缝使用 5G、4G 和 Wi-Fi，同时连接至 5G New Radio（NR）、LTE 或 Wi-Fi。与 Wi-Fi 类似，5GNR 还将被设计用于免许可频谱，无须访问许可频谱，如此一来，将有更多的实体能够部署 5G 并享受 5G 技术的优势。

参 考 文 献

[1] 崔健双. 现代通信技术概论 [M]. 2 版. 北京：机械工业出版社，2013.

[2] 强世锦，朱里奇，黄艳华. 现代通信网概论 [M]. 2 版. 西安：西安电子科技大学出版社，2014.

[3] 王新良. 现代通信技术概论 [M]. 北京：机械工业出版社，2015.

[4] 郭瞻，刘文霞，谭彬，等. 通信系统概论 [M]. 北京：北京师范大学出版社，2018.

[5] 彭英，王珺，卜益民. 现代通信技术概论 [M]. 北京：人民邮电出版社，2010.

[6] 李斯伟，胡成伟. 数据通信技术 [M]. 3 版. 北京：人民邮电出版社，2020.

[7] 刘芫见，吴韬，潘苏娟，等. 现代通信技术概论 [M]. 北京：国防工业出版社，2010.

[8] 檀生霞. 通信网概论 [M]. 北京：人民邮电出版社，2020.

[9] [美] William Stallings. 数据与计算机通信（Data and Computer Communications）[M]. 10 版. 王海，张娟，周慧，等译. 北京：电子工业出版社，2015.

[10] 王实. 5G 移动通信发展趋势与若干关键技术 [J]. 信息通信，2015（12）253-254.

[11] 杨振东. 5G 移动通信技术的特点及应用探讨 [J]. 通讯世界，2017（9）42-43.

[12] 吴端兴. LTE 无线通信技术与物联网技术的结合研究 [J]. 现代信息科技，2019，3（11）：186-187.

[13] 全庆一，胡健栋. 卫星移动通信 [M]. 北京：北京邮电大学出版社，2000.

[14] 桂海源. IP 电话技术与软交换 [M]. 北京：北京邮电大学出版社，2004.

[15] 房少军. 数字微波通信 [M]. 北京：电子工业出版社，2008.